OS BASTIDORES DA CAÇADA DO PENTÁGONO A ÓVNIS
IMINENTE

LUIS ELIZONDO

Tradução
Alexandre Boide

RIO DE JANEIRO,

Copyright © 2024 por Luis Elizondo. Todos os direitos reservados.
Copyright da tradução © 2025 por Casa dos Livros Editora LTDA.
Todos os direitos reservados.

Título original: *Imminent: Inside the Pentagon's Hunt for UFO's*

Todos os direitos desta publicação são reservados à Casa dos Livros Editora
LTDA. Nenhuma parte desta obra pode ser apropriada e estocada em sistema
de banco de dados ou processo similar, em qualquer forma ou meio, seja eletrônico, de fotocópia, gravação etc., sem a permissão dos detentores do copyright.

Copidesque	Elisabete Franczak Branco
Revisão	Augusto Iriarte e Thaís Carvas
Capa	Adaptada do projeto original de Brian Moore
Foto de capa	U.S. Department of Defense
Adaptação de capa	Osmane Garcia Filho
Diagramação	Abreu's System

Dados Internacionais de Catalogação na Publicação (CIP)
(Câmara Brasileira do Livro, SP, Brasil)

Elizondo, Luis
 Iminente: os bastidores da caçada do Pentágono a óvnis / Luis
Elizondo; tradução Alexandre Boide. – 1. ed. – Rio de Janeiro:
HarperCollins Brasil, 2025.

 Título original: *Imminent: Inside the Pentagon's Hunt for UFO's*
 ISBN 978-65-5511-684-7

 1. Estados Unidos – Aspectos políticos 2. Extraterrestres
3. Objetos voadores não identificados 4. Objetos voadores não
identificados – Aparição e encontros 5. Óvnis I. Título.

25-254712	CDD-001.942

Índices para catálogo sistemático:

1. Objetos voadores não identificados: Ufologia   001.942

Aline Graziele Benitez – Bibliotecária – CRB-1/3129

HarperCollins Brasil é uma marca licenciada à Casa dos Livros Editora LTDA.
Todos os direitos reservados à Casa dos Livros Editora LTDA.

Rua da Quitanda, 86, sala 601A - Centro
Rio de Janeiro/RJ - CEP 20091-005
Tel.: (21) 3175-1030
www.harpercollins.com.br

As visões aqui expressas são as do autor deste livro
e não necessariamente refletem a política ou a posição oficial
do Departamento de Defesa ou do governo dos Estados Unidos.
A permissão do Departamento de Defesa para sua publicação não
implica endosso ou confirmação da veracidade do material.

Este livro é dedicado aos dois grupos de pessoas mais importantes em minha vida. Em primeiro lugar e acima de tudo, à minha amada esposa, Jennifer, e às minhas filhas, Taylor e Alexandria. Sou o homem mais abençoado do mundo por receber tanto amor e apoio de vocês. Não importa o que aconteça comigo, vocês já me deram tudo o que alguém poderia querer, e muito mais.

E, em segundo lugar, àqueles que permanecem nas sombras. Se vocês tiveram contato direto com um UAP ou acreditam que os fatos de que têm conhecimento devem ser informados a todos, saibam que têm uma voz. Quando os governantes mentem para o povo, a democracia está em risco. Não percam a fé, estamos ouvindo vocês.

SUMÁRIO

Nota do autor	9
Prefácio de Christopher Mellon	11
Introdução	25

CAPÍTULO 1	Se correr o bicho pega, se ficar o bicho come	27
CAPÍTULO 2	Colares	39
CAPÍTULO 3	Um guerreiro relutante	50
CAPÍTULO 4	Os segredos internos	71
CAPÍTULO 5	Mensagens misteriosas	99
CAPÍTULO 6	Orbes	104
CAPÍTULO 7	O Tic Tac	110
CAPÍTULO 8	Anjos ou demônios	119
CAPÍTULO 9	No vácuo	136
CAPÍTULO 10	O segredo do cérebro deles	149
CAPÍTULO 11	Resquícios biológicos	159
CAPÍTULO 12	Os observáveis	162
CAPÍTULO 13	Onde moram as evidências	176
CAPÍTULO 14	Em busca de avanços científicos	181
CAPÍTULO 15	USS *Roosevelt*	188
CAPÍTULO 16	O momento "A-ha"	202
CAPÍTULO 17	E agora?	222
CAPÍTULO 18	O gorila de 350 kg	238
CAPÍTULO 19	F****-se vocês	242

CAPÍTULO 20 As três cabeças de Cérbero 246

CAPÍTULO 21 Do lado de fora 259

CAPÍTULO 22 *All the small things* 276

CAPÍTULO 23 O plano de guerra 284

CAPÍTULO 24 Um novo nível de transparência 308

CAPÍTULO 25 Novos horizontes 313

Agradecimentos 316

Apêndices 321

NOTA DO AUTOR

Você pode estar se perguntando por que o título deste livro é *Iminente*. Essa palavra muitas vezes é associada a uma outra: *ameaça*. Embora à primeira vista possa parecer que este livro se concentra na potencial ameaça representada pelos Fenômenos Anômalos Não Identificados (UAPs, na sigla em inglês), ou óvnis, na linguagem popular, não é essa a minha intenção. De acordo com algumas definições mais comuns da palavra, *iminente* significa algo que está prestes a acontecer, ou que é inevitável. Esse é o motivo para a escolha do título. Não importa se a pessoa acredita que os UAPs representam uma ameaça à segurança nacional ou, pelo contrário, que talvez sejam uma nova oportunidade para nossa espécie, o fato é que estamos em um momento em que a realidade dos UAPs se impõe sobre nós.

Mas a palavra *iminente* também pode significar outras coisas, a depender do interlocutor.

Como o Congresso americano agora está levando o tema a sério, seria de se esperar que o debate sobre os UAPs estivesse na iminência de se tornar assunto nacional. No campo teológico, há quem veja o tema como um diálogo iminente e necessário, pois representaria um novo paradigma para a humanidade, enquanto outros veem os UAPs como o ponto de início de uma mudança iminente na visão sobre nosso lugar no universo. E, para muitos ufólogos, trata-se de um sinal iminente de que o governo está prestes a revelar o que sabe sobre a inteligência não humana.

No fim, cabe a vocês, leitores, decidirem qual significado de *iminente* é mais adequado a seu ponto de vista. Talvez, depois de lerem este livro, vocês acabem adotando um novo significado para a palavra.

Lue Elizondo
Abril de 2024

PREFÁCIO

16 de maio de 2024

Há um debate entre os historiadores sobre algo que eles chamam de teoria do "grande homem". De acordo com essa perspectiva, a história pode ser explicada em grande parte pelo impacto de indivíduos corajosos e inspirados que desafiam o *status quo*, levando a transformações irreversíveis que mudam para sempre o rumo das questões humanas. Cabe aos leitores avaliarem se Lue Elizondo é uma dessas pessoas. No mínimo, posso afirmar, sem medo de errar, que Lue desempenhou um papel central e indispensável na transformação das visões humanas sobre a questão dos Fenômenos Anômalos Não Identificados (UAPs). Inclusive, as revelações a respeito dos UAPs podem em breve fazer a humanidade repensar suas visões sobre si mesma e seu lugar no cosmos. Esta impressionante história verídica pode, entre outras coisas, explicar como a questão dos UAPs recentemente passou de assunto de tabloides espúrios a um tema válido e relevante de segurança nacional.

Para compreender inteiramente o impacto de Lue e alguns de seus colegas em nosso entendimento sobre os UAPs, é preciso primeiro entender como era a situação antes que ele começasse sua jornada. Quando conheci Lue, em uma reunião a portas fechadas no início de 2017, a questão dos UAPs ainda era tratada com desprezo e desdém indisfarçados pela grande imprensa, pela comunidade científica e pelo governo dos Estados Unidos. Isso não era novidade: desde os anos 1940, o tema estava preso em um atoleiro de polêmicas, investigações infrutíferas e acusações de todos os lados. Além disso, inegavelmente atraía toda uma trupe de charlatões e falsários que tentavam explorar o debate para fazer fama e fortuna. Desde 1970, quando a Força Aérea dos Estados Unidos abandonou o Projeto Livro Azul (sua iniciativa de relações públicas para analisar e desacreditar relatos sobre UAPs), até o fim de 2017, quando Lue pediu demissão de seu cargo na equipe do secretário de Defesa, não houve nenhuma mudança significativa na postura do governo americano ou da opinião pública sobre o assunto.

Notícias sensacionalistas sobre atividades relacionadas a UAPs apareciam de vez em quando, verdade; houve também alguns esforços em vão para envolver o Congresso no debate, e até mesmo uma verba parlamentar significativa, ainda que de curta duração, para o financiamento de pesquisas sobre UAPs, mas nenhum progresso relevante para a validação do tema aconteceu entre 1970 e 2017. De fato, o estigma em relação aos UAPs ainda era tão presente em 2017 que a maioria das pessoas no mundo dos negócios e nas Forças Armadas acabava não relatando suas observações por medo de prejudicar sua carreira e reputação. Da mesma forma, grande parte das testemunhas civis se mostrava relutante em discutir suas experiências com amigos e familiares, e ainda mais em fazer um comunicado oficial de avistamento de UAP. Enquanto isso, os poucos integrantes do Departamento de Defesa (DoD) que demonstravam algum interesse no assunto tomavam a precaução de escondê-lo de todos, a não ser de alguns amigos de confiança. Antes de 2017, as discussões no departamento sobre UAPs ocorriam a portas fechadas, entre sussurros.

Esse clima hostil em relação ao tema era consequência direta das políticas formuladas pela Comissão Robertson, da CIA, em 1953. Com o argumento de que as comunicações relacionadas à defesa do espaço aéreo americano poderiam acabar sobrecarregadas com relatos sobre UAPs, o comitê da agência recomendou que a Força Aérea encomendasse uma campanha para a Walt Disney Company e os grandes veículos de

PREFÁCIO

imprensa para "desmascarar" Fenômenos Anômalos Não Identificados. Um estudo posterior da Universidade do Colorado, financiado pela Força Aérea, foi além, afirmando que o tema não tinha nenhum mérito científico. Conduzido pelo físico Edward Condon, o relatório chegava ao ponto de recomendar que as instituições de ensino não concedessem créditos acadêmicos a alunos que estudassem temas relacionados a UAPs. A pesquisa do dr. Condon proporcionou à Força Aérea o pretexto necessário para encerrar o Projeto Livro Azul, sua controversa iniciativa de investigação de óvnis. Com o passar do tempo, o desprezo e a hostilidade da Força Aérea em relação aos UAPs se tornaram ainda mais explícitos. Em 1970, apesar de milhares de relatos confiáveis sobre fenômenos não explicados, a Força Aérea cinicamente assumiu a posição de que os UAPs eram apenas resultado de "uma forma moderada de histeria; indivíduos que inventam relatos para espalhar boatos ou chamar atenção; pessoas psicopatológicas; e identificação errônea de objetos naturais". Em outras palavras, de acordo com os militares, quem relatasse ter testemunhado UAPs só podia ser louco, farsante ou burro.

Durante décadas depois disso, apesar do testemunho de diversos veteranos das Forças Armadas e dos documentos obtidos por pesquisadores que confirmavam intrusões de UAPs no espaço aéreo fortemente restrito em torno das instalações que abrigam as armas nucleares dos Estados Unidos, a Força Aérea continuava a declarar obstinadamente que "nenhum óvni relatado, investigado ou avaliado pela Força Aérea dos Estados Unidos deu qualquer indicação de representar ameaça à segurança nacional". Não satisfeita em apenas negar a ameaça, a Força Aérea ainda afirmou que não havia sinal de presença de uma tecnologia "superior ao alcance do conhecimento atual". Essa era a posição oficial do governo dos Estados Unidos em 1970, e continuava a mesma em 2017, quase meio século depois, quando conheci Lue. Em suma, ele se deparou com uma mentalidade oficial que associava os UAPs a crenças irracionais, como a parapsicologia ou a astrologia.

IMINENTE

Em 2017, eu atuava como consultor não remunerado do Gabinete de Inteligência Naval, como forma de continuar contribuindo depois de ter me aposentado do trabalho em tempo integral com questões de segurança nacional no Pentágono e no Congresso. Um amigo em comum na CIA, Jim Semivan, chamou minha atenção para a atuação de Lue. Depois de me submeter aos procedimentos de segurança desconcertantes e ineficazes que atormentam todos os envolvidos nos serviços de inteligência do Tio Sam, finalmente pude conhecê-lo em sua sala no Pentágono.

Foi um encontro extraordinário. Lue é um homem robusto e musculoso, intenso, animado, carismático e efusivo. Tem os braços cobertos de tatuagens coloridas, e um porte que mais combina com um lutador do que com um burocrata. Demonstra determinação e intensidade mais comuns nas fileiras de combate do que na burocracia civil. Tinha toda uma variedade de identificações pessoais e de segurança penduradas em uma corrente no pescoço, pequenos símbolos de acesso e poder no reino da segurança nacional. Seu dom natural para a comunicação verbal ficou explícito de imediato.

O que ouvi na reunião foi ao mesmo tempo impressionante e revoltante. Impressionante porque Lue apresentou provas irrefutáveis de que aeronaves estranhas e não identificadas violavam rotineiramente áreas estratégicas do espaço aéreo militar americano. Observando essas naves incomuns e silenciosas, não era possível encontrar qualquer identificação ou sinais de qual seria seu meio de propulsão. Nós dois sabíamos que não se tratava de projetos experimentais das Forças Armadas, com base em mensagens que vinham da frota e de nossa ampla rede de contato e acesso ao mundo dos Programas de Acesso Especial (SAPs). Portanto, parecíamos estar diante de três hipóteses mais prováveis: (1) algum país adversário, possivelmente Rússia ou China, havia feito um grande progresso tecnológico que poderia realinhar o equilíbrio global em desfavor dos Estados Unidos e do restante do mundo livre; (2) tínhamos visitantes de uma civilização alienígena interessadíssima no poderio militar americano;

PREFÁCIO

ou (3) os UAPs seriam uma combinação de aeronaves misteriosas tanto terrestres quanto extraterrestres.

Como estávamos bem informados sobre a capacidade bélica da Rússia e da China, e sobre a localização e a natureza de algumas dessas intrusões, a hipótese alienígena parecia a explicação mais factível para certos casos. Isso era especialmente legítimo para a série de encontros envolvendo o Grupo de Ataque de Porta-Aviões *Nimitz*, em novembro de 2004. Na época, o USS *Princeton*, um cruzador de mísseis guiados da classe Aegis que escoltava um porta-aviões gigantesco, o USS *Nimitz*, detectou um grande número de objetos que aparentavam estar descendo da órbita terrestre baixa, mergulhando verticalmente de altitudes extremas em velocidades altíssimas até 20 mil pés, flutuando por um breve período, e então acelerando de forma instantânea, às vezes a velocidades absurdas. Depois de vários dias de observação, dois caças F/A-18 decolaram do *Nimitz* e conseguiram interceptar uma dessas estranhas aeronaves a curta distância e com condições de visibilidade perfeita. Segundo o comandante da Marinha Dave Fravor, a nave branca e sem asas de aproximadamente 15 metros que ele viu do cockpit de seu F/A-18 era tão radicalmente singular em termos de desempenho e aparência, com capacidade tão superior a qualquer aeronave conhecida, que ficou claro para o oficial e seus pilotos que "não [era] deste mundo". Até o fim do dia, esse veículo incrível, silencioso e em formato quase oval foi visto por seis aviadores navais, rastreado por radares em múltiplas plataformas e filmado por um sistema infravermelho avançado de localização de alvos das Forças Armadas. Durante esses encontros, o objeto fez coisas consideradas impossíveis a qualquer aeronave, demonstrando velocidade e capacidade de manobras sem precedentes e resistindo a forças que poderiam destruir várias vezes qualquer aeronave ou míssil de fabricação humana. Até a presente data, ninguém conseguiu dar uma explicação factível para esses acontecimentos atordoantes.

Lue não apenas me informou sobre esse caso como me mostrou um relatório oficial; mais tarde, providenciou minha participação nas oitivas oficiais com o comandante Fravor, a tenente Alex Dietrich e outros membros da Marinha que tinham visto UAPs de perto ou nos sensores militares. Qualquer dúvida sobre a legitimidade da questão dos UAPs logo se dissipou. Uma coisa é ler a respeito de um incidente, outra é ouvir depoimentos em primeira mão de militares com treinamento, integridade e confiabilidade suficientes para serem qualificados como testemunhas ideais. Esses indivíduos não têm nenhum tipo de incentivo para reportar esses incidentes. Na verdade, são fortemente desincentivados a relatá-los pelo medo de prejudicar suas perspectivas de promoção. Diante disso, e considerando a competência e o patriotismo dos envolvidos, seria extremamente irresponsável desacreditar seus depoimentos.

Enquanto Lue me contava sobre esses encontros com as Forças Armadas e me mostrava vídeos de UAPs feitos pelas "câmeras de armamentos" militares, às vezes eu sentia como se estivesse passando por uma experiência extracorpórea. Cheguei a me sentir como um personagem de filme de ficção científica hollywoodiano. Meu interesse por UAPs vinha de longa data, mas antes dessa reunião eu tratava a questão como um conceito abstrato. Então, de repente, o assunto foi ficando ao mesmo tempo mais concreto e profundamente preocupante. Às vezes, eu tinha dificuldade para acompanhar a apresentação dos dados sobre UAPs que Lue havia acumulado ao longo de muitos anos. Minha mente girava a mil, tentando recalcular e redesenhar esse mapa subitamente alterado da realidade. Seria possível que uma ou mais espécies inteligentes de outro sistema solar tivessem nos encontrado? Nesse caso, por que os alienígenas estariam tão interessados, e de forma tão insistente, no poderio militar dos Estados Unidos? Seria mera curiosidade a respeito do que tínhamos de mais avançado em termos de tecnologia? Seria para avaliar potenciais ameaças que poderiam encontrar quando operassem na atmosfera terrestre?

PREFÁCIO

Ou haveria algo ameaçador acontecendo? Haveria dispositivos coletando informações das Forças Armadas dos Estados Unidos para algum plano sinistro? O que poderíamos fazer para determinar a capacidade desses veículos e a intenção de quem quer que os operasse? Como superar a hostilidade da burocracia, que impedia que essas informações chegassem a integrantes do alto escalão do poder executivo e legislativo?

Quanto mais eu refletia sobre as questões apresentadas por Lue, mais meu fascínio e espanto se transformavam em indignação e raiva. Afinal, tinha passado a maior parte da minha vida adulta nos serviços de inteligência, e as informações que Lue me apresentava deixavam claro que, mais uma vez, esses serviços se mostravam incapazes de assimilar lições que já deveriam ter sido aprendidas com vários outros desastres anteriores. Para mim, era uma falha gritante em termos de integridade intelectual diante da evidência clara de que o país se encontrava em risco em razão de um novo poderio que estava sendo desenvolvido por um ou mais agentes desconhecidos. Com exceção de Lue e alguns colegas seus, porém, ninguém no governo parecia se importar.

Como os leitores devem saber, não é incomum que bombardeiros Urso da Rússia de tempos em tempos atravessem o Estreito de Bering na direção do Alasca, colocando as aeronaves de combate americanas em alerta para decolar e interceptá-los ainda no espaço aéreo internacional. No momento em que essas pesadas aeronaves russas são detectadas, os mecanismos de alerta de inteligência são ativados, para garantir que as Forças Armadas e os governantes dos Estados Unidos sejam notificados prontamente. As intrusões dos bombardeiros Urso também são noticiadas na imprensa. Por outro lado, na Costa Leste, o país sofre violações recorrentes de seu espaço aéreo restrito, semana após semana, mês após mês, sem nenhum relatório formal dos serviços de inteligência nem cobertura da mídia. Inclusive, fiquei chocado quando soube que o Comando de Defesa Aeroespacial da América do Norte (NORAD), responsável por monitorar todo o continente, nem ao menos era notificado dessas intrusões. Fosse a Rússia, a China ou qualquer outro, isso era evidentemente inaceitável.

Logo ficou claro que, no que dizia respeito aos UAPs, o poderoso aparato de inteligência americano era letárgico e ineficaz. Foi impossível não me lembrar da história da roupa nova do imperador. A diferença era que, nesse caso, em vez de súditos fingindo admirar um tecido que não existia, eram membros dos serviços de defesa e inteligência fingindo que não viam uma aeronave avançada que claramente existia. Na verdade, os encontros com essas naves estavam se tornando tão rotineiros que uma base aérea militar começou a emitir avisos de potenciais colisões aéreas em uma área onde não deveria haver nenhuma aeronave que não fosse das Forças Armadas dos Estados Unidos.

Como profissional de carreira do setor de inteligência, eu conhecia muito bem as perdas associadas a falhas anteriores nos serviços de informação. Em 7 de dezembro de 1941, um jovem tenente que operava um radar de contrabateria detectou a aproximação de aviões japoneses, mas não avisou a cadeia de comando, supondo de maneira imprudente que eram aeronaves americanas voltando de uma missão de treinamento. Como todos sabemos, o que se seguiu foi desastroso.

Em 11 de setembro de 2001, os Estados Unidos perderam milhares de vidas que poderiam ter sido salvas se a CIA e o FBI estivessem dispostos a simplesmente compartilhar informações. Eu estava no Pentágono quando o voo 77 da American Airlines atingiu o prédio, então essa falha estava gravada a fogo em minha memória. Além das mortes no atentado em 2001, milhares de militares americanos morreram mais tarde, junto com dezenas ou centenas de milhares de civis inocentes, porque a tragédia foi explorada para justificar uma invasão totalmente desnecessária ao Iraque, que poderia ter sido evitada se os serviços de inteligência dos Estados Unidos tivessem determinado com segurança que Saddam Hussein não contava com um programa viável de armamentos de destruição em massa.

PREFÁCIO

Além dessas falhas terríveis, que cobraram um preço altíssimo, os serviços de inteligência também não foram capazes de alertar com eficiência os governantes de que efetivo nenhum das Forças Armadas seria capaz de pacificar o Afeganistão, muito menos transformá-lo em um país que passasse a defender as crenças e os valores americanos. Seria de se pensar que já teríamos aprendido a lição sobre os limites do poderio militar contra forças insurgentes no Vietnã ou observando o que aconteceu com britânicos ou soviéticos quando invadiram o Afeganistão. Eu me lembro vividamente da reação de meu amado tio James Mellon, que havia passado longos períodos caçando em regiões remotas do Afeganistão, no dia em que os soviéticos invadiram esse país tão marcado pela guerra e pelo tribalismo. Quando lhe perguntei que chance teria o empobrecido povo afegão diante do poderoso Exército Soviético, ele respondeu de imediato e sem hesitação:

— Os soviéticos nunca vão conseguir derrotar esse pessoal.

Isso deveria ser claro e evidente para qualquer um que conhecesse aquele território selvagem e montanhoso e tivesse estudado sua história. Por que achamos que conseguiríamos ser bem-sucedidos naquilo que os soviéticos, os britânicos e todas as outras nações que tentaram dominar o Afeganistão fracassaram? O filósofo George Santayana poderia muito bem estar falando do Tio Sam quando cunhou a célebre frase: "Quem não conhece o passado está condenado a repeti-lo". Esses desastres demonstram um histórico assombrosamente ruim para o país com o serviço de inteligência mais bem financiado do mundo.

O que eu estava ouvindo de Lue era assustadoramente parecido com esses desastres anteriores. Novamente, como em Pearl Harbor, aeronaves não identificadas eram detectadas — dessa vez, não em uma ocasião apenas, mas regularmente, mês após mês durante anos —, porém, nenhum alerta era emitido para a cadeia de comando. Havia uma falha total na transmissão dessas informações vitais para oficiais do alto escalão e até mesmo para o NORAD.

IMINENTE

Além disso, como aconteceu no ataque da Al-Qaeda em setembro de 2001, era óbvio que os diversos departamentos e agências com informações relevantes sobre UAPs não estavam se comunicando entre si. Por exemplo, os aviadores da Marinha dos Estados Unidos encontravam rotineiramente UAPs em locais designados para treinamento militar na Costa Leste. Os F-22 da Força Aérea dos Estados Unidos, com sensores ainda mais potentes, usavam essa mesma área para treinamento, e também devem ter detectado as estranhas naves. Esses pilotos podem não ter se sentido à vontade para relatar o que viram, ou a Força Aérea podia estar se recusando a compartilhar essas informações. Enquanto isso, o Escritório Nacional de Reconhecimento (NRO), a Agência Central de Inteligência (CIA), a Agência Nacional de Informação Geoespacial (NGA), o Departamento Federal de Investigação (FBI) e a Agência de Segurança Nacional (NSA) aparentemente também dispõem de dados importantes sobre UAPs que não estão compartilhando. Parece uma clara repetição do problema que teve um custo tão alto no 11 de Setembro, quando os serviços de inteligência não conseguiram evitar o ataque terrorista que destruiu o World Trade Center. Lue e eu estávamos determinados a fazer tudo o que estivesse ao nosso alcance para impedir mais uma falha desastrosa.

Além das evidências que apresentou, Lue me contou de uma investigação sobre UAPs realizada por uma empresa do setor aeroespacial usando 22 milhões de dólares do Departamento de Defesa destinados a esse propósito por Harry Reid, líder da maioria do Senado, em 2008. Para meus propósitos, a informação mais significativa e útil obtida pelo Programa de Aplicações do Sistema de Armas Aeroespaciais Avançadas (AAWSAP) foi seu relatório minucioso sobre o caso *Nimitz*. Infelizmente, apesar da boa-fé e dos esforços do poderoso Reid, a Força Aérea dos Estados Unidos e a maior parte dos componentes dos serviços de inteligência se recusaram a colaborar com a investigação custeada pelo Congresso. O Departamento de Defesa inclusive trabalhou ativamente para extinguir o programa na primeira oportunidade. Na época de nossa

PREFÁCIO

reunião, tudo o que restava dos louváveis esforços do senador Reid era uma iniciativa chamada Programa Avançado de Identificação de Ameaças Aeroespaciais (AATIP). Lue e seus colegas estavam fazendo o possível para dar visibilidade ao tema, mas faltava a eles uma representação no alto escalão do poder, dentro ou fora do Pentágono.

Para os serviços de inteligência funcionarem de forma eficaz, seus responsáveis precisam promover processos de análise rigorosos e estar dispostos a falar verdades indigestas para os ocupantes do poder. Porém, com exceção do grupo de Lue, isso claramente não estava acontecendo em relação aos UAPs. Ninguém estava sequer relatando esses incidentes, muito menos conduzindo uma investigação sobre sua origem, propósito e tecnologia empregada. Como aconteceu tantas vezes antes, no Vietnã, no Afeganistão e em várias outras partes do mundo, parecia haver gente demais se contentando em "deixar o barco correr" em vez de desafiar o *status quo*. Felizmente, Lue tinha disposição não só para desafiar o sistema como para, mais tarde, pedir exoneração do próprio cargo em um ato de protesto.

Como veterano do Departamento de Defesa, meu primeiro instinto, naturalmente, foi acionar a cadeia de comando. Parecia um esforço em vão, mas pensei que poderia ao menos ajudar Lue a navegar pela burocracia sufocante do DoD e conseguir para ele uma audiência com o secretário de Defesa. Em circunstâncias normais, isso seria impossível, mas eu era amigo de dois jovens competentíssimos e patriotas que trabalhavam diretamente quase todos os dias com o secretário James Mattis.

Quando, no fim, esses esforços não deram resultado, conforme será explicado mais adiante neste livro, Lue se viu diante de um dilema draconiano: abandonar sua iniciativa de despertar a sonolenta burocracia da segurança nacional a partir de dentro ou tomar a decisão radical de abrir mão de seu emprego como forma de protesto para atrair a atenção para essas preocupantes intrusões. Era uma decisão seríssima para Lue e sua família. Nós discutimos as opções possíveis e tivemos conversas

IMINENTE

francas enquanto ele avaliava o que fazer. Também falamos sobre um plano que criei para apresentar a questão ao Congresso e ao povo americano quando Lue renunciasse. Felizmente, ele não estava disposto a permanecer em silêncio e a ignorar as violações recorrentes do espaço aéreo dos Estados Unidos por aeronaves misteriosas e não identificadas. Quando Lue tomou a importantíssima decisão de se demitir em protesto, imediatamente lançamos esforços coordenados para ele transmitir essas informações críticas a respeito dos UAPs ao Congresso, à imprensa e ao povo americano.

Nas páginas que se seguem, você terá a oportunidade de acompanhar a jornada de Lue desde o princípio, muito antes de nosso encontro, de nossas audiências no Pentágono e no Congresso e do que vem acontecendo até os dias de hoje. Trata-se de uma história fascinante, não só pela natureza misteriosa dos UAPs em si, mas também por conta das diversas personalidades envolvidas, das dificuldades e dos sacrifícios pessoais de Lue, e das informações e lições a serem aprendidas sobre o Departamento de Defesa e os serviços de inteligência.

Felizmente, a verdade prevaleceu — o DoD e a Inteligência hoje reconhecem que os Fenômenos Anômalos Não Identificados são reais e de alcance global. Os relatórios militares não param de chegar — mais de mil desde 2004, de acordo com a última contagem. Investigações sérias estão sendo realizadas. Até mesmo a Administração Nacional de Aeronáutica e Espaço (NASA), antes um bastião do desprezo pelos UAPs, agora está levando a questão a sério. Isso também é resultado de nossos esforços, já que Bill Nelson, diretor da agência, era membro do Comitê de Serviços Armados do Senado quando providenciamos um encontro entre pilotos da Marinha e membros do comitê e suas equipes para transmitir informações. Os depoimentos dos aviadores foram fundamentais para legitimar a questão dos UAPs no Congresso e, posteriormente, na NASA.

Em suma, ninguém é capaz de negar que, no curto período desde que Lue se desligou do Pentágono como forma de protesto e conseguimos

PREFÁCIO

atrair a atenção do Congresso e da mídia nacional, a abordagem dos UAPs foi transformada. Hoje se trata de um tema coberto pela grande imprensa, defendido pelo Congresso e encarado como uma área importante da missão do Departamento de Defesa, da NASA e dos serviços de inteligência dos Estados Unidos. Esperamos que, como consequência, respostas definitivas para esse grande mistério finalmente apareçam.

Como ocorreu essa reviravolta depois de tantas décadas, em uma época em que os UAPs pareciam irremediavelmente relegados a polêmicas baratas e conspirações? O que o governo americano realmente sabe sobre o assunto? É verdade que naves não identificadas estão operando em espaço aéreo restrito ao uso militar? Se for, o quanto devemos nos preocupar?

Não há ninguém melhor para contar a história da transformação drástica do debate sobre os UAPs do que Lue Elizondo, o autor deste livro. Depois de ler este relato, você estará em uma posição muito melhor para responder a essas perguntas, além de julgar se Lue pode ser considerado um exemplo da teoria do "grande homem", um indivíduo cujas ações mudaram o rumo da história. Para mim, sem a persistência e a coragem de Lue, o governo dos Estados Unidos continuaria a negar a existência dos UAPs e a se recusar a investigar um fenômeno que pode muito bem se revelar a maior descoberta da história humana. Considero encorajador constatar que, por mais numerosa e complexa tenha se tornado a sociedade americana, as atitudes individuais ainda podem fazer toda a diferença.

Christopher Mellon
Ex-assessor-adjunto do secretário de
Defesa para Assuntos de Inteligência
e ex-diretor de Gabinete da Minoria
no Comitê de Inteligência do Senado

INTRODUÇÃO

No fim de 2008, comecei em uma nova função no Pentágono após várias passagens por outros serviços de inteligência americanos. Pouco depois, minha vida mudou para sempre, quando fui recrutado por um programa de inteligência estranho e confidencial, diferente de tudo de que já tinha participado. Esse setor investigava o mistério global representado pelos "Fenômenos Anômalos Não Identificados", ou UAPs, também conhecidos como óvnis. Por quase uma década, estive na linha de frente da maior mudança de paradigma da história, o que me fez compreender a realidade sobre nosso lugar no universo.

Aeronaves não identificadas que superam em muito o que conhecemos como tecnologia de ponta — com a capacidade de se mover de maneiras que desafiam nosso conhecimento da física, seja no ar, na água ou no espaço — têm operado com total impunidade por todo o mundo desde pelo menos a Segunda Guerra Mundial.

Essas naves não foram feitas por humanos. A humanidade *não* é a única forma de vida inteligente no universo, e *não* é a espécie alfa. Sim, sei que isso não é fácil de assimilar, mas aguente firme. Ainda tem muito mais.

Os UAPs e a inteligência não humana que os controla representam, na melhor das hipóteses, uma grave ameaça à segurança nacional e, na pior, uma ameaça existencial à humanidade.

Apesar de já ter feito muitos trabalhos que considerei desafios pessoais e profissionais, esse emprego transformou minha existência. Mudou minha forma de encarar o universo e o lugar ocupado pela humanidade.

Mudou minha visão do que é ser um bom pai, marido e filho. Também me lembrou do que significa ser um patriota e de fato servir ao país, e da obrigação daqueles que estão no governo de sempre agir de acordo com os melhores interesses do povo, independentemente de suas posições pessoais.

Com o tempo, meus colegas e eu fomos adquirindo mais conhecimento sobre como esses misteriosos UAPs funcionam, e sobre as intenções das inteligências não humanas por trás deles.

Embora haja muitas razões válidas para o sigilo em relação a certos aspectos dos UAPs, não acredito que a humanidade deva ser mantida na ignorância sobre o fato importantíssimo de que não somos a única forma de vida inteligente no universo. O governo dos Estados Unidos e de outros países decidiram que seus cidadãos não têm o direito de saber, mas eu discordo completamente.

Você pode achar que tudo isso parece loucura. Não estou dizendo que não parece loucura, só estou dizendo que é verdade.

CAPÍTULO 1

SE CORRER O BICHO PEGA, SE FICAR O BICHO COME

Aos 20 e poucos anos, eu me alistei no Exército dos Estados Unidos e fui recrutado para diversos programas de inteligência militar. Mais tarde em minha carreira, participei de três missões de combate no Afeganistão e no Oriente Médio e viajei o mundo com a elite dos grupos de operações especiais e unidades de inteligência americanos.

Como oficial de operações e oficial sênior de inteligência, fui designado para missões em vários continentes, com foco em contrainsurgência, contranarcóticos, contraterrorismo e contraespionagem. Comandei ações da área de inteligência combatendo inimigos como Estado Islâmico, Al-Qaeda, Hezbollah, Talibã e FARCs. Conduzi investigações confidenciais pelo mundo ao lado de parceiros que incluíam o Departamento Federal de Investigação (FBI), a Agência Central de Inteligência (CIA) e o Departamento de Segurança Interna (DHS). Trabalhei dentro do Departamento de Defesa (DoD), do Gabinete do Executivo Nacional de Contrainteligência (ONCIX), do Gabinete do Diretor de Inteligência Nacional (ODNI) e do Gabinete do Secretário de Defesa (OSD). Por fim, gerenciei os Programas de Acesso Especial (SAPs) do Conselho Nacional de Segurança (NSC) e da Casa Branca.

IMINENTE

Em 2008, voltei ao Departamento de Defesa. Nesse posto, trabalhei para o Gabinete do Subsecretário de Defesa para Inteligência (OUSD(I)), focado em uma operação de compartilhamento de informações entre o DoD, o DHS e autoridades de segurança estaduais, locais e tribais.

Os departamentos federais estavam começando a permitir o acesso de instâncias menores de aplicação da lei aos bancos de dado nacionais mais complexos, para que o pessoal da linha de frente pudesse realizar melhor sua função e talvez ajudar a localizar narcotraficantes, terroristas ou espiões operando nos Estados Unidos e nos territórios de povos originários.

Na época, eu tinha um escritório espaçoso com janela em um prédio alugado pelo Pentágono em ███████████ ██████████████, no condado de Arlington, Virgínia. Entre outras coisas, o local abrigava diversos departamentos da Boeing Aerospace, inclusive a Phantom Works, subdivisão encarregada de imaginar as tecnologias do futuro para a companhia.

Minha sala no 11º andar tinha vista para o Pentágono. À distância, eu via o Capitólio, o Lincoln Memorial, o Monumento a Washington e a Casa Branca. A mobília conferia ao recinto um ar distintamente náutico. Eu morava com minha família na Ilha Kant, em Maryland, uma pequena comunidade pesqueira na Baía de Chesapeake.

Cheguei a este mundo no Texas, mas o lar do meu coração é a Flórida, por conta da atração que sinto pelos mistérios e a beleza do mar. Pescar, mergulhar, ver o sol brilhando sobre as ondas: esses eram os meus prazeres. Eu e Jennifer, minha esposa, procurávamos ficar perto do mar todo fim de semana. Como eu não podia passar o tempo todo na Ilha Kent, pensei em trazer uma parte da ilha para o meu escritório, onde pendurei fotografias da minha mulher e das minhas filhas e também paisagens marítimas pintadas por meu sogro, que tinha sido um excelente artista amador na juventude. Um timão de madeira ficava pendurado na parede oposta.

Eu também tinha algo que raramente era encontrado na mesa de trabalho das pessoas: uma granada de mão. Aquilo provocava grandes sustos nos visitantes porque, à primeira vista, a maioria dos civis não

SE CORRER O BICHO PEGA, SE FICAR O BICHO COME

sabia que a arma havia sido neutralizada por amigos meus especialistas em Desativação de Artefatos Explosivos (EOD) no Afeganistão. Seria preciso desatarraxar a tampa do detonador para ver o espaço vazio onde antes ficava a carga de explosivos. Eu a mantinha como um lembrete de como a vida podia ser frágil e violenta.

Certa manhã, enquanto avaliava uma requisição do DHS, minha assistente administrativa pôs a cabeça para dentro da sala para avisar que havia dois visitantes me aguardando na recepção. Era início de 2009. Eu não estava esperando ninguém, e ainda estava no meu primeiro café.

Lembro-me de estar olhando para o vapor subindo da caneca enquanto os sistemas de acesso restrito do computador começavam a funcionar, desejando não ter nenhuma visita inesperada. A criptografia de parte da tecnologia que eu usava era insanamente segura, e muitas vezes eu levava dez minutos para encontrar um simples e-mail antigo.

A assistente bateu à porta de novo e me apresentou a Jay Stratton e sua colega, que chamarei aqui de Rosemary Caine.

Ao erguer os olhos do café, vi um homem sério de uns 30 e poucos anos, rosto barbeado e olhos penetrantes. Jay me parecia familiar, mas eu não o conhecia. Usava um belo terno, mas não parecia muito à vontade. Instintivamente, vi nele alguém que ficaria mais confortável com uma metralhadora e uma bandoleira atravessados no peito. Reconhecer outro operador é como um jogo para as pessoas do setor. Alguma coisa parece não se encaixar quando um de nós está de terno. É como forçar um pastor-alemão a usar um smoking feito para cães. Eles podem até vesti-lo, mas não é natural.

Rosemary me pareceu fria, calma e linda. Só mais tarde descobri que ela falava russo com fluência e era ex-agente de inteligência, uma das únicas profissionais do setor que se sairia tão bem na capa da *Vogue* quanto usando uma farda camuflada e com um fuzil AK-47 nas mãos. Ela podia trabalhar em qualquer ambiente, e era isso o que a tornava letal.

IMINENTE

— Bom dia — disse Jay. — Ouvimos falar muito de você. Que bom finalmente conhecê-lo.

Sem perceber, eu tinha os recebido com um resmungo monossilábico.

— Me desculpem — acrescentei. — Ainda não me abasteci o suficiente de cafeína hoje.

— Ah, Café Bustelo? — comentou Rosemary. — Adoro café cubano.

Como ela sabe a marca de café que estou bebendo?, pensei. A lata não estava ali. Teria sido só um palpite ou havia algo mais? Esses dois desconhecidos estavam me investigando?

— Certo — falei. — O que foi que eu fiz agora?

Foi uma brincadeira, mas não inteiramente.

— Como é? — perguntou Rosemary.

— Vocês estão aqui por algum motivo, então, o que foi que eu fiz?

Jay e Rosemary se entreolharam. A credencial azul que traziam pendurada no pescoço revelava que eram ambos de algum serviço de inteligência do governo.

— Você não fez nada de errado — afirmou Jay.

Rosemary se aproximou da mesa.

— Estamos aqui para falar sobre algo muito importante. Uma questão de segurança nacional.

Para mim, isso não era novidade. Tudo o que eu fazia dizia respeito à segurança nacional.

Mesmo assim, meus visitantes conseguiram atiçar minha curiosidade.

Pouco depois, já com um café cubano fresquinho na mão, Rosemary explicou:

— Estamos interessados em sua experiência em contrainteligência e segurança para um programa absolutamente confidencial administrado por nosso gabinete na DIA.

Eles estavam ali para me recrutar para um programa de inteligência na Agência de Inteligência de Defesa (DIA). Quando um programa do Departamento de Defesa precisava de alguém, uma rede de contatos era

SE CORRER O BICHO PEGA, SE FICAR O BICHO COME

acionada para encontrar o candidato ideal. Nesse caso, a equipe de Jay e Rosemary precisava de um agente experiente para operações de contrainteligência e segurança em um de seus programas.

Jay explicou que havia ajudado a criar o Programa de Aplicações do Sistema de Armas Aeroespaciais Avançadas (AAWSAP), que mais tarde se tornaria o Programa Avançado de Identificação de Ameaças Aeroespaciais (AATIP). Eu nunca tinha ouvido falar nesse programa e, mesmo depois que os dois foram embora, *ainda* não havia entendido do que se tratava. Eles explicaram que era um programa modesto, mas de alta confidencialidade, focado em "tecnologias não convencionais", que se reportava diretamente para a chefia da DIA e para o Congresso. Parte de minha experiência prévia no setor de inteligência do Exército envolvera a proteção de tecnologia espacial de ponta e ultrassecreta, então deduzi que tinha sido por isso que me consideraram um candidato viável. Pois bem, se fosse esse o caso, a parte burocrática do trabalho seria mínima, ou pelo menos era o que eu esperava. A burocracia é o terror de todo funcionário público.

Nas semanas seguintes, tivemos outros dois encontros. Sempre em minha sala, bebendo café. Falei em detalhes sobre como eu trabalhava, meu estilo de liderança e sobre algumas de minhas designações anteriores. No entanto, o programa misterioso nunca foi discutido diretamente. Na verdade, eles estavam avaliando minha personalidade e nível de confiabilidade. Eu era a pessoa certa para o programa? Provavelmente não, mas também não estava dando muita bola. Não queria ter ainda mais responsabilidades profissionais do que já tinha.

Semanas depois, superado o obstáculo do veto puro e simples, eles me convidaram para conhecer seu colega. Os detalhes em torno da reunião eram tão misteriosos quanto o trabalho em si. Fui instruído a chegar cedo e parar em um estacionamento do outro lado da rua de um prédio aparentemente comum na Virgínia. Eu mostraria minha credencial para o segundo guarda (não o primeiro) e pegaria o elevador para o 10º andar.

IMINENTE

Isso me pareceu meio exagerado. Desde o 11 de Setembro, a segurança estava mais rígida, mas não havia motivo para fingir que era James Bond enquanto estacionava um Ford Crown Victoria.

No 10º andar, eu me vi em um longo corredor vazio com uma porta de segurança e uma câmera no fim. Rosemary atendeu quando bati. Ela me ofereceu café e me conduziu pela porta para um espaço cheio de cubículos com gente trabalhando. Por fim, em uma sala com paredes de vidro no canto oposto, conheci o dr. James Lacatski.

Ele era literalmente um cientista de foguetes, com doutorado em engenharia, e tinha a aparência exata de um. Usava óculos, gravata frouxa, e seus cabelos eram bagunçados. E sabia de tudo, desde a mecânica bruta dos mísseis Scud até os detalhes mais intricados dos motores de propulsão de primeiro e segundo estágio dos foguetes movidos a combustível sólido. Mais tarde eu soube que ele era um dos principais cientistas aerospaciais a serviço do governo.

— Pode me chamar de Jim — apresentou-se ele.

Com uma voz tranquila, ele me contou que o AAWSAP trabalhava com tecnologias de aviação de caráter confidencial e precisava de um agente de contrainteligência experiente para proteger as informações sobre o programa contra os antagonistas de sempre, as potências estrangeiras. Eles terceirizavam muita coisa, mas Jim escolhia pessoalmente um pequeno quadro de pessoal de inteligência para gerenciar e supervisionar o trabalho dos prestadores externos.

Trabalhando no coração da DIA como parte dos serviços de inteligência do governo americano, o AAWSAP respondia diretamente ao Congresso, segundo Jim.

Nada do que eu tinha ouvido até ali parecia incomum, a não ser o fato de não saber o que o programa fazia na prática.

Depois de uma breve conversa sobre minha experiência na proteção de tecnologia aeroespacial avançada, Jim fez uma pausa. O silêncio se instalou. Então ele perguntou:

— Qual é sua opinião sobre óvnis?

Como assim?, pensei. *Isso é piada? Algum tipo de teste?*

— Eu não… — comecei.

— O quê? — questionou Jim. — Não acredita que óvnis existem?

— Eu não disse isso — respondi. — O que ia dizer é que nunca tive motivo para pensar a respeito. Minha atuação profissional sempre se concentrou em outras questões.

Nenhum de meus projetos profissionais anteriores chegava perto de abordar esse assunto, que não me interessava muito, aliás. Em minha vida pessoal, nunca foi algo que me fascinou. Nunca gostei de *Star Wars* nem *Star Trek*, e não tinha visto *Contatos imediatos do terceiro grau*.

Jim me olhou por cima dos óculos.

— Entendo. Mas não deixe seu viés analítico tomar conta aqui. Você talvez veja coisas que contrariem sua atual percepção do universo, da realidade. É *preciso* estar preparado para mudar de opinião diante de novos dados e evidências.

O que ele podia ou não saber era que eu já tinha alguma experiência em ir além da compreensão padrão da realidade, e tratarei sobre isso mais tarde.

Ele explicou que o foco do AAWSAP eram "fenômenos incomuns" e a investigação de aeronaves não identificadas, em especial as que demonstravam capacidade superior à da nova geração de tecnologia de ponta — o que hoje chamamos de Fenômenos Anômalos Não Identificados, ou UAPs, e que por muito tempo foram chamados de óvnis. Jim explicou que, durante décadas, civis, militares e forças policiais reportaram avistamentos estranhos por todo o mundo, e que havia dados que corroboravam seus testemunhos. Eram dados coletados pelos mesmos sistemas de inteligência usados para manter o país a salvo de seus adversários, portanto, os mais avançados da época. Jim enfatizou que o foco do programa era aquilo que não obedecia às leis da física que conhecemos.

Minha cabeça deu um nó. *Minha nossa… ele estava falando sério?*

Jim sugeriu que eu pensasse um pouco mais. Se eu tivesse dúvidas, poderíamos ter uma segunda conversa.

Aquela foi a entrevista de emprego mais informal e direta de que eu já tinha participado até então. Quando me levantei para sair, Jim me deu mais um conselho:

— Um aviso — falou. — Se quiser trabalhar aqui, não pode ter compromisso com *nada*, em termos de noções preconcebidas.

Acho que ele não sorriu nem uma única vez durante nosso tempo juntos. Estava falando muito sério.

*

Enquanto voltava para o meu escritório, aqueles corredores compridos e vazios reforçaram meu ceticismo. Por que eu estava sendo chamado para participar desse programa?

Ora, eu já tinha trabalhado em alguns dos programas mais peculiares criados pelo governo dos Estados Unidos. John Robert, um amigo que conhecia a extensão de meu currículo e era um velho companheiro de Exército, me veio à mente. Éramos amigos desde que servimos na Coreia, na década de 1990. Nossa camaradagem dos tempos de combate se estendeu para a vida civil. Ele e sua família também moravam na Ilha Kent, por isso íamos trabalhar juntos todos os dias. Como eu, John continuou a trabalhar no setor de inteligência quando saiu do Exército, para uma das agências de três letras do governo. Conhecia todos os meus segredos, inclusive o fato de eu ter sido exposto a um programa governamental excepcionalmente "estranho" aos 20 e poucos anos. Essa experiência de fato

---

* Certos locais são confidenciais, daí a intervenção do Departamento de Defesa.

me ajudou a abrir a cabeça para a ideia de que existem muitas coisas em nosso universo que não conhecemos ou entendemos, que parecem ficção científica, que não condizem com a visão ocidentalizada de realidade do século XX, mas que são reais.

No dia seguinte, durante o trajeto para o trabalho, perguntei se foi John quem tinha feito a indicação.

— Ah, eles conversaram com você, então?

— A-ha. Então foi *mesmo* você que mandou virem atrás de mim. Valeu, amigão! — falei, sarcástico.

— Eles precisavam de alguém experiente — explicou ele. — Alguém capacitado a comandar a contrainteligência, que já tivesse feito parte de programas *confidenciais*. Alguém que conhece mais sobre a realidade do que as pessoas comuns. Só podia ser *você*, irmão.

— Então... Você contou sobre *aquele* outro projeto do passado.

Ele sorriu.

— É, eu posso ter mencionado brevemente, sim.

Eu confiava em John mais do que em mim mesmo. Participamos juntos de muitas missões escolhidas a dedo para nós. John revelou para mim que ele era a ligação entre a agência de três letras em que trabalhava e o AAWSAP. Seu endosso àquele programa deu um nó em minha cabeça.

Em termos práticos, sabendo como o Pentágono funcionava, imaginei que *não* se tratava de um emprego em tempo integral. Seria como um bico, um trabalho a ser conciliado com minhas responsabilidades do dia a dia. O Pentágono muitas vezes pressionava agentes como eu a trabalharem assim, usando a brecha de que dispunha para delegar "outras funções atribuídas". Uma manobra típica de responsabilidade fiscal do governo. Por que contratar alguém novo se uma pessoa pode fazer o trabalho de duas?

No papel, a vida estava boa. Meu trabalho era interessante e previsível. A essa altura de minha carreira, a previsibilidade tinha suas vantagens. E convenhamos que um emprego que não envolva outras pessoas atirando em mim é um bom emprego. Em minhas funções anteriores, eu havia passado por todas as partes do mundo onde os Estados Unidos se defrontavam diretamente com seus inimigos: Afeganistão, Iraque, Kuwait, Coreia do Sul, América Central, América do Sul, Caribe. Uma de minhas várias tatuagens traz a inscrição *Acceptum Painetio*, expressão em latim que significa "Aceito com pesar". É uma homenagem a minhas missões de combate no Afeganistão e no Oriente Médio. Existem coisas que muitos de nós fizemos pelo país que preferíamos não ter feito, mas não se engane: se estivesse na mesma situação, eu faria tudo de novo. Eu nunca fui um belicista que endeusa a guerra; nunca vou me esquecer dos rostos daqueles que morreram, e respeito a importância profunda de todas as vidas perdidas de ambos os lados.

Àquela altura, eu finalmente tinha chegado à cobiçada faixa salarial GS-15 — a posição mais alta que um civil poderia conseguir no Pentágono sem entrar no Serviço Executivo Sênior (SES) ou ser indicado politicamente para um cargo de confiança. Quando era um jovem integrante das Forças Armadas, meu sonho era estar na GS-15, e enfim tinha conseguido.

Eu realmente queria me meter nessa coisa de perseguir discos voadores?

Bem… talvez. Por quê? Eu estava começando a ver com clareza que a faixa salarial GS-15 não era o panteão dos deuses. Na verdade, os que estavam lá no alto muitas vezes tomavam suas decisões com base em favorecimento político, e não em fatos. Isso me deixava furioso. Eu detestava burocracia. As incontáveis horas de deslocamento, as rivalidades dentro dos departamentos e a burocracia estavam me cansando, apesar dos benefícios do emprego. Entrar em um tiroteio parecia quase preferível a entrar no jogo da politicagem. Pelo menos no campo de batalha você sabe quem é o inimigo.

Cinco anos antes, eu tinha voltado de operações na linha de frente no Oriente Médio que me deixaram à beira de um burnout e flertando com um caso sério de transtorno de estresse pós-traumático. Deixei a

SE CORRER O BICHO PEGA, SE FICAR O BICHO COME

guerra para trás com prazer, mas estava começando a me dar conta de que também queria mais senso de propósito em meu dia a dia.

Em comparação com tudo o que vinha acontecendo em minha vida, o programa dos UAPs parecia um escape interessante. Talvez fosse o que eu precisava para sair de meu eterno Dia da Marmota.

Alguns dias depois, conversei com Jim Lacatski de novo. Dessa vez, Jim explicou que o programa tinha apoio do então diretor da DIA, o tenente-general Michael D. Maples, e era financiado graças aos esforços bipartidários de um grupo de senadores: Harry Reid (democrata de Nevada), Ted Stevens (republicano de Arkansas) e Daniel Inouye (democrata do Havaí).

O programa me pareceu uma ave rara, já que contava com senadores de ambos os lados trabalhando em cooperação para torná-lo realidade. Nos Estados Unidos, os dois grandes partidos quase nunca concordam em alguma coisa. Mas, em relação a essa questão particular, seus líderes, por algum motivo, chegaram a um entendimento.

Durante a Segunda Guerra Mundial, o senador Stevens fora aviador do Corpo Aéreo do Exército americano, pilotando aviões militares de carga sobre a chamada "corcunda" do Himalaia, entre a Índia e a China, onde eram usados no conflito contra o Japão. Trata-se da cordilheira mais imponente, perigosa e talvez mais isolada do mundo. Sobrevoar aquelas montanhas em um avião dos anos 1940 não era brincadeira. Stevens admitia abertamente que tinha visto um "foo fighter" em uma missão de voo. Esse era o termo que os pilotos dos Aliados na Segunda Guerra usavam para descrever fenômenos aéreos singulares — estranhas bolas de luz, orbes que seguiam a aeronave, objetos que desafiavam as capacidades de uma aeronave. Em outras palavras, um UAP.

O patriótico senador Inouye tinha literalmente dado um braço pelo país. Havia testemunhado ambos os lados da experiência asiático- -americana durante a guerra. Servia às Forças Armadas enquanto campos

IMINENTE

de concentração foram a infeliz medida dos Estados Unidos para lidar com sua paranoia contra os nipo-americanos.

Reid fora boxeador e policial do Capitólio enquanto fazia a faculdade de direito. Era senador do estado que abriga a Área 51 e, por acompanhar a discussão de perto, tinha grande curiosidade a respeito do tema. Na Colina do Capitólio, ele era considerado um buldogue em um covil de serpentes. Gostando ou não de política, ninguém queria se meter no caminho de Harry Reid.

Juntos, esses três homens controlavam as verbas parlamentares para os programas de orçamento discricionário do Pentágono.

Nessa segunda reunião, Jim Lacatski requisitou formalmente que eu me juntasse ao programa como responsável pelas medidas de contrainteligência e segurança. Ainda estava agindo misteriosamente e não me disse com todas as letras com o que eu trabalharia. Liguei para Jenn e mencionei casualmente que estava pensando em assumir essa função adicional. Era tudo o que eu podia contar, em razão do sigilo que cercava minha vida profissional. Ela me apoiou, como sempre. Quando voltei a meu escritório em Crystal City, telefonei para Jim em nossa linha à prova de grampos e aceitei a função:

— Pode contar comigo.

— O que fazemos aqui é bem estranho — disse Jim. — Você precisa estar preparado para a possibilidade de que parte dessa estranheza tenha um impacto em sua vida pessoal. Esses portfólios grudam em você.

Franzi a testa ao ouvir isso. *Grudam?* Que escolha de vocabulário mais estranha. Eu sabia a que ele estava se referindo com *portfólio*. Era um termo emprestado de Wall Street para descrever a totalidade de um programa — de cabo a rabo, como dizem. Mas nunca ouvi ninguém descrever um portfólio como *grudento*. Não fazia ideia do que ele queria dizer com isso. Que era "espinhoso", talvez? Olhando para trás, vejo que deveria ter perguntado.

CAPÍTULO 2

COLARES

Logo depois que aceitei o posto, Jim e Jay me convidaram para um jantar com a equipe, realizado na sala de reuniões privativa de um hotel em Roslyn, na Virgínia. Eu não tive como me preparar para o encontro, e não fazia ideia do que esperar. As lideranças do programa e alguns dos prestadores de serviços independentes de Nevada se encontrariam pela primeira vez. O principal deles estava chegando em seu jatinho Gulfstream V especialmente para a ocasião.

Como sabia que meu amigo John era o responsável pelo contato de sua agência com o programa, fomos juntos ao jantar. No saguão, encontramos Jim e Jay, que nos levaram para uma sala privativa já com uma mesa grande posta para receber os convidados.

O evento foi um batismo do fogo. Robert Bigelow, hoteleiro, construtor e magnata bilionário do setor aeroespacial, se juntou a nós. Era ele o empresário de que tinham me falado. Um homem alto, de bigode e cabelo rebelde, Bob entrou na sala com uma expressão séria, mas amigável. Eu nunca tinha conhecido um bilionário antes, e imaginei que fossem todos iguais — egocêntricos e arrogantes. Não era o caso. Ele cumprimentou a todos com simpatia e acompanhou atenciosamente as conversas. Foi nesse jantar que eu soube da obsessão de longa data de Bob por UAPs

IMINENTE

e ocorrências paranormais, e também que ele não tinha medo de gastar sua própria fortuna para revelar esses mistérios em benefício da humanidade. O Instituto Nacional de Ciência da Descoberta (NIDS), sua organização de pesquisa, tinha estudado os UAPs e a paranormalidade nos anos 1990. Bob era amigo do senador Harry Reid, e sua companhia, a Bigelow Aerospace Advanced Space Studies (BAASS), era a principal empresa contratada pelo programa.

Também estava presente no jantar Harold "Hal" Puthoff, uma figura lendária nos serviços de inteligência e nos círculos governamentais. Físico e engenheiro de formação, é um homem que guarda grande mistério sobre alguns dos projetos mais confidenciais e controversos dos Estados Unidos. Por mais de cinquenta anos, ele trabalhou como cientista-chefe em projetos de altíssima confidencialidade para o governo. Em muitos deles, se reportava apenas à Casa Branca e ao diretor da CIA. Trata-se de um homem que acumulou um conhecimento que poucos seres humanos jamais vão alcançar. Meu respeito e admiração por Hal são imensuráveis. Ele era o cientista-chefe do programa.

Hal obteve seu título de PhD na Universidade Stanford, em 1967. Seu histórico profissional passa por décadas de pesquisa para contratantes como General Electric, Sperry, NSA, Universidade Stanford e SRI International, e quase todas as entidades governamentais (por exemplo, o Departamento de Defesa e as agências que fazem parte dos serviços de inteligência, como a NSA) já o recrutaram como consultor científico sênior. Ele publicou diversos artigos sobre física quântica, lasers e propulsão espacial, e tem patentes registradas nos campos dos lasers, da energia e da comunicação, cuja leitura eu recomendo.

Quando eu ainda era um jovem soldado no Exército, meu caminho cruzou brevemente com o de Hal. No entanto, só o conheci pessoalmente naquela noite. O fato de poder me sentar à mesa com Hal Puthoff me deixou impressionadíssimo com a importância do evento. Apesar de seu *status* de lenda, Hal me pareceu simpático, acessível, educado, humilde e de uma gentileza professoral.

Jim apresentou todos nós a um general brasileiro chamado Paulo Roberto Yog de Miranda Uchôa e a sua filha e intérprete pessoal. Com um alto cargo no governo e ótima reputação, Uchôa era o principal nome do combate às drogas no Brasil e um general de quatro estrelas. Nos anos 1970, seu falecido pai, general Alfredo Moacyr de Mendonça Uchôa, fundou em seu país o Centro Nacional de Estudos Ufológicos e dedicou mais de trinta anos ao tema dos UAPs e outros estudos paranormais. O Uchôa mais velho era conhecido pelo apelido "General das Estrelas".

Assim como o pai, Paulo Roberto Uchôa tinha interesses que iam além do campo militar e do combate às drogas. Ele se tornara o responsável por um imenso arquivo associado a alguns dos encontros com UAPs mais perturbadores do Brasil. Perguntei a mim mesmo se Uchôa estava envolvido no debate por causa de seu histórico familiar e sua predisposição ao tema ou se, de fato, era considerado por seus pares como o mais qualificado para "lidar" com eventos relacionados a UAPs no Brasil.

Nessa época, o programa de Jim não compartilhava dados sobre UAPs com nenhum outro país, por questões de segurança nacional. O encontro com Uchôa se deu por outro motivo. Ele estava na cidade em razão de outro compromisso, e Jim conseguiu marcar o jantar de última hora; ainda assim, o evento acabou se revelando um dos melhores de toda a minha vida.

O general Uchôa era amigo de um coronel brasileiro, ainda vivo, que investigou um dos casos mais fascinantes da história de seu país e que se desenrolou ao longo de trinta anos. Sua intenção era conseguir o máximo de dados possível conosco, em um exemplo notável de cooperação internacional. A equipe de Bob Bigelow pretendia compilar um banco de dados listando todo e qualquer factoide relacionado a acontecimentos no Brasil, para possibilitar pesquisas instantâneas em busca de similaridades. Quando estivesse completo, o projeto se mostraria extremamente útil.

IMINENTE

Encontrar padrões nos dados disponíveis é fundamental para o processo de análise.

Fiquei sabendo que em meados da década de 1970, durante vários anos, moradores da região litorânea do Norte-Nordeste brasileiro notaram estranhas luzes e aeronaves que zumbiam no céu de suas cidadezinhas e vilarejos à noite. Os objetos variavam de tamanho, de orbes com o diâmetro de uma bola de beisebol a uma enorme nave que parecia capaz de transportar a população de uma cidade inteira. Discos, esferas, triângulos, cilindros voadores — havia toda uma gama de formatos. Os habitantes dessas localidades rurais não eram acostumados com a presença de luzes noturnas, exceto a dos carros e caminhões que passavam pela região. Então, de repente, um morador que ia visitar um vizinho depois de escurecer se via em meio à luz de algo imenso que pairava no céu. Durante séculos, pessoas de todo o planeta vêm relatando esses acontecimentos. Mas, no Brasil, esses fenômenos voadores pareciam ter como alvos os seres humanos.

Havia relatos de pessoas perseguidas por um orbe amarelo. Depois de vários metros, a luz se tornava azul e soltava uma espécie de raio laser terrível que queimava as vítimas ou as deixava inconscientes. Outros afirmavam que a nave que pairava no ar havia tentado levantá-los do chão — com redes e ganchos — e arrastá-los para os veículos. Esses ganchos e redes seriam uma metáfora para alguma tecnologia mais avançada, como um raio trator, ou de fato eram usadas ferramentas primitivas como ganchos e redes? Tudo isso me pareceu muito estranho.

À medida que os ataques se intensificaram, a curiosidade natural das pessoas deu lugar ao pânico. Se uma nave ou orbe de luz aparecia, elas saíam correndo. Cachorros latiam. Rebanhos se dispersavam. Motores de carros falhavam, forçando uma fuga a pé ou no lombo de algum animal. Uma pessoa relatou que seu burro empacou, paralisado de medo; a testemunha então se agachou sob o corpo da montaria para se proteger.

Não fazia diferença buscar abrigo ou não. As luzes perseguiam as pessoas até suas casas ou chácaras. Raios de luz atravessavam telhados

COLARES

como se as telhas de barro fossem um véu transparente, e vasculhavam de forma ordenada o interior das residências, como se estivessem à procura de alguma coisa. De uma vítima ou de um alvo? Não se sabe.

As pessoas passaram a viver com medo. Sabiam por experiência própria ou de ouvir falar que, se o "raio luminoso" tocasse a pele, sofreriam queimaduras. De acordo com relatos, o sangue era sugado dos corpos. A luz começou a ser chamada de *chupa-chupa*.

Em 1977, o braço de inteligência da Força Aérea Brasileira foi à região com vinte pesquisadores e físicos liderados pelo tenente-coronel Uyrange Hollanda. A princípio, o plano era interrogar as vítimas, catalogar os relatos e cuidar dos feridos. Porém, quanto mais a equipe de Hollanda permanecia na região, mais testemunhava em primeira mão os horrores. Eles fizeram vídeos e centenas de fotografias de objetos e aeronaves misteriosas, uma delas de aproximadamente 100 metros de comprimento. Em certa ocasião, quando uma nave apareceu em plena luz do dia em uma praia local, os moradores fugiram, mas a dra. Wellaide Cecim Carvalho, que vinha cuidando dos feridos, permaneceu corajosamente no local. Carvalho se escondeu e ficou assistindo porque, conforme declarou mais tarde, o objeto luminoso no céu era tão bonito que ela não conseguia desviar o olhar. Aquela visão a fascinou de uma maneira quase hipnótica.

O Brasil é o quinto maior país do mundo, o maior da América Latina, e densamente povoado. Apenas sua área alagadiça, o Pantanal, tem quase dez vezes o tamanho dos Everglades da Flórida. Pesquisadores estimam que 371 localidades em vários estados brasileiros foram frequentadas por esses visitantes, mas o epicentro e local de atividade mais intensa entre 1977 e 1978 foi a pequena ilha de Colares, na baía do Marajó, cuja população na época era de cerca de 10 mil pessoas. Hoje os pesquisadores se referem a esses encontros como Incidentes de Colares.

Antes daquela noite, eu nunca tinha ouvido falar desses acontecimentos. De início, minha mente racional tentou buscar uma explicação para o que eu estava escutando. Devia haver uma explicação, certo? Um fenômeno de histeria coletiva, talvez, com as pessoas de uma pequena comunidade sendo influenciadas umas pelas outras e exagerando as experiências que viveram. Ou então um teste de alguma tecnologia feita pelo homem. Na década de 1960, tanto os Estados Unidos quanto a União Soviética flertaram com o desenvolvimento de armas psicotrônicas. Os pesquisadores queriam verificar se era possível se posicionar a uma grande distância do inimigo, atirar uma espécie de raio contra ele e influenciar seu comportamento ou sua percepção. Colares seria o resultado da tecnologia psicotrônica soviética do fim dos anos 1970? Os soviéticos teriam declarado uma guerra indireta contra os Estados Unidos atacando o Brasil? A coisa toda não poderia ter sido uma apavorante operação psicológica?

O que Uchôa contou, porém, não era compatível com nenhuma estratégia ou armamento dos soviéticos. O relato se assemelhava mais ao enredo de *A guerra dos mundos*, de H. G. Wells. Uma invasão alienígena.

Eu tinha um grau razoável de ceticismo, mas, conforme mencionado antes, algumas coisas no passado haviam me preparado para manter a mente aberta. Além disso, havia meu respeito pelas evidências coletadas por cientistas e pesquisadores especializados. Como agente especial, aprendi a necessidade de preservar os dados como evidências e me ater aos fatos. Tudo o que ouvi naquele dia tinha sido confirmado por pesquisadores que iam além dos quadros da Força Aérea Brasileira. Um pesquisador americano chamado Robert Pratt entrevistara 514 testemunhas. Jaques Vallée, cientista francês e pesquisador renomado, também verificara os acontecimentos de forma independente. E muitos outros vieram depois deles. De acordo com uma estimativa, o corpo de evidências sobre Colares chega a mais de 3.500 dossiês.

A voz de Uchôa ficou embargada quando falou do fardo psicológico representado pela operação. A dra. Wellaide Carvalho tratou cerca de quarenta pessoas em 1977, a maioria com queimaduras condizentes com exposição a energia térmica ou dirigida; as queimaduras se curavam depois que a pele descascava. Algumas pessoas, porém, ficaram com grandes cicatrizes. Outras tiveram eczemas. Nas feridas mais recentes de 23 pessoas, Carvalho notou que o centro da queimadura apresentava duas perfurações. E, quando fez exames de sangue nas vítimas, descobriu que estavam com baixos níveis de hemoglobina, sugerindo que o medo do *chupa-chupa* não era completamente infundado.

As descobertas de Pratt eram especialmente aterrorizantes. Ele catalogou mais de trezentos animais mortos por causas desconhecidas na época. Trinta e quatro moradores locais se queixaram de irritação nos olhos; cinco relataram cegueira temporária; oito mencionaram capacidade visual diminuída. Quarenta e um citaram náuseas prolongadas, às vezes acompanhadas de vômito. Cinquenta e cinco indivíduos relataram dores de cabeça fortíssimas. Essas pessoas teriam sofrido algum tipo de dano relacionado à radiação? Se fosse o caso, os problemas de saúde citados seriam consistentes com efeitos negativos de, digamos, radiação de micro--ondas e manuseio impróprio de isótopos de uso médico ou combustível nuclear para armamentos.

Quarenta e seis pessoas contaram ter sentido calor quando as luzes da aeronave se concentraram nelas. Vinte e oito sentiram um bolsão de ar frio. Quase dezoito testemunhas garantiram que foram abduzidas por raios que as sugaram para dentro da nave. Pratt também apurou que algumas dessas pessoas foram encontradas longe do local original do contato, sem saber como chegaram até lá.

Catorze pessoas ficaram catatônicas por curtos períodos de tempo depois de um encontro. Cinquenta e quatro sofreram paralisia temporária em alguma parte do corpo. Trinta e seis se queixaram de doenças crônicas que as afetaram por anos. Desse grupo, dez morreram. Isso me impactou. Essas pessoas estavam *mortas*. Declaradamente por causa de um UAP.

Em alguns casos, as testemunhas conseguiram ter um vislumbre de seus agressores. As descrições dos ocupantes desses veículos de outro mundo se dividiam em duas categorias: seres que pareciam humanoides pálidos, altos e adultos; e seres com cabeça desproporcionalmente grande e corpo frágil, com cerca de 1,20 metro de altura. Como descobri mais tarde, essas duas descrições — os chamados Nórdicos e Cinzentos — se encaixam no perfil de supostos alienígenas avistados em inúmeros encontros em todo o mundo. Se era alguma forma de histeria em massa, tinha escala global e já durava décadas.

Milhares de pessoas na região continuavam traumatizadas por esses encontros.

Uchôa distribuiu algumas fotografias antigas das evidências compiladas pela equipe de Hollanda. Fiquei comovido com as imagens das vítimas mostrando seus ferimentos e com a expressão de terror resignado que tinham no rosto.

Conversar sobre armas a laser deixou minha cabeça a mil. Em 2003, no Kuwait, fui designado como agente especial encarregado (SAC). Um dos meus agentes me ligou no meio da noite de um escritório satélite em Arifjan, no meio do deserto.

— O senhor precisa vir para cá *agora* — falou ele. — Tem uma coisa aqui que o senhor precisa ver.

A viagem levava pelo menos uma hora, por uma estrada de duas pistas que se estendia a perder de vista pela escuridão do deserto. Era somente quando já não víamos mais no horizonte o brilho neon da cidade do Kuwait que sabíamos que estávamos na metade do caminho para Arifjan. Quando cheguei às coordenadas que me foram passadas, encontrei um cordão de soldados americanos fortemente armados protegendo um grupo de tanques de combate M1. Durante a escalada até a invasão do Iraque liderada pelos Estados Unidos, as Forças Armadas americanas se valeram de locais para o posicionamento prévio de equipamentos e veículos militares, aos quais davam nomes como "Acampamento Nova York". Nesse acampamento, os militares americanos posicionavam antecipadamente tanques para a então inevitável invasão. Os veículos foram colocados em formação de pelotão com aproximadamente dez tanques de comprimento por dez de largura.

COLARES

Reunido no canto da formação estava um grupo da Polícia Militar (MP) e alguns Toyota Prados isolando dois tanques em particular. Eu baixei o vidro e perguntei:

— Qual é o problema aqui?

O suboficial da MP de plantão respondeu:

— O senhor precisa ver por si mesmo.

Com o café na mão, eu o segui. O suboficial acendeu a lanterna.

— Dê uma olhada nisso.

— Não estou vendo nada. O que eu deveria estar vendo aqui? — perguntei.

Ele apontou o feixe de luz para a lateral do tanque.

— Olhe bem *aqui*, senhor.

A luz revelou um pequeno furo na lateral blindada do tanque. Perfeitamente redondo, sem bordas amassadas. Superficialmente, não vi nenhum sinal de ablação térmica ou vitrificação metálica. Ele ajustou o foco da lanterna. A perfuração atravessava em linha reta o tanque de um lado a outro.

Como assim?

Era como se alguém tivesse usado um cortador de biscoito superafiado para extrair uma amostra do veículo. A quantidade de energia exigida para algo assim seria gigantesca. O tanque M1 é a joia da coroa do arsenal de campo dos Estados Unidos, projetado para resistir ao impacto direto de um míssil. As laterais e a frente são as partes do tanque com a blindagem mais pesada.

Eu só conhecia uma coisa capaz de perfurar a lateral de um tanque: a munição sabot, que é como uma pequena lança feita de tungstênio sólido e que se move a velocidades hipersônicas. Porém, um tiro de sabot teria provocado a destruição total do tanque e seu interior. Esse incidente era de outro tipo, sinistramente distinto. Não havia nenhum outro sinal visível de dano, mas o veículo estava arruinado, com sua blindagem defensiva comprometida.

IMINENTE

A parte mais assustadora do ocorrido? Em sua empolgação para mostrar a perfuração, o suboficial esqueceu de mencionar que o tanque ao lado tinha sofrido uma sabotagem absolutamente idêntica. O que quer que tenha causado aquilo aparentemente era capaz de perfurar as laterais de dois de nossos melhores tanques ao mesmo tempo.

— O que sabemos sobre isso? — perguntei.

A única pista que tínhamos vinha de um pastor de cabras, um beduíno que cuidava de seu rebanho naquela noite. Ele contou à Polícia Militar que tinha visto uma luz verde brilhar no céu noturno, diretamente acima dos tanques.

Na época, concluí que o beduíno estava enganado, ou que a arma era algum tipo de laser de alta energia criado pelos russos. De todo modo, os dois tanques foram imediatamente levados ao porto, embarcados em um navio de transporte e enviados para análise no campo de testes de Yuma, no Arizona. Eu nunca soube dos resultados. O alto comando classificou a análise como "Top Secret SAP". A sigla SAP se refere ao Programa de Acesso Especial, um dos tipos de informação confidencial mais sigilosos e bem guardados.

Minha mente retornou ao jantar daquela noite, e para as luzes verdes que atormentavam os moradores de Colares, no Brasil. E se o pastor de cabras estivesse certo, no fim das contas?

Nos anos 1970, as autoridades brasileiras encerraram a investigação de Hollanda e comunicaram que nenhum fenômeno incomum tinha sido encontrado. Os arquivos foram mantidos sob sigilo até a década de 1990. Aposentado havia tempo, Hollanda morreu, com suspeita de suicídio, logo depois da liberação dos documentos.

Uchôa admitiu sem constrangimento que o governo brasileiro havia acobertado o que aconteceu em Colares. Seu comentário não surpreendeu ninguém em nossa mesa. *Claro* que o Brasil escondeu a verdade. Era isso o que todos os governos faziam, e sempre vão fazer.

COLARES

Saí do encontro com uma pequena fração de conhecimento sobre a guerra fria extremamente sigilosa que se desenrolava no mundo inteiro desde 1947. Por meio da espionagem, sabemos que as superpotências estão há tempos em uma corrida para conseguir a engenharia reversa de tecnologias avançadas "exóticas", com iniciativas como a exploração de materiais desconhecidos. Aparentemente, UAPs acidentados também representavam uma oportunidade para isso.

Imagine um país que tenha aeronaves capazes de se mover de formas que nenhum veículo conhecido é capaz. Aeronaves que percorrem centenas ou até milhares de quilômetros em segundos. Armamentos diabolicamente sofisticados que nenhuma nação humana pode ter ou neutralizar. Com capacidade de suportar uma força de mais de 1.000 g, que faria um ser humano ficar com a consistência de um pudim. Imagine uma nave que pode se tornar invisível não só aos radares, mas também ao olho humano. Com capacidade de se deslocar com igual eficiência no ar, na água e no espaço.

Uma resposta militar a um poderio como esse seria como lançar uma pipa contra um caça F-22. Esse pensamento me provocou calafrios. Quem controlasse essa tecnologia poderia comandar o mundo, para o bem ou para o mal.

Era muita informação para assimilar, e as pessoas à mesa eram qualificadas demais para ignorar algo assim. Foi então que me dei conta da importância do trabalho que Jim estava fazendo, e do serviço que precisávamos prestar para o povo americano.

CAPÍTULO 3

UM GUERREIRO RELUTANTE

Eu provavelmente nem deveria ter ficado surpreso pelas revelações que ouvi naquele encontro que mudou minha vida. Analisando em retrospectiva, foram muitos os momentos em minha trajetória que me levaram até ali. Exatamente onde era esse "ali", isso eu não sabia.

Minha carreira começou em 1995, em uma junta de recrutamento do Exército dos Estados Unidos em Miami. Eu tinha 23 anos.

Na época, eu tinha a constituição física de um tronco de árvore. Malhava quatro horas por dia. Quando queria me vestir bem, colocava um paletó tamanho 48 e uma camisa de mangas curtas feita sob medida. Trabalhava como segurança em bares esportivos e casas noturnas para pagar meus estudos na Universidade de Miami.

Apesar de tudo isso, era um jovem revoltado, que ainda guardava ressentimentos por causa do divórcio de meus pais e minhas limitações financeiras. Não conseguia pagar as contas e a mensalidade da faculdade, e sentia que minha vida ia continuar assim por um bom tempo. Brigava bastante, e vivia me metendo em enrascadas. De fato, eu não tinha opção: o Exército era minha única saída.

Na época de colégio, arrumava brigas dentro e fora da escola. Meu treinador de luta olímpica viu que eu estava seguindo por um caminho

UM GUERREIRO RELUTANTE

turbulento e autodestrutivo e sugeriu que eu entrasse para o programa do Corpo de Treinamento para Oficiais da Reserva Júnior (JROTC) do colégio. Eu não era muito bom na luta olímpica, e, para falar a verdade, a essa altura eu não era muito bom em nada, o que valia também para os estudos. Em meados dos anos 1980, todos viam o JROTC como a última chance para adolescentes problemáticos, a última escala antes da expulsão, do reformatório juvenil ou coisa pior. Garotos pobres ou que, como eu, vinham de "lares desfeitos", acabavam todos no JROTC. Na época, minha escola ainda adotava o polêmico esquema de "transportar" alunos de outros distritos. Alguns deles se tornaram meus únicos amigos de verdade. Certos professores sem consideração tachavam abertamente os participantes do JROTC de burros e inúteis. Eu queria desesperadamente provar que eles estavam errados.

Adorei o JROTC desde o primeiro dia. Tínhamos até um campo de tiro dentro da escola. Eram outros tempos. Eu entrei para a equipe de marcha e de artilharia. O JROTC me salvou. Os instrutores militares me ensinaram os benefícios do trabalho em equipe e de uma vida disciplinada. Eles nos julgavam por nossos próprios méritos. E nos ensinaram a ignorar as provocações e a ter orgulho de servir ao nosso país. Para quem via de fora, o "uniforme de picles" nos fazia parecer paus-mandados descerebrados que se deixaram levar pela propaganda militar, mas sabíamos do fundo do coração que vestir a farda era como ser parte de uma sociedade secreta, que nos unificava. Negros, brancos, latinos, orientais, ricos ou pobres, homens ou mulheres, de inteligência mediana ou uma reencarnação de Albert Einstein: éramos todos um só. Cuidávamos uns dos outros, algo que eu nunca tive na vida. Palavras como *lealdade, comprometimento* e *dedicação* se tornaram uma crença a ser seguida. Em muitos sentidos, estávamos mais em família entre nós do que com as pessoas que nos aguardavam em casa. As barreiras raciais não nos dividiam; a única cor que víamos era o verde camuflado. Garotos de lugares barras-pesadas, geeks, atletas e nerds andavam juntos sem problemas. Se alguém mexesse com

IMINENTE

um cadete, teria que encarar toda uma brigada de "rejeitados". Um por todos e todos por um. Era uma proteção contra o bullying que eu nunca tinha tido, e em pouco tempo comecei a ter orgulho de mim mesmo.

Quando estava quase no fim da faculdade, quis reviver essa camaradagem. Meus únicos amigos de verdade na universidade eram do Oriente Médio. Nossas culturas eram similares, e a influência do mundo muçulmano sobre meus antepassados hispânicos era inegável. Palavras como *pantalona* e *camisa* na verdade eram árabes. Até a arquitetura e os "azulejos espanhóis" se deviam aos anos de ocupação dos mouros na Espanha. Meus amigos Khan, Mehmet e David eram os irmãos que nunca tive. Todos fomos criados para respeitar os mais velhos, ser educados e tratar bem os doentes e desvalidos. Eu nunca tinha feito uma amizade tão profunda com pessoas de outra parte do mundo. Construímos um vínculo e uma irmandade que me ajudaram a enfrentar os desafios e a solidão dos anos de faculdade.

Na época, eu também estava em um relacionamento sério com uma namorada brilhante, Jennifer, pela primeira vez na vida. À noite, Jennifer trabalhava como garçonete no mesmo bar esportivo que eu; especialista em linguagem de sinais, de dia era professora e intérprete de alunos com deficiência auditiva das escolas públicas do condado de Miami-Dade. Ela era muito mais inteligente do que eu — e eu *gostava* disso. No início, criamos um vínculo como colegas de trabalho e de academia. Seu intelecto me deixava boquiaberto. Mesmo sem ter tido acesso a uma educação cara, ela era capaz de explicar de memória, sem hesitar, um conceito científico que eu havia acabado de aprender em uma aula de física na universidade. Não preciso nem dizer que Jennifer era muita areia para o meu caminhãozinho, mas sentíamos que nossa relação poderia progredir e resistir ao teste do tempo. E muitas provações de fato viriam.

Mas eu ainda tinha meus demônios. Toda noite, quando assumia meu posto como segurança, olhava ao redor do salão em busca de confusão. No bar esportivo ou na casa noturna, não era preciso esperar muito tempo.

UM GUERREIRO RELUTANTE

Eram lugares que atraíam um fluxo constante de babacas precisando de uma lição sobre como tratar outros seres humanos. Nada na vida me satisfazia mais do que dar a um valentão o que ele merecia.

Olhando em retrospectiva, meu trabalho provavelmente servia como forma de ajudar a igualar o campo de jogo entre os agressores, que não eram muito diferentes daqueles de minha adolescência, e as vítimas. Para o bem ou para o mal, e pela primeira vez na vida, eu tinha controle total sobre meu ambiente, e podia remover dali quem considerasse um valentão. Eu sentia que tinha voz e vez.

Das várias habilidades de combate que o Exército ensinava, eu já tinha aprendido muita coisa com meu pai e as diversas aulas de artes marciais que ele me incentivava a fazer.

Na juventude, meu pai, Luis D. Elizondo III, lutou ao lado de Fidel Castro contra o ditador cubano Fulgencio Batista. Ele frequentou a Academia Militar de Havana, onde Fidelito, o filho de Castro, também estudou. Como revolucionário, tinha um compromisso com Cuba e Fidel, pelo menos até Castro revelar quem realmente era. Quando o político se aliou aos russos e se autodeclarou presidente vitalício, meu pai passou para o lado da resistência e, mais tarde, se juntou à Brigada 2506, com a qual participou da invasão à baía dos Porcos, patrocinada pelos Estados Unidos. O preço por essa escolha foi passar dois anos nas prisões de Castro, onde foi submetido a uma cirurgia sem anestesia e teve que comer casco de cavalo fervido para sobreviver. Por pior que fosse a situação, ele sempre dizia que outros sofreram muito mais. Essa provação transformou meu pai em um homem volátil, sempre disposto a confrontar figuras de autoridade. Durante boa parte de minha infância, ele teve uma barba preta ao estilo paramilitar que, ironicamente, o deixava parecido com Fidel Castro.

Em minha infância no sul da Flórida, eu era um garoto como outro qualquer. Quando pequeno, estudei em uma escola judaica. Minha mãe me vestia com short de veludo, gola alta e sapato bicolor. Ela me mimava e me chamava de "docinho", para desgosto do meu pai.

IMINENTE

Para me deixar mais durão, meu pai me mostrou o outro lado da vida, o que envolvia encontros misteriosos em salas enfumaçadas com exilados cubanos armados quando eu tinha 7 anos.

As habilidades práticas estiveram presentes desde cedo. Meu pai me ensinou código Morse e a operar rádios CB e de ondas curtas. Ele me cobrou o domínio do alfabeto fonético até eu ser capaz de me comunicar na base do *Alpha-Bravo-Charlie* como um militar experiente e me fez treinar taekwondo. Aprendi a ler mapas topográficos e a usar a bússola; a consertar um motor de carro e a fazer ligação direta, se necessário; a mergulhar com snorkel e a pilotar barco; a fazer reparos elétricos e hidráulicos.

Enquanto outros garotos da minha idade liam o Manual do Escoteiro, eu folheava livros como *O livro de receitas do anarquista* e *Como sobreviver no Vietnã*. No passado, meu pai e meu avô fabricavam bombas. Por isso, ele me levava junto com alguns amigos para um estacionamento vazio e me ensinava a fazer lançadores de foguetes com tubos de PVC, explosivos e uma bateria de 9 volts, ou me mostrava como arrombar uma casa erguendo uma porta de correr do trilho com uma chave de fenda.

Eu me lembro de, também aos 7 anos, estar diante da mesa observando uma centena de peças pretas de aço que pareciam ser parte de algo um tanto misterioso.

Lancei um olhar para meu pai, que estava ali perto. Ele fez um gesto para mim.

— Venha cá — disse ele em sua língua materna. — Você sabe o que fazer.

Peguei as peças que reconhecia e coloquei sobre a toalha de mesa, para facilitar meu trabalho. Fui movendo tudo lentamente e com hesitação no começo. Todas as peças tinham seu encaixe. Algumas eram de rosquear. Outras se encaixavam deslizando, pressionando ou estalando com um clique. Cada som satisfatório significava que eu estava no caminho certo. Cada movimento despertava uma memória muscular. Eu já tinha feito aquilo antes.

UM GUERREIRO RELUTANTE

Conforme o quebra-cabeça ia sendo montado, meu pai observava o único filho com atenção. Eu queria deixá-lo orgulhoso. Por fim, a tampa com trilho se encaixou, e eu estava com um fuzil de assalto AR-15 totalmente montado nas mãos.

— *Bueno* — disse meu pai com orgulho. — Agora monte de novo, mais depressa.

Naquela mesa, durante muitos dias em minha infância, eu treinei a montagem de outras armas. Sua pistola Beretta .32, uma belíssima arma italiana. Seu AK-47. E suas armas automáticas, Ingram MAC-11, submetralhadora Uzi e KG-99. Quanto mais aprendia, mais eu *queria* aprender.

Um dia, ele me colocou ao volante de um veículo motorizado pela primeira vez, um jipe Toyota FJ40 ano 1972, e me ensinou a dirigir um carro com câmbio manual. Tive que me sentar em uma pilha de almofadas para conseguir segurar o volante e alcançar os pedais ao mesmo tempo. Todo fim de semana depois disso íamos para a praia ou para uma mata perto de casa para fazer trilhas. Ele adorava atolar o jipe na lama, para eu aprender a tirá-lo de lá na base da tentativa e erro.

Quando eu tinha 8 anos, ele comprou minha primeira moto e ficou só observando quando me acidentei e sofri queimaduras de terceiro grau nas pernas. Resistindo ao impulso de me ajudar, ele esperou pacientemente para ver como eu reagia à situação. Só depois que montei de novo na moto ele veio ver como eu estava. Não que fosse insensível, mas ele era bastante rigoroso em seus esforços para me ensinar lições de vida e me fazer aprender a lidar com traumas.

Aos 9 anos, embarquei em um avião Cessna alugado para minha primeira aula de pilotagem.

— Coloque as mãos aqui e puxe até *aqui* em cima — ensinou ele. — Está sentindo a reação? Certo, então… não tão rápido assim…

Em questão de minutos, eu estava voando a 4.000 pés de altitude sobre as praias de Sarasota, assustando as gaivotas e sentindo o coração disparado no peito.

IMINENTE

Ainda criança, eu sabia o alcance e o calibre de quase todos os rifles do arsenal dos Estados Unidos e conseguia montar quase qualquer arma em menos de um minuto.

Se você acredita que a criança é o pai do homem, acho que vai concordar comigo que o caminho que minha vida tomaria estava mapeado desde os 11 anos de idade.

Uma parte de minha inocência infantil foi roubada em troca da promessa de uma nova invasão a Cuba.

Mais tarde eu soube que meu pai estava me preparando para uma coisa chamada "Alpha 66", uma Brigada 2506 levemente repaginada em que novas gerações de cubanos seriam treinadas para invadir o país. Isso explicava por que aprendi a atirar com metralhadoras nos Everglades da Flórida ainda tão novo. Retomar a pátria-mãe e levar a liberdade a Cuba! Esse dia nunca chegou.

O casamento de meus pais sempre foi o romance do século. Parte libanesa, parte judia asquenaze, parte cheroqui, parte francesa e parte tudo o mais que existe, Janise foi criada no Kentucky. Era linda, modelo profissional e ex-coelhinha da *Playboy* em Chicago. De acordo com minha mãe, sua beleza exótica se devia a sua herança familiar, uma mistura de persa, indígena-americana e escocesa. Quando eu era pequeno, ela decidiu me criar dentro da tradição judaica. Luis Senior, o bonito e volátil ex-revolucionário cubano, ironicamente trabalhava no setor de hotelaria e alimentação na Flórida. Ele economizou cada centavo que ganhou e abriu um restaurante italiano chamado Michelangelo's, no exclusivo distrito de St. Armands Circle, em Sarasota.

O restaurante prosperou. Meu pai ganhava o suficiente para bancar suas ambições paramilitares e presentear minha mãe com roupas, joias e automóveis de luxo da última moda. Com a tenacidade dele e a classe dela, os dois projetavam uma imagem de casal de sucesso. Na prática, porém, o compromisso de Janise e Luis era com o restaurante, talvez mais do que um com o outro.

No caso de meu pai, a loucura pairava logo abaixo da superfície. Os anos de abusos sofridos nas prisões de Fidel Castro pareciam ter afetado o funcionamento de seu cérebro. No início da década de 1980, o cineasta Brian De Palma enviou membros de sua equipe para conhecer meu pai e seu amigo, ambos exilados, quando o diretor estava construindo um perfil para o personagem cubano de pavio curto que havia concebido para o filme *Scarface*.

Sempre fervilhante, o temperamento vulcânico de meu pai muitas vezes entrava em ebulição nos momentos mais impróprios. Certa vez, quando me levou a uma matinê no cinema, ele gritou com o adolescente da bilheteria sobre o preço dos ingressos e da pipoca. Em outras ocasiões, comprava um sorvete de casquinha para mim e depois acabava jogando em cima do vendedor por desconfiar que estava sendo explorado. Ele não pensava duas vezes antes de meter a mão na cara de alguém por qualquer motivo que fosse.

— Não tem nada que vocês possam fazer comigo que Castro já não tenha feito! — gritava ele raivosamente na frente de todos os clientes enquanto era algemado.

E que Deus protegesse quem encostasse a mão em mim, sangue de seu sangue. Apesar do treinamento que recebi de meu pai, eu era atormentado constantemente por causa das roupas e do cabelo esquisito. Minha mãe achava bonitinho. Os valentões da escola me batiam, roubavam meu dinheiro do almoço e abaixavam minhas calças. Eu fechava a boca e aguentava calado. Vivia em um estado constante de medo na mão de meus agressores. O toque do sinal da última aula era como um lembrete agourento de que um bando de garotos mais velhos estaria à minha espera na frente do ônibus para me humilhar mais uma vez. Minhas tardes eram repletas de medo e de terror depois do sinal da saída.

Por fim, meu pai acabou descobrindo quando notou um machucado em mim. Fiquei morrendo de medo de que ele dissesse algo e piorasse a situação. Com relutância, contei o que tinha acontecido, mas só depois que ele me garantiu que não diria nada. No dia seguinte, meu pai estava me esperando no ponto de ônibus. Em meio a um turbilhão de obscenidades e gestos raivosos, ele ameaçou os valentões e até o motorista do ônibus por ter deixado aquilo acontecer.

Em outra ocasião, no início de minha adolescência, meu pai viu uma marca vermelha em meu pescoço. No dia anterior, o professor de educação física tinha me agarrado pelo cangote quando eu estava na enfermaria. No dia seguinte, meu pai apareceu no campo de futebol, confrontando violentamente o professor e ameaçando matá-lo aos gritos de *Pendejo!*, espumando pela boca. Quando os outros alunos, assustados, começaram a olhar para mim, eu desejei que o chão se abrisse e me engolisse.

— Uma pessoa que merece seu amor também merece que você lute por ela, nunca se esqueça disso — me dizia ele. Era seu lema. Seu código de vida.

O fato de eu detestar a escola também não ajudava. Eu não sabia escrever, embora soubesse ler, e não era capaz de aprender a grafia de palavra alguma. Quando tentava fazer uma leitura, o mecanismo de decodificação de meu cérebro se recusava obstinadamente a jogar luz sobre a linguagem humana. Enquanto a sala inteira identificava as palavras *g-a-t-o* ou *p-o-r-t-a* ou *c-a-s-a*, meu cérebro zombava de mim e só me mostrava uma salada de letras encoberta pela *d-i-s-l-e-x-i-a*. Muitas vezes eu fingia estar doente para evitar o bullying e as tarefas escolares que me pareciam impossíveis. Também vivia com medo de voltar para casa com mais notas ruins.

Contrabalanceando a volatilidade de meu pai, minha mãe era tranquila e gentil. Artística e espiritualizada, estava sempre presente para me confortar.

Meus pais se separaram quando eu tinha 11 anos. Meu treinamento militar infantil acabou. Os dois ficaram arrasados. Minha mãe vendeu tudo o que tínhamos, inclusive meus brinquedos e minhas roupas, para uma loja de artigos de segunda mão para pôr comida na mesa. Meu pai vendeu o restaurante e abriu uma loja de carros usados, e depois acabou vendendo-a também. No fim, ele foi morar em um trailer em uma granja de porcos enquanto decidia o que fazer a seguir.

A mudança de minha mãe para um bairro mais acessível economicamente também implicou uma mudança de distrito escolar para mim. Mas o bullying não acabou. Um dia, já no ensino médio, com o estresse agravado pelo divórcio de meus pais e as circunstâncias que isso trouxe, cheguei ao meu limite. Um colega de classe — que sempre fazia de tudo para me causar dor e humilhação — me abordou com a violência de sempre. Dessa vez, porém, uma coisa estranha aconteceu. Meu impulso de sair correndo não estava mais lá. Meu instinto de "fuga" foi substituído pelo de "luta", e, para minha surpresa, eu reagi. A carga de adrenalina que veio depois foi diferente. O medo, a humilhação e o terror deram lugar à raiva, ao orgulho, ao senso de justiça — emoções até então desconhecidas para mim.

Felizmente, as escolas contam com um recurso para ajudar adolescentes como eu. No JROTC, aprendi a canalizar a raiva. A luta igualava o campo de jogo em que eu era obrigado a sobreviver. Como não era popular entre as garotas, eu fazia praticamente de tudo para chamar a atenção delas, inclusive coisas idiotas e imprudentes que no fim só me prejudicavam. Eu era um rebelde sem noção.

Na faculdade, escolhia intencionalmente as disciplinas mais difíceis só por pirraça, depois de anos recebendo avaliações negativas e críticas dos professores e dos meus parentes. Por isso entrei para o programa inicial de medicina da Universidade de Miami, com formação em microbiologia e imunologia. Nessa época, não conversava muito com nenhum dos meus pais. Ainda tinha muita raiva. Depois de anos lidando com seu temperamento imprevisível, passei a ter medo de meu pai. Eu ainda o amava, só não queria ser como ele. E adorava minha mãe, mas por causa de suas decisões, e das minhas, acabamos nos distanciando. Ela muitas vezes se deixava ser enganada por seus namoricos.

IMINENTE

Eu sabia que depois da faculdade precisaria de outra grande mudança se quisesse me livrar da sina de "cara problemático" que "não serve para nada". Então, enquanto a maioria de meus amigos dava início a uma carreira profissional, eu não vi outra escolha a não ser entrar para o Exército.

Depois de me alistar, minha vida realmente mudou para melhor. Eu enfim tinha um senso de propósito, algo que me fazia falta desde os tempos de JROTC. Logo de início, me ofereceram um cargo de oficial, porque eu tinha diploma universitário. Mas, se seguisse esse caminho, não teria escolha em termos de Especialidade Ocupacional Militar — em outras palavras, eles me alocariam de acordo com as necessidades do Exército, e eu provavelmente iria para o corpo médico. Então, em vez disso, me alistei como recruta, e recebi o melhor treinamento que alguém poderia querer. Manuseio de armas, combate corpo a corpo, técnicas de salvamento etc.

Depois de qualificado como soldado, fui treinado como agente especial de inteligência, que todos dentro do Exército chamavam de 97-Bravo. Aprendi a realizar operações de vigilância e contravigilância, ler a linguagem corporal e recrutar colaboradores.

Minha primeira missão foi na Coreia do Sul, logo depois que Jennifer e eu, já casados, concebemos nossa primeira filha. Deixá-la sozinha em casa durante a gravidez foi uma das coisas mais difíceis que já fiz. Um tipo de sacrifício que toda família de militar conhece bem até demais. Lá fui eu, atendendo ao chamado, e perdendo toda a gestação. Passei boa parte do tempo trabalhando com o equivalente coreano da CIA (KCIA), com a Polícia Nacional Coreana (KNP) e com uma equipe de projetos especiais de vigilância. Quando voltei para casa, nossa filhinha tinha 3 meses. Jenn estava trabalhando em um boliche na vila militar onde morávamos, e eu tinha dois outros empregos para incrementar o salário de 17 mil dólares anuais que recebia do Exército. Recebi permissão de meu comandante para fazer trabalhos paralelos como segurança e, mais uma vez, virei leão de chácara para pagar as contas.

UM GUERREIRO RELUTANTE

Minha segunda designação foi para o 902º Grupo de Inteligência Militar, em Fort Meade, Maryland, mas fui alocado em Fort Huachuca, no Arizona. Eu conduzia investigações de contrainteligência em três estados — Nevada, Califórnia e Arizona — para proteger as novas tecnologias desenvolvidas pelo governo: armas a laser, veículos aéreos não tripulados, motores de foguete e toneladas de equipamento aeroespacial. Minha função principal era impossibilitar que espiões estrangeiros, que tinham como alvo grandes fornecedoras das Forças Armadas, como TRW, Raytheon, Boeing e Lockheed, tivessem acesso à tecnologia ultrassecreta. Eu ainda investigava qualquer pessoa que tivesse credenciais de segurança e pudesse estar envolvida com atividades criminosas, e também recebia o "público em geral", o que às vezes resultava no que era chamado de "Arquivo de Bobagens".

Certo dia, um ex-militar apareceu em minha sala todo aflito e descabelado, dizendo:

— Você precisa me ajudar. O governo está atrás de mim. Sou fornecedor da Força Aérea dos Estados Unidos, e meu codinome é *Lobo Solitário da Serra*.

— Estão atrás de você por quê?

— Eles querem tornar os aviões invisíveis usando minha fórmula matemática especial.

Revirei os olhos por dentro. A visita de malucos era comum no atendimento ao "público em geral", e agentes como eu precisavam fazer a triagem dessas comunicações.

Eu me lembro disso porque, algumas semanas depois, recebi uma visita de dois agentes do Gabinete de Investigações Especiais (OSI) da Força Aérea.

— Você já falou com um cara que diz que consegue fazer os aviões ficarem invisíveis?

Eu quase dei risada.

— Já. Por que, ele anda incomodando vocês também?

IMINENTE

Com um tom sério e sem hesitação, um dos agentes do OSI falou:

— Esse cara trabalha mesmo para nós, e precisamos de tudo o que você tiver sobre ele.

Soltei uma risadinha constrangida. *Ele está encrencado? Parou de tomar os remédios?*

A resposta foi ainda mais surpreendente:

— Ele é o fornecedor de uma de nossas tecnologias mais sigilosas.

Perplexo, entreguei os relatórios, conforme solicitado. Eles foram embora, levando consigo o arquivo e o restante da verdade sobre aquele caso. Nunca mais ouvi falar a respeito. Olhando para trás, e sabendo o que sei hoje, muitas vezes me pergunto que anotações podem ter sido feitas no arquivo sobre *mim*.

Cerca de um ano depois, o tenente-coronel Michael Seage, um de meus mentores, me recomendou para uma nova função em uma área de especialização de que eu nunca tinha ouvido falar: o Programa de Grandes Habilidades do Exército.

O telefonema veio em um fim de tarde:

— Esteja preparado para uma reunião em duas horas.

Em um motel barato no meio do deserto do Arizona, um homem de compleição robusta e barba grisalha me esperava. Considerando sua aparência, me pareceu que ficaria mais à vontade em cima de uma Harley customizada do que de terno. Seu rosto era curtido de sol como uma carteira de couro. Ele mancava levemente da perna esquerda.

Eugene "Gene" Lessman, o agente de inteligência grandalhão, era o principal recrutador do Exército para tudo o que fosse "inquietante". No Vietnã, Gene fora membro do Grupo de Operações Especiais (SOG) e boina-verde. Também fez parte do infame Projeto Phoenix, que tinha como alvo os líderes vietcongues. Seu problema de mobilidade se devia aos ferimentos com armas de fogo que sofreu quando saltou de um helicóptero no campo de batalha. Gene era um homem à moda antiga, e não estava para brincadeira. Tinha vindo de Hanover, na Virgínia, para falar comigo.

UM GUERREIRO RELUTANTE

— Você está sendo cogitado para um cargo no governo — contou ele. — Tudo bem se eu fizer algumas perguntas?

Foi assim que começou o interrogatório mais intenso a que já fui submetido. De onde eu era? O que fazia quando não estava em serviço? Quem eram meus pais? Por que eu considerava importante servir ao país?

As perguntas não paravam, e às vezes algumas eram repetidas — exatamente o tipo de técnica de eliciação que estudamos em um curso que fiz: abordar o assunto com questionamentos circulares e verificar se as respostas eram consistentes.

O Programa de Grandes Habilidades existia havia um bom tempo, e servia para a inteligência do Exército recrutar jovens soldados com talentos especiais e que poderiam ser treinados e usados como espiões militares. Como eles descobriam essas habilidades, nunca me contaram.

— E visão remota? Sabe o que é?

— Não — respondi.

Mais tarde, Gene me contou que o Programa de Grandes Habilidades também era chamado de Grey Fox. Ele era do Programa de Carreira de Inteligência Militar Exceto Civil (MICECP), ou seja, era um agente civil de inteligência que trabalhava para o Exército. Posteriormente, também fiquei sabendo que Gene observou e recrutou soldados para outra operação ultrassecreta chamada Stargate, ou pelo menos o que restou dela. Gene nunca deixou claro se sua contribuição para a Stargate foi uma missão oficial da Grey Fox. A Stargate era uma iniciativa do governo federal, conduzida por anos pela CIA e mais tarde pela DIA. Os recrutas eram treinados para espionar inimigos, mas não de maneira convencional.

A Stargate treinava "supersoldados" para espionar alvos difíceis usando poderes psíquicos. Não, isso não é brincadeira, é um programa oficial do governo dos Estados Unidos.

Essa técnica extremamente controversa era chamada de "visão remota". O programa, iniciado na Universidade Stanford no fim dos anos 1960, fora conduzido por ninguém menos que Hal Puthoff, que conheci no

IMINENTE

jantar que narrei anteriormente. Hal estava em Stanford como pesquisador e funcionário da NSA quando ele e seu colega Russell Targ foram abordados pela CIA e comunicados que a Rússia tinha um programa de visão remota. Os Estados Unidos precisavam alcançar e superar o nível de desenvolvimento deles. Foi assim que tudo começou.

A ideia da percepção extrassensorial ganhou adeptos no governo que a princípio haviam se mostrado hesitantes e que ficaram chocados ao verem que a técnica funcionava. Ninguém entendia o mecanismo dessa técnica. A CIA não queria saber *por que* funcionava; só se interessava pelos re*sultados*.

Quando agentes psíquicos treinados pelo governo concentravam a atenção em um objeto em particular, captavam imagens, sensações, pensamentos e informações impossíveis de obter através da espionagem convencional. A Stargate foi tão bem-sucedida que Hal se reportava diretamente ao diretor da CIA e à Casa Branca.

Como prova do sucesso do programa, posso falar sobre a vez em que soldados conseguiram localizar um jato supersônico soviético que caiu em algum lugar da África. Os melhores satélites americanos disponíveis não conseguiram encontrá-lo, e os russos também não. Um observador remoto do Exército "viu" e informou a localização da aeronave submersa no Congo. Os Estados Unidos conseguiram coletar e preservar esse alvo valioso com base apenas nas visões do observador remoto. O presidente Jimmy Carter foi quem divulgou o caso para a mídia. Observadores remotos também conseguiram localizar o general de brigada James Lee Dozier, que foi sequestrado na Itália pelas Brigadas Vermelhas em 1981. Na Guerra do Golfo, observadores remotos identificaram e localizaram depósitos que abrigavam agentes químicos letais. As histórias de sucesso da visão remota eram muitas, e pareciam quase mágicas. As que eu não posso revelar aqui são ainda mais espantosas.

Como todas as coisas do governo que desafiam o *status quo* ou fazem as pessoas questionarem seu senso de realidade, a Stargate tinha seus detratores e inimigos. O Congresso suspendeu a verba para o programa de espionagem psíquica algum tempo antes de meu recrutamento, e Gene vinha trabalhando incansavelmente nos bastidores para manter um pequeno grupo de observadores remotos em operação. Enquanto ainda era tempo, ele queria que eu me tornasse um espião psíquico.

Eu me lembro de ter questionado se o Exército permitiria que eu me afastasse da função que estava executando. Ainda restavam dois anos de serviço a cumprir em meu contrato de alistamento.

— E se o Exército não me deixar ir? — perguntei.

Gene se recostou na cadeira e deu risada.

— Filho, *nós* somos o Exército — disse ele. — O Exército *secreto*.

Para adiantar as coisas, Gene compartilhou comigo um velho manual de visão remota, mas o verdadeiro treinamento viria na prática.

Quando os melhores observadores remotos estavam "fluindo", conseguiam se infiltrar em instalações inimigas e dar uma olhada no local. Podiam localizar pessoas ou ativos vitais. Teoricamente, podiam inclusive perturbar ou incapacitar a mente de um adversário. Durante uma sessão, um observador experiente era capaz de desenhar imagens, mapas, coordenadas e detalhes de tudo o que tinha visto.

Eu duvidava muito que conseguiria fazer algo digno de nota nesse sentido, mas Gene se empenhou em meu treinamento. Eu me lembro de, certa vez, ter encontrado Gene em um velho motel em Sierra Vista. Ele me fez sentar em uma cadeira, com a cabeça ligeiramente abaixada e os olhos concentrados em um horizonte imaginário. Um foco suave. Nada muito intenso. Nada que pudesse enrijecer um único músculo em meu corpo.

Atrás de mim, eu ouvi sua voz.

— Vá em frente — disse ele. — Comece quando quiser.

Mantive a respiração controlada e tranquila. Não me dei conta disso na época, porém, mais tarde me disseram que, para começar a fluir, eu esfregava os indicadores nos polegares, como se estivesse sintonizando

IMINENTE

um rádio que só existia em minha imaginação. Muitas vezes eu notava e até chegava a sentir uma leve correnteza ou fluxo, chamada pelos veteranos de *linha de sinal*. Eu virava essa chavinha imaginária e ia passando pelas estações, uma a uma, capturando fragmentos dispersos de sons, emoções e até cheiros.

O segredo para a visão remota era não julgar. Bastava relatar o que aparecia, sem julgamento. Sem filtro analítico. Era preciso deixar rolar.

Um bom observador remoto deve evitar a tentação inevitável que todos sentimos de enxergar padrões. É necessário abandonar todas as noções preconcebidas do que algo *possa* ser. Na vida cotidiana, o reconhecimento de padrões ajuda a não sobrecarregar o cérebro com um excesso de dados. Serve como uma peneira, que nos permite reconhecer e isolar padrões que podem ser sinais de perigo. Mas, na visão remota, essa tendência de pensar "Ei, eu sei o que é isso" é uma receita para o fracasso.

Às vezes, Gene me dava um envelope e me pedia que falasse qual era o local mencionado lá dentro sem abri-lo. No dia seguinte, mudava um pouco o processo. Eu deveria direcionar minha atenção para uma foto que Gene estava segurando fora da minha vista. Antes de começarmos, ele me transmitia verbalmente as coordenadas geográficas do objeto em questão. Mas, sem um mapa, eu não fazia ideia do lugar no mundo em que deveria me concentrar.

O lugar não era tão importante, e sim o objeto.

Em outras ocasiões, ele simplesmente perguntava o que havia dentro do envelope.

Sei que parece uma tarefa impossível. Mas, se eu ouvisse o rádio em meu coração, quase sempre captava alguma coisa útil.

Eu respirava fundo. Mantinha a respiração regular. O dial do rádio parava de girar e sintonizava alguma coisa. Eu visualizava a linha de sinal como um rio luminoso e esbranquiçado que fluía como um circuito na direção em que era preciso seguir. Não um rio físico, mas um rio que eu sentia, que me levava a lugares e pessoas desconhecidos.

Com a prática, fui melhorando. Mais tarde, usaria as técnicas que aprendi em outras tarefas. Depois de um tempo, a visão remota se tornou uma coisa natural para mim. Eu conseguia fluir sem nenhum protocolo ou ritual.

Estava empolgado para me juntar a uma pequena elite de observadores remotos, mas então recebi a infeliz notícia de que o programa tinha sido completamente desmantelado. Eu iria para o Panamá como oficial de operações de inteligência. Aceitei a missão e, de uma hora para outra, fui liberado de minhas obrigações no Exército como soldado alistado e me tornei um agente civil que trabalhava para o Exército (mas era pago pela NSA, o que nunca entendi). Até hoje não sei se a intenção original de Gene era me tornar um de seus observadores remotos ou se estava só me testando. De qualquer forma, o trabalho não foi em vão; eu ainda usaria diversas vezes as habilidades que Gene havia me ensinado. Enquanto conduzia operações de contrainteligência, eu avaliava diversos relatórios. Digamos que um informante revelasse que um determinado local era importante. *Era mesmo?* Eu entrava em modo de visão remota e tentava me transportar para lá. O que eu achava da informação agora? Certa vez, no Oriente Médio, tive um mau pressentimento sobre um local que meus homens investigariam no dia seguinte.

— Não podemos fazer isso — falei para um de meus subordinados. — Tem alguma coisa errada aí. Não quero que vocês entrem lá.

— Bom, tudo bem –- respondeu ele, tenso. — Mas *alguém* precisa entrar. E os britânicos limparam a área ontem.

Uma equipe aliada foi no lugar deles e encontrou um artefato explosivo improvisado (IED).

Nos anos seguintes, tive o privilégio de conhecer outros quatro observadores remotos treinados. Conversávamos com frequência sobre nossa experiência com a técnica. Certa tarde, falamos sobre a captura de um suspeito de terrorismo que estava no radar dos Estados Unidos fazia tempo. Ele estava detido em um local a milhares de quilômetros de nós, um lugar onde eu já havia estado antes.

IMINENTE

Como um teste, nos reunimos em uma instalação segura no Pentágono com nossos almoços em sacos de papel pardo e tentamos fazer uma sessão de visão remota em grupo. Direcionamos nossos pensamentos a esse terrorista em sua cela. Nenhum de nós tinha simpatia pelo assassino sanguinário, que com satisfação tirara a vida de companheiros nossos. Eu me perguntei se conseguiríamos exercer algum impacto sobre ele.

Alguma coisa aconteceu, sem dúvida. Meses depois, ficamos sabendo que o terrorista tinha dito para seus advogados que a CIA havia mandado cinco anjos para perturbar seu sono. Cinco figuras envoltas em uma luz branca se posicionaram ao lado de sua cama e o sacudiram violentamente, deixando-o apavorado. Ele sentiu como se estivesse no dia do Juízo Final. Depois de compartilhá-la com o advogado, a história acabou virando matéria de jornal, com seu defensor afirmando que a CIA tinha usado um programa secreto para atormentar seu cliente. Contei para Hal Puthoff o que tínhamos feito. Ele não ficou surpreso.

Os melhores praticantes de visão remota — Pat Price, Ingo Swann, Joe McMoneagle — são capazes de feitos incríveis. De seu sofá de casa na Costa Oeste americana, Price se infiltrou em uma localidade secreta da NSA na Virgínia Ocidental e descreveu corretamente as etiquetas de identificação em pastas de papel pardo fechadas em um arquivo subterrâneo. Em uma sessão, Swann afirmou ter observado Júpiter remotamente e descreveu seus anéis finíssimos, que só anos depois seriam localizados e comprovados cientificamente por sondas não tripuladas.

— As pessoas com esses dons são raras — Gene costumava me dizer.

— Eu não tenho dom algum — eu respondia.

— Ah, tem, sim!

No fim, nós dois estávamos certos. A verdade era que muita gente era e ainda é capaz de observar remotamente. O *treinamento*, sim, era raro, e não o dom. Ouvi certa vez uma explicação bastante convincente sobre a visão remota, segundo a qual se trata do resquício de uma habilidade que os primeiros humanos usavam antes do desenvolvimento

UM GUERREIRO RELUTANTE

da linguagem falada. Os animais domésticos costumam se valer desse "sexto sentido" para avaliar se outro bicho representa uma ameaça. Antes que nós humanos aprendêssemos a falar, talvez tivéssemos essa capacidade também.

Quantas vezes na vida você já não sentiu que as palavras não são adequadas para expressar seus sentimentos? Aposto que se frustra com isso pelo menos uma dezena de vezes por mês se estiver em um relacionamento com uma pessoa que ama.

Consideramos a linguagem uma grande conquista da evolução, mas e se fôssemos capazes de nos conectar uns com os outros sem palavras, a grandes distâncias?

Uma coisa interessante sobre a visão remota é que deve ser usada apenas com intenções boas e puras, e não para benefícios pessoais ou motivos egoístas. Pode chamar isso de carma ou do que quiser, mas todos os observadores remotos acabam aprendendo isso mais cedo ou mais tarde. Se colocam em prática ou não, é outra história.

A visão remota merecia uma investigação científica, e não o escárnio. Mas alguns fanáticos de mentalidade estreita conseguiram sufocar a Stargate até a morte. Em seus últimos dias de atividade, um membro da Stargate ouviu com perplexidade a explicação de uma autoridade do governo sobre o motivo para o corte da verba:

— Vocês estão trabalhando com gente que tem pacto com o diabo — falou esse chefe.

Por mais maluco que isso possa ter soado, ouvi a mesma bobagem tempos depois de funcionários do alto escalão do governo que estavam determinados a encerrar nossa investigação sobre UAPs, mas trataremos disso mais tarde. É desnecessário dizer que não é bom para os Estados Unidos ou para a humanidade ter autoridades de mente fechada que se opõem e desconsideram sem pensar duas vezes qualquer coisa que não se encaixe em suas crenças religiosas. Afirmar que isso atrasa nosso progresso e crescimento ainda é dizer pouco, pois na verdade também dá a nossos adversários uma vantagem, já que eles não têm os mesmos impedimentos morais.

O ex-agente psíquico do governo Joe McMoneagle, autor de um ótimo livro sobre o assunto, certa vez compareceu a uma reunião em que ouviu duas opiniões conflitantes sobre seu dom.

Um senador o repreendeu:

— O senhor está fazendo a obra do diabo e vai queimar no fogo do inferno!

Quando McMoneagle saiu para o corredor, foi abordado por outro legislador, que o abraçou com carinho e murmurou em seu ouvido:

— Você está fazendo a obra de Deus, filho!

Embora a Stargate tenha perdido sua verba, a verdade é que o governo e as Forças Armadas jamais deixam de usar uma ferramenta que funciona. Ora, por que fariam isso? Nossos adversários não fazem. Os programas simplesmente mudam de lugar e de nome.

Apenas amigos próximos, como John Robert, conheciam meu histórico profissional. Inclusive, ensinei para John *como* usar a visão remota, e ele é ótimo nisso. Eu poderia escrever um livro inteiro sobre o tema, mas a questão principal é que fiquei espantado ao me dar conta de que era capaz de realizar esse trabalho, que me ajudou, ainda que extraoficialmente, nas minhas missões militares.

CAPÍTULO 4

OS SEGREDOS INTERNOS

O novo emprego no AAWSAP/AATIP era como uma boneca russa, com um pequeno segredo guardado dentro de outro. Pouco depois de eu ter começado a trabalhar com eles, Jay e Jim passaram a me informar melhor sobre o programa em uma Instalação para Informações Sensíveis Compartimentadas (SCIF). Eram apenas salas de reunião sem grandes atrativos, que pareciam contêineres com isolamento acústico que bloqueava o som e as ondas de rádio e eletromagnéticas. Às vezes, havia máquinas de ruído branco para tornar ainda mais impossível alguém de fora ouvir alguma coisa. Para entrar em uma SCIF e discutir assuntos confidenciais, era preciso mostrar as credenciais, entregar o celular e só abrir a boca depois que todo mundo fosse liberado e a porta fosse fechada como um cofre pelo lado de dentro.

Embora o programa se concentrasse principalmente em UAPs, uma pequena parte do trabalho consistia em investigar fenômenos inexplicáveis em uma propriedade de cerca de 195 hectares em Utah chamada Rancho Skinwalker. A empresa de Bob Bigelow liderava a investigação, depois de comprar as terras em meados dos anos 1990 para que seus cientistas pudessem estudar algumas estranhas ocorrências associadas ao local desde tempos antigos.

De início, isso era tudo o que eu sabia. Só meses depois compreendi de fato a extensão desses estudos em Utah.

Desde que essa colaboração da empresa com o programa começara, em 2008, equipes de pesquisadores iam ao rancho para investigar e coletar dados de atividades anômalas, que incluíam avistamentos de UAPs. Os pesquisadores do AAWSAP percorriam a propriedade com equipamentos eletrônicos moderníssimos, determinados a entender por que os visitantes viam essas aparições e relatavam experiências aterrorizantes que não só os feriam como os seguiam até suas casas e atormentavam seus familiares. Mais tarde descobri que Jay havia criado um termo hoje usado para descrever isso — "efeito carona".

Que revelação atordoante. O governo dos Estados Unidos estava empenhado em estudar e analisar atividades anômalas que beiravam o paranormal. Jim e sua equipe tinham enveredado por esse caminho pelo motivo mais simples: a ciência exigia que esses fenômenos fossem mais bem estudados, e ainda não era possível descartar que esses eventos anômalos estivessem diretamente ligados aos UAPs.

Quando não estava indo atrás de pistas por sugestão de Jim, eu passava o tempo lendo os registros históricos do governo sobre UAPs, aos quais tinha acesso graças a minhas credenciais. Era possível aprender muito estudando a história, principalmente a parte dela que não vinha a público.

Jim sugeriu que eu usasse meu computador do governo para pesquisar sobre coisas como *tecnologia desconhecida, desempenho incomum, anomalia, não identificado, ufo, óvni, UAP*.

As palavras *luzes* + *céu* mostraram resultados interessantes. Os termos *não identificado* + *radar* também renderam a descoberta de incidentes que não foram rotulados pelos autores dos relatórios como relatos envolvendo UAPs.

Fiquei perplexo com o número de relatos nos servidores de informações confidenciais a que eu tinha acesso. No entanto, também sabia quais "palavras perigosas" podiam chamar atenção da forma errada, aquelas que alertavam outros indivíduos de que você estava enfiando o nariz onde não era chamado. Isso levaria a uma extensa investigação de suas atividades para determinar se você "precisava saber" ou estava tentando obter informações de um programa do qual não fazia parte.

Também fiz questão de me informar o máximo possível sobre nossos consultores científicos externos. No Pentágono, nos referíamos aos funcionários mais antigos ou eméritos como "barbas-brancas" — os detentores de conhecimentos e informações sigilosas que não estavam em nenhum relatório. Eu podia vascular os arquivos o quanto quisesse, mas também era necessário me trancar em uma SCIF e tomar um café com um barba-branca para entender o terreno em que estava pisando.

A lista de barbas-brancas que faziam parte do programa era bem curta. Um era um homem que vou chamar aqui de William "Will" Livingston. Durante anos, ele chefiou a pouco conhecida "sala estranha" da CIA, encarregada de investigar problemas médicos, implantes e abduções relacionados a encontros com UAPs ou qualquer coisa de caráter incomum. Era o verdadeiro *Arquivo X* da CIA. Ele era o detentor de todos esses segredos. Will é um patriota da causa americana, apaixonado por seu trabalho e por descobrir a verdade. Médico e cirurgião de Detroit, participou de todos os programas sigilosos demais para ter sua existência tornada pública — daí seu envolvimento.

Quando nos conhecemos, ele tinha 60 e poucos anos e havia visto tudo o que a burocracia governamental tinha de melhor e de pior — e isso ficava bem aparente. Ele transmitia a imagem de um avô ranzinza, desgastado e frustrado por um sistema que passara anos defendendo e apoiando. Will tinha pouca tolerância para a incompetência, mas era extremamente gentil e paciente com quem estivesse disposto a aprender. Quando nos conhecemos, comentei que o caso de Colares, no Brasil, me deixou chocado. Antes eu imaginava que, caso os UAPs de fato existissem, o que faziam era apenas entrar e sair da atmosfera sem criar atritos. Não sabia que eles podiam ferir ou matar pessoas.

— Nunca passou pela minha cabeça que havia efeitos biológicos — comentei.

Will insinuou que haveria mais surpresas à minha espera:

— UAPs à parte, qualquer tecnologia com esse nível de avanço, algo para o qual não temos explicação ou que não sabemos como funciona... Por que você suporia que *não* haveria nenhuma consequência biológica negativa se tivesse contato com ela?

Ótimo argumento, pensei comigo mesmo.

Lá no fundo, é claro que eu me perguntava se o governo já tinha capturado ou resgatado um UAP ou seus ocupantes. Teríamos feito autópsias em vítimas de acidentes? É impossível comprar um frango assado e um engradado de cerveja nos Estados Unidos sem encontrar na fila do supermercado um tabloide anunciando escandalosamente mais uma autópsia alienígena. Aquilo era verdade? Se havia uma pessoa capaz de responder a isso, era Will. Na verdade, na época eu cheguei a desconfiar que o próprio Will poderia ter feito alguma pesquisa desse tipo.

Mas não me arrisquei a fazer perguntas tão controversas. Eu era novo na equipe. Meus colegas me contariam a verdade quando sentissem que podiam confiar em mim. Disso eu tinha certeza.

Eu também passava o maior tempo possível com Hal Puthoff. Não muito tempo mais tarde, conheci Eric Davis, um astrofísico com credenciais de acesso a informações de segurança nacional de extrema importância que também trabalhava com Hal e era um colaborador externo do programa. A reputação de Eric era bastante conhecida nos serviços de inteligência, e, segundo me disseram, ele chegou a fazer o Boletim Diário da Presidência (PDB). Ao longo dos anos, Eric foi consultor de diversas empresas do setor armamentista e aeroespacial, inclusive a EarthTech, fundada por Hal. Mais jovem do que Hal, se destacava pelo bigode, os óculos e as camisas floridas em um ambiente em que todos vestiam terno e gravata. Aprendi que Eric não tinha medo de ser quem era, um gênio indomável, e passei a admirar isso. Ele rejeitava o jogo da politicagem e,

OS SEGREDOS INTERNOS

com ele, era tudo preto no branco. Com o tempo, se tornou um amigo de minha confiança.

Para mim, Eric era um dos maiores cientistas vivos e um dos homens mais honestos que conheci. Tem uma memória eidética — ou seja, "fotográfica" — e sua capacidade para se lembrar de detalhes é muito acima da média. Também é um excelente agente de segurança, muito bom em descobrir segredos escondidos no mundo dos UAPs. Em anos recentes, ficou mais conhecido nos círculos ufológicos como o suposto autor do lendário memorando Wilson/Davis.

Segundo o que se conta, no fim dos anos 1990, Eric conheceu o vice-almirante Thomas R. Wilson, que era diretor de inteligência do Estado-Maior Conjunto das Forças Armadas.* Depois da conversa, Eric escreveu um memorando de treze páginas, que compartilhou confidencialmente com um pequeno grupo de colegas interessados em UAPs e pessoas do governo. Hal e Eric deram uma cópia para o dr. Edgar Mitchell, o famoso astronauta americano que fez parte da missão Apollo 14 e se tornou amigo e confidente dos dois. Sexta pessoa a caminhar na Lua, Mitchell era aviador naval e engenheiro formado pelo Instituto de Tecnologia de Massachusetts (MIT), homenageado com a Medalha Presidencial da Liberdade. Também era um interessado de longa data na questão dos UAPs, por ter sido criado em um rancho na região de Roswell, no Novo México, e por mais tarde ter se tornado astronauta. Ele certa vez confidenciou para Hal e Eric que sua família estava entre as ameaçadas pelo FBI depois do famoso incidente de quedas de naves em Roswell. Agentes do FBI visitaram os rancheiros da região, batendo de porta em porta para transmitir uma mensagem mais do que intimidadora: se falar sobre os incidentes, vocês vão morrer. Simples assim.

---

* Entre suas outras credenciais, estavam a de diretor associado de Inteligência Central para Apoio Militar na CIA; vice-diretor de Inteligência do Estado-Maior Conjunto das Forças Armadas; e diretor de Inteligência do Comando do Atlântico dos Estados Unidos. Mais tarde, Wilson se tornou o 13º diretor da Agência de Inteligência de Defesa.

Depois da morte de Mitchell, seu cofre foi aberto. O memorando foi encontrado e circulou livremente após cair nas mãos de seu inventariante. Foi assim que o documento vazou.

O memorando Wilson/Davis causou muito barulho, e por um bom motivo. O vice-almirante Wilson, curioso a respeito de alguns itens discricionários que constavam dos orçamentos que passavam por sua mesa, começou a fazer perguntas. Ele conseguiu uma reunião com representantes de uma certa companhia do setor aeroespacial — com a presença de seu advogado corporativo. Wilson pôs as cartas na mesa: o que eles estavam fazendo com essa verba específica do orçamento?

Ele descobriu que a empresa fazia parte de um programa altamente confidencial concentrado em resgatar e aplicar um processo de engenharia reversa em veículos avançados de origem desconhecida e não produzidos por seres humanos. A iniciativa em questão era o Programa Legacy, que envolvia diversos elementos do governo dos Estados Unidos e várias empresas fornecedoras do Departamento de Defesa. As companhias envolvidas trabalhavam com veículos acidentados, e as informações sobre esse trabalho eram mais que ultrassecretas. Inclusive, o advogado da empresa afirmou peremptoriamente que, se o oficial continuasse a fazer perguntas, corria o risco de ser expulso das Forças Armadas e perder sua pensão militar. O almirante recuou. Ele narrou o encontro em detalhes para Davis e nunca mais falou a respeito, mesmo depois do vazamento do memorando.

Trata-se de um documento assustador em diversos níveis. O contribuinte americano vem pagando a conta desses resgates, análises e esforços de engenharia reversa, mas sem a devida supervisão do legislativo. Para piorar a situação, pessoas e programas governamentais um dia morrem, mas as empresas continuam existindo. Muito tempo depois que qualquer funcionário do governo com informações sobre o programa morrer ou se aposentar, esses materiais vão continuar em poder dessas corporações e, para todos os efeitos, tornar-se propriedades privadas. Imagine o valor dos objetos sob custódia dessas empresas, e todos os avanços tecnológicos que podem obter por ter participado da iniciativa. Imagine também o nível de burocracia envolvida para permitir que um almirante seja ameaçado por uma corporação por fazer perguntas relacionadas a seu próprio orçamento e a um trabalho que legalmente ele tem poder para supervisionar em nome do povo americano.

Quando eu fiquei sabendo dessa história, me lembrei do famoso discurso de despedida de Dwight Eisenhower, pouco antes de deixar o Salão Oval em 1961, depois de meio século a serviço do país. Ele fez um alerta importante ao público: "Nos conselhos de governo, devemos nos resguardar contra influências indevidas, solicitadas ou não, do complexo militar-industrial. O potencial para o desastre do poder colocado em mãos erradas não só existe, como persistirá".

O memorando Wilson/Davis também era um lembrete do poder dos fornecedores das Forças Armadas que foram incorporados aos esforços para resgatar e fazer engenharia reversa em UAPs acidentadas ou obtidas de outra forma, o que lhes dá vantagem competitiva sobre a concorrência e o restante da humanidade. Essas empresas de fato têm mais poder do que as autoridades do governo que deveriam supervisioná-las. Na verdade, essas autoridades não têm nenhum acesso e conhecimento sobre isso. O sigilo das companhias em relação aos materiais relacionados a UAPs vai além de qualquer tipo de protocolo rotineiro de segurança do governo.

Eu não sabia disso na época, mas nos anos subsequentes entraria em conflito com o complexo militar-industrial por questões ligadas aos UAPs. No primeiro semestre de 2022, o memorando Wilson/Davis recebeu mais atenção da mídia e do público quando se tornou um dos temas discutidos nas audiências públicas do Congresso sobre os UAPs e foi adicionado ao Registro Congressional dos Estados Unidos. Mas estou me adiantando ao assunto.

IMINENTE

Voltando a Eric Davis, posso afirmar que ele atraiu bastante atenção também. Em 2020, saiu da obscuridade quando declarou ao *The New York Times* que o governo estava em posse de "veículos extraplanetários que não foram feitos na Terra".

Depois que Eric se inteirou melhor sobre o que estava acontecendo, ele informou as agências do Departamento de Defesa e os membros do Comitê de Serviços Armados do Senado (SASC) e do Comitê Selecionado de Inteligência do Senado (SSCI) sobre o assunto. Ele compareceu a várias reuniões com militares de alta patente de vários braços das Forças Armadas, para as quais eu também fui convidado. Durante um desses encontros, Eric falou em detalhes sobre os esforços de longa data do Programa Legacy envolvendo UAPs. Dentro dos serviços de inteligência e do DoD, sua reputação era inquestionável. E, desde então, Hal e outros indivíduos confiáveis de diferentes cargos me passaram a mesma informação.

Não me lembro de como começou minha primeira aula de história dos UAPs em uma SCIF com Hal, mas nessa ocasião ele me disse a frase mais instigante que já ouvi:

— Bem, tudo remonta a Roswell, em 1947.

— Espera... Roswell aconteceu mesmo? — perguntei.

Hal me encarou, decidindo se me incluiria ainda mais em seu círculo de confiança.

— Sim, Lue, aconteceu.

— Está me dizendo que um UAP realmente caiu lá e o governo acobertou?

— Foi exatamente isso o que aconteceu — respondeu ele.

Fiquei em silêncio, absorvendo suas palavras.

Em seguida, Hal contou algo que me deixou realmente perplexo. Quatro corpos não humanos foram resgatados no Incidente de Roswell em 1947.

OS SEGREDOS INTERNOS

Depois de assimilar isso, disparei uma saraivada de perguntas. Quase sem pensar...

— Já resgatamos corpos não humanos de outros acidentes com UAPs?

Ele me olhou como se estivesse em dúvida sobre o que responder. Ficou claro para mim que Hal ainda não estava seguro o bastante para conversar sobre isso comigo. Eu ainda era o novato.

— Vamos conversar mais sobre isso em breve — disse ele.

— Todo presidente que assume o cargo é informado sobre a verdade?

— Não.

— E o Congresso? E a Gangue dos Oito? — perguntei, me referindo ao lendário grupo bipartidário informado sobre todos os programas secretos dos Estados Unidos.

Hal me explicou:

— A triste verdade é que o DoD enxerga os presidentes, as autoridades eleitas e os quadros de indicação política como contratações temporárias. Eles não precisam saber, já que não vão ficar muito tempo no cargo. A não ser que aconteça alguma coisa ou que eles insistam muito, os presidentes não são informados, e mesmo aqueles que são recebem apenas as informações mais básicas.

Como Neo no filme *Matrix*, eu engoli a pílula vermelha.

— Conte mais!

Então comecei a aprender mais sobre a história secreta do governo americano com os UAPs. No início da era nuclear, os UAPs começaram a aparecer em grande número — e às vezes se acidentavam. O incidente em Roswell foi um desses casos. Um UAP caiu naquele dia perto de uma instalação de testes do governo no Novo México, se partiu e foi parar em dois lugares. De início, os investigadores do governo acharam que a nave de Roswell fosse de outro país, provavelmente um voo de reconhecimento que terminara mal. Mas, em questão de horas, o Exército se deu conta da verdade: aquelas naves não eram de fabricação humana. Surgiu a hipótese de que os UAPs que caíram em Roswell estivessem conduzindo uma

IMINENTE

espécie de reconhecimento de nosso incipiente programa nuclear quando algo inesperado aconteceu — um pulso eletromagnético gerado em um campo de testes ali perto inadvertidamente interferiu no funcionamento da nave, causando um acidente.

A história do "disco voador" já tinha sido amplamente disseminada pela imprensa, mas alguns dias depois o governo começou uma operação de acobertamento, declarando que se tratava de um simples e inofensivo balão meteorológico. Para convencer o público, mostraram pedaços de Mylar para os jornalistas fotografarem. Durante anos, o governo afirmou que a aeronave caída era parte do Projeto Mogul, uma primeira tentativa do Corpo Aéreo do Exército dos Estados Unidos de detectar armas atômicas soviéticas instalando microfones em balões de grande altitude. O governo revisou sua história de acobertamento pelo menos duas vezes nos setenta e poucos anos posteriores, substituindo a primeira mentira por outras, mais bem elaboradas.

Roswell é um exemplo de como os Estados Unidos e todos os outros países reagiriam em caso de novos incidentes com UAPs no futuro. O governo americano criou seu manual universal nas horas e nos dias seguintes ao misterioso incidente no Novo México.

1. Não admita nada e negue tudo.
2. Faça contra-acusações.
3. Recolha as peças da aeronave acidentada.
4. Leve o material resgatado para locais não divulgados.
5. Faça um trabalho de engenharia reversa com essa tecnologia imensamente superior. Tire de circulação todos os cientistas e engenheiros que se aproximarem do material resgatado.
6. Intimide testemunhas para manterem a boca fechada. Acabe com a credibilidade daqueles que não entrarem no jogo; faça com que pareçam loucos. Pinte os abduzidos como caipiras ignorantes ou falsários em busca de fama. Condene a reputação dos pesquisadores

OS SEGREDOS INTERNOS

independentes que tentem descobrir a verdade de forma inteligente. Estigmatize o assunto.

7. Ameace qualquer um que abrir a boca para falar a respeito com a Lei de Espionagem dos Estados Unidos e a promessa de processar quem não cumprir seu juramento de sigilo, lembrando o que aconteceu com Julius e Ethel Rosenberg por terem vendido segredos nucleares à União Soviética.

Negar, negar, negar. Criar um estigma para impedir revelações.

Cinco anos antes de Roswell, o Departamento de Guerra dos Estados Unidos manteve em sigilo o Projeto Manhattan — a missão bem-sucedida de construir a primeira bomba atômica — se valendo de diversas instalações secretas em vários lugares do país, com a colaboração de milhares de homens e mulheres patriotas, mas, apesar disso, foi descoberto que havia espiões inimigos infiltrados, portanto, o segredo dos UAPs exigiria precauções ainda maiores. Pense no contexto de 1947 — a Segunda Guerra Mundial estava ganha, e a Guerra Fria, apenas começando. Os Estados Unidos precisavam manter sua posição como maior potência militar do mundo.

Há quem ache que os segredos são como vinhos finos, que, quanto mais envelhecem, melhores ficam. Eu discordo. Havia justificativas legítimas para manter o segredo por tanto tempo, e ainda há motivos para guardar sigilo sobre informações que não queremos que nossos inimigos saibam. Mas acredito que certos segredos têm data de validade. Assim como verduras e legumes na geladeira, quanto mais tempo ficam guardados, mais fedem.

O acobertamento e a campanha de desinformações foram tão bem-sucedidos que a maioria dos cientistas nem sabia que os UAPs eram reais. É preciso que as pessoas ao menos saibam que tudo isso existe, de modo que o governo possa se envolver integralmente na iniciativa, ampliar as verbas e dedicar as mentes mais brilhantes do país a esse trabalho, assim

IMINENTE

como foi feito na corrida espacial. Na China e na Rússia, não existe esse estigma, e os cientistas podem ser empregados por seus governos para trabalhar com UAPs.

Se o Programa Legacy saísse das sombras e nos ajudasse a revelar a verdade para o Congresso e a opinião pública de uma forma segura e controlada, sem dúvida teríamos mais dinheiro e mais cérebros destinados a trabalhar diretamente com os UAPs. É possível fazer isso de uma forma que ainda proteja o sigilo dos detalhes que devem ser escondidos de nossos inimigos.

Para me informar melhor sobre a história dos UAPs, fiz as requisições previstas pela Lei de Liberdade de Informação (FOIA). De acordo com essa legislação, qualquer cidadão pode requisitar documentos do governo federal dos Estados Unidos, que pode levar meses ou anos para disponibilizá-los. Esses documentos se tornaram lendários na cultura popular em razão de suas omissões — as partes ocultadas com marca-texto preto por algum censor do governo em razão de informações sigilosas. O que a maioria das pessoas não sabe é que grande parte de nossos arquivos está na categoria "Fora do Escopo da FOIA", graças a uma série de brechas legais, procedimentos estabelecidos e isenções formais, em um esforço para manter olhos curiosos longe de nosso trabalho. E isso é bom, porque a FOIA permite que qualquer um, seja ou não um cidadão dos Estados Unidos, faça uma requisição e ganhe acesso direto às iniciativas de nosso governo.

Quanto aos documentos e arquivos relativos a UAPs liberados, além de chegarem ao público com omissões, eram bastante genéricos. Proteger fontes e métodos sempre foi a prioridade dos censores, mas a documentação muitas vezes continha os detalhes importantíssimos que eu buscava, ou seja, o que de fato tinha ocorrido durante o avistamento ou incidente. O sigilo de muitos desses documentos foi retirado, pois foram considerados pelo governo como relíquias curiosas e inofensivas de outra era. A CIA e o FBI às vezes os disponibilizavam em seus sites

OS SEGREDOS INTERNOS

para o mundo todo poder pesquisar e baixar. Desconfio de que seja uma tentativa de transmitir uma impressão de transparência. Eu logo fiquei desanimado com o número de relatos históricos que descobri. O governo americano não era eficiente apenas em rastrear e investigar incursões no espaço aéreo de acesso controlado dos Estados Unidos, mas também muito, muito bom em esconder suas apurações.

Porém, mergulhando fundo em um arquivo, era possível descobrir detalhes ainda relevantes para os dias de hoje. Por exemplo, o caso de Lonnie Zamora, um policial da cidadezinha de Socorro, no Novo México, a cerca de uma hora de Albuquerque. Em abril de 1964, Zamora perseguia um carro que seguia em alta velocidade pelo deserto. Ao entardecer, viu o que parecia ser um acidente automobilístico perto de um riacho ou barranco. Ele parou a viatura, transmitiu sua localização pelo rádio e avisou ao operador da central que investigaria melhor a cena. Então, se aproximou um pouco mais e desceu do veículo. De seu novo ponto de observação, acima do riacho, o que ele pensou ser um carro capotado parecia mais um objeto em forma de ovo ou bala Tic Tac com uma superfície metálica branca, trem de pouso finíssimo da mesma cor e escritos misteriosos na lateral. Nesse momento, Zamora viu duas figuras de uniforme branco ali perto. Quando o viu, a dupla correu para sua nave. Por fora, o veículo não tinha nenhum meio de propulsão visível, ainda assim, ele se elevou do chão com um rugido, cuspindo chamas laranja-azuladas e deixando para trás um rastro de vegetação queimada.

O acontecimento se encaixa no perfil de um caso típico de "contato imediato". Zamora — um policial, um observador treinado, um homem de fé e um cidadão respeitado — foi considerado uma testemunha de altíssima credibilidade. Mas, se você não o conhece, a tendência é não levar o relato a sério. Afinal, quem pode afirmar que essa testemunha solitária em um local remoto não inventou a coisa toda, com a ajuda e a colaboração dos demais moradores de sua pequena comunidade?

IMINENTE

Uma pessoa racional faria bem em desconfiar de um caso relatado por uma *única* testemunha em um local *isolado*. Ainda mais se houvesse *pouca* ou *nenhuma* investigação.

Mas o caso Zamora atraiu uma multidão de investigadores. A polícia local, claro. O FBI. A CIA. O Exército. A Força Aérea. O dr. J. Allen Hynek, cientista-chefe da principal equipe oficial de investigação de UAPs da Força Aérea, o Projeto Livro Azul, visitou a região. Organizações civis dedicadas aos UAPs conduziram seus próprios estudos também.

Zamora transmitiu a todos a impressão de ser um homem sério. Os investigadores imediatamente descartaram a ideia de que ele pudesse ter orquestrado a disseminação de um boato ou que estivesse tentando chamar atenção. Ele respondeu pacientemente às perguntas, naquele momento e pelo resto de sua vida.

Antes mesmo que a história se espalhasse, outras testemunhas da região se apresentaram. Motoristas viram um "ovo" atravessando a paisagem pouco antes do encontro com Zamora. Outros ouviram um rugido alto, que imaginaram ser de uma explosão. Outra testemunha de uma cidadezinha próxima relatou ter visto um objeto bizarro que no meio da madrugada assustou os cavalos da família, descrito como um botijão branco de gás, que aterrissou no meio da propriedade e foi embora logo depois. Esse formato de "ovo" apareceu em diferentes relatos durante décadas — o mais famoso deles talvez tenha sido o caso dos avistamentos feitos por aviadores navais no largo da costa em San Diego. Nos dias que se seguiram ao encontro de Zamora, a história foi citada em jornais, emissoras de rádio e transmissões televisivas de todos os Estados Unidos. Zamora nunca tentou lucrar com a situação, nem fez esforços para se manter em evidência na mídia.

Testemunhas solitárias são abundantes na história dos UAPs, mas muitos avistamentos foram corroborados, assim como no caso de Zamora, por outros depoimentos. Existem mais casos parecidos com o Incidente de Colares — acontecimentos observados por várias testemunhas e investigados por diversas agências ou investigadores. E acontecimentos que ocorreram em áreas urbanas densamente povoadas. Em muitos casos, as testemunhas são observadores treinados — militares ou policiais treinados para coletar fatos e extrair conclusões com base em análise e fatos empíricos.

Março de 1952: dois discos incandescentes ziguezaguearam em voo baixo sobre minas de urânio no Congo Belga, onde boa parte da matéria-prima para a primeira bomba atômica americana foi extraída. Em determinado momento, os UAPs pararam sobre uma parte aberta da mina, como se a observassem ou talvez mapeassem. Depois ziguezaguearam para longe. Um avião de caça os perseguiu, mas não conseguiu acompanhar as mudanças de altitude erráticas das naves. Por fim, os UAPs deixaram o piloto humano na poeira, seguindo na direção do Tanganyika — o segundo maior lago de água doce do mundo — a uma velocidade próxima à do som. O piloto presumiu que os objetos eram robóticos, pois nenhum piloto humano resistiria à força g que agia sobre uma nave que se movia daquela forma — veloz e erraticamente, acelerando em segundos da quase imobilidade a velocidades impossíveis. A atividade dos UAPs em torno de minas de urânio e grandes corpos d'água continua até hoje.

Julho de 1952: Harry S. Truman era presidente. Diversos UAPs parecidos com luzes entraram em Washington DC e zumbiram ao redor da Casa Branca e da capital do país por dois fins de semana seguidos. Houve centenas de testemunhas, e muitos jornais locais estamparam a história na capa. Os estranhos objetos faziam o que nenhuma aeronave da época ou de hoje seria capaz: paravam silenciosamente no ar e depois arrancavam em velocidades vertiginosas. Quando pilotos da Força Aérea saíram em sua perseguição, os objetos mudaram abruptamente de direção e desapareceram. Um piloto disparou contra eles, justificando sua ação como uma última tentativa, porque sabia que seu caça de tecnologia de última ponta não teria a menor chance de alcançá-los. Curiosamente, ouvi relatos afirmando que, quando o piloto atirou, uma peça de uma das naves caiu no chão e foi resgatada. Após uma rigorosa investigação, porém, as autoridades atribuíram o incidente em DC a... um *bando de pássaros*.

Outubro de 1954: torcedores em um jogo de futebol em Florença, na Itália, viram um veículo liso, branco, em formato de charuto ou ovo sobre o estádio. O mesmo de sempre: nenhuma asa aparente. O jogo parou enquanto os espectadores olhavam para o objeto que atravessava o céu. Como vamos acreditar que dez mil torcedores fanáticos tiveram uma alucinação coletiva no meio de uma partida?

Quando as testemunhas descrevem esses avistamentos, expressam choque, porque nada em sua experiência prévia com aeronaves convencionais as preparou para o que acabaram de ver. Muitas vezes afirmou-se que os UAPs desafiam as leis da física. Eu não concordo com isso. Para mim, os UAPs desafiam nosso atual entendimento da física. O desafio está em aceitar o fato de que, por fora, eles não têm as mesmas categorias que usamos para nos referir a aeronaves. Não há asas, nem superfícies controláveis, nem formas aparentes de propulsão, nem sulcos na superfície, nem cabines de pilotagem. Eles simplesmente não se parecem com os aviões e helicópteros que estamos acostumados a ver no céu. Em vez disso, sua aparência é de luzes isoladas, formatos variados descritos como discos, triângulos, charutos, bumerangues etc.

A Força Aérea havia pesquisado UAPs em 1948 e 1949, sob os auspícios de dois estudos com duração de dois anos conhecidos como Projeto Sign e Projeto Grudge. As descobertas do Sign foram inconclusivas, mas abriram o caminho para a possibilidade de a nave ter origem extraterrestre. O Grudge tratou de entrar em ação logo em seguida e relegar o fenômeno a causas naturais. Quando embarcamos na Guerra Fria, na década de 1950, o governo americano recebeu uma enxurrada de relatos de civis que avistaram discos voadores como o visto por Lonnie Zamora. A investigação de cada um dos casos ameaçava se tornar um imenso sorvedouro de recursos humanos e tecnológicos, em uma época

OS SEGREDOS INTERNOS

em que os Estados Unidos precisavam se concentrar na União Soviética. A solução: o "problema" dos UAPs foi entregue ao Projeto Livro Azul.

Nos anos 1990, depois da queda do Muro de Berlim, ex-líderes da KGB informaram ao mundo sobre óvnis com formato de charuto ou barra interagindo com diversos pilotos de caças MIG, que inclusive teriam obtido filmagens de um deles.

Março de 1966: áreas residenciais em Michigan foram aterrorizadas durante vários dias por uma estranha nave que mergulhava, pairava no ar, subia e desaparecia — para reaparecer logo em seguida. Um desses objetos fez um rápido pouso em um pântano da região. Quando um agricultor e seu filho saíram para investigar, avistaram um objeto piramidal sem asas, sem turbinas e sem nenhuma forma de propulsão. Como aquilo podia voar? Por insistência de um congressista de Michigan chamado Gerald Ford, o dr. Hynek, do Projeto Livro Azul, examinou a questão a fundo, e, em uma declaração infeliz, anunciou que as testemunhas tinham visto... *gases expelidos pelo pântano*. Um acobertamento claríssimo, uma tentativa de dizer ao público americano: "Não há nada para ver aqui, pessoal".

Um relatório elaborado pelo Departamento de Defesa da Austrália nos anos 1970 definiu a estratégia do Projeto Livro Azul da seguinte maneira: "Erguendo uma fachada de ridicularização, os Estados Unidos esperavam acalmar o alarde da opinião pública, reduzir a possibilidade de que os soviéticos tirassem vantagem dos avistamentos em massa de UAPs para fins psicológicos ou bélicos, e criar uma cobertura para o verdadeiro programa americano de desenvolvimento de veículos que emulam o desempenho dos UAPs".

A Austrália é um dos "Cinco Olhos", ou seja, um dos cinco países — junto com Reino Unido, Canadá, Nova Zelândia e Estados Unidos — com um longo histórico de cooperação em serviços de inteligência. Portanto, sua avaliação franca desse programa americano é confiável.

Em suma, o professor Hynek não queria fazer um trabalho científico de verdade. A Força Aérea o usava para desmentir a existência dos UAPs,

IMINENTE

silenciar testemunhas e esconder a verdade nas sombras. Assim surgiram as histórias dos gases, bandos de pássaros e balões meteorológicos. É preciso admitir, porém, que Hynek se arrependeu do papel que cumpriu na supressão de evidências a mando da Força Aérea dos Estados Unidos.

O tempo todo, estávamos mentindo para nós mesmos e nos vangloriando sob o brilho de nosso suposto domínio no campo da energia nuclear, enquanto formas de vida bem mais inteligentes não só observavam como interferiam.

Embora não seja um conhecimento muito disseminado entre os civis, os UAPs mexeram com armas nucleares no mundo todo, deixando as superpotências globais em pé de guerra.

Há muitos eventos sobre os quais sou legalmente proibido de falar, mas eis alguns casos que posso citar:

Março de 1967: UAPs que pareciam "estrelas" em zigue-zague apareceram na Base Aérea Malmstrom, em Montana. Um dos objetos, que emitia uma luz vermelha forte, planou sobre os silos de mísseis. Pouco depois, diversos mísseis balísticos Minutemen — os mísseis balísticos intercontinentais (ICBMs) com ogivas nucleares dos Estados Unidos — foram perdendo o contato com o sistema de comunicações, um após o outro, tornando-se inoperáveis.

Setembro de 1971: apesar de a imensa maioria da população do planeta não saber, foi assinado um tratado entre Estados Unidos e União Soviética chamado Acordo para redução do risco de eclosão de guerra nuclear entre os Estados Unidos da América e a União das Repúblicas Socialistas Soviéticas. Segundo o Artigo 3 do tratado: "As Partes se comprometem a notificar uma à outra imediatamente em caso de detecção por sistemas de alarme de mísseis de objetos não identificados, ou de sinais de interferência nesses sistemas ou relacionada às instalações de comunicações, caso essas ocorrências representem um risco de eclosão de guerra nuclear entre os dois países". A inclusão desse termo foi resultado direto da interferência de UAPs em armas nucleares americanas e soviéticas, e os dois países sabiam muito bem o risco que isso representava para a humanidade.

Reino Unido, 1980: UAPs apareceram no céu noturno sobre uma instalação militar britânico-americana perto da floresta de Rendlesham, em Suffolk, na Inglaterra. Esses UAPs sobrevoaram especificamente um bunker onde os dois aliados estocavam secretamente armas nucleares. Como os visitantes espaciais sabiam da localização dos armamentos, e qual seria sua intenção? Diversos militares que viram os UAPs de perto mencionaram isso em público, apesar de terem sido instruídos a não tocar no assunto. Pouquíssima gente sabe que todas as comunicações na base entraram em modo "desligamento relâmpago", para que apenas o presidente dos Estados Unidos tivesse uma linha direta de fora para dentro da base. O protocolo de desligamento relâmpago foi criado para que o presidente tivesse o controle das armas nucleares em suas mãos no caso de um ataque surpresa. Depois do acontecimento, foi relatado por militares da base que um avião privativo não identificado tinha pousado em uma pista perto dali, e que um grupo de homens que, segundo o que foi dito, eram de uma fornecedora das Forças Armadas, foi levado para dentro. Os mesmos homens mais tarde foram vistos levando caixotes para o avião antes de decolarem para os Estados Unidos. No dia seguinte, os militares que testemunharam os acontecimentos foram convocados ao setor administrativo da base pelo Gabinete de Investigações Especiais (OSI) da Força Aérea dos Estados Unidos. Desde então, alguns deles já contaram o que aconteceu naquela sala. Eles foram instruídos a nunca falarem sobre o que viram, e foram dopados ou hipnotizados de alguma forma, provavelmente para turvar suas lembranças. Aqueles com quem conversei pessoalmente disseram que havia alguém da CIA na sala, junto com dois homens do OSI. Anos mais tarde, um dos militares viu uma foto de um agente da CIA que tinha trabalhado por muito tempo com UAPs e afirmou que foi essa pessoa que esteve lá no dia seguinte ao acontecimento.

IMINENTE

Mais de trinta anos depois, o falecido senador John McCain conseguiu retirar o sigilo da ficha de serviço de um dos militares envolvidos no incidente. Como consequência, duas testemunhas passaram a receber pensões pagas pelo governo dos Estados Unidos pelos ferimentos que sofreram em Rendlesham.

Ucrânia, 1982: UAPs sobrevoaram a Base Aérea de Byelo, na antiga República Soviética. Segundos depois, a sequência de lançamento dos mísseis da base foi acionada sem nenhum dos presentes ter digitado os códigos secretos. Os operadores correram freneticamente para desligar o sistema, mas não conseguiram. Quando o procedimento chegou à última etapa, desligou sozinho. Nós sabemos que isso aconteceu.

Em mais de uma ocasião, bombardeiros americanos levantaram voo para retaliar um ataque nuclear soviético antes que os Estados Unidos se dessem conta de que foram UAPs que causaram panes nos mísseis soviéticos. Esses armamentos estavam apontados para a América do Norte. O desastre não aconteceu por um fio. Em outras ocasiões, UAPs derrubaram o sistema remoto de controle dos mísseis americanos, de modo que o lançamento não pudesse ser feito se o presidente desse a ordem.

A vida como a conhecemos poderia ter chegado ao fim se qualquer um desses acontecimentos tivesse provocado uma guerra nuclear — tudo por causa das ações de UAPs, que muita gente tende a tolamente considerar inofensivos.

À primeira vista, o desligamento de um míssil nuclear por um UAP pode parecer obra de seres benevolentes que queriam nos ensinar uma lição. "Adultos tirando fósforos das mãos das crianças", como dizem alguns. É um pensamento positivo reconfortante, mas não condiz com a realidade. Em nenhum momento os UAPs prejudicaram nosso desenvolvimento nuclear. Por exemplo, não impediram os bombardeios atômicos no Japão. Não detiveram os desastres em Three Mile Island, Chernobyl ou Fukushima. Não agiram para que a proliferação da tecnologia nuclear chegasse a outros países. Mais recentemente, não interferiram nos testes nucleares da Coreia do Norte, Índia e Paquistão.

OS SEGREDOS INTERNOS

E ativar *mísseis* nucleares? Isso não é muito benevolente.

Coincidentemente, toda vez que um reator nuclear derreteu ou uma catástrofe ocorreu, testemunhas avistaram UAPs nos arredores dias ou meses depois. Three Mile Island, Chernobyl e Fukushima serviram como ímãs para UAPs.

Eu perguntei a meus colegas qual era a relação entre os UAPs e a tecnologia nuclear.

Eles deram de ombros. Era um dos eternos mistérios relacionados a UAPs. Os alienígenas estavam monitorando esses locais porque testes nucleares talvez tivessem sido a causa dos acidentes com suas aeronaves? Esses visitantes altamente evoluídos estavam de fato preocupados que os humanos pudessem causar a própria aniquilação e destruir o planeta? Eles simplesmente queriam seus brinquedos de volta? Ou conseguiam, de alguma forma, extrair energia dessas instalações?

"Não fazemos ideia", foi o que ouvi em 2009.

E também havia a estranha relação com a água.

Meados de 1981: um piloto da TWA quase colidiu com um objeto reluzente com janelas sobre o Huron, o segundo maior dos Grandes Lagos.

Março de 1988: uma equipe da Guarda Costeira dos Estados Unidos foi chamada para investigar um grande objeto e outras luzes menores quando uma família à beira do lago Erie viu o objeto "mãe" pousar sobre a superfície congelada da água, fazendo-a estremecer e estalar. Os objetos menores voaram lá para dentro, e depois todos desapareceram. O gelo cedeu e rachou sob um peso invisível. Seria em razão de um fenômeno físico? Ou foi a acústica de frequência ultrabaixa que perturbou a camada espessa de gelo?

Tudo isso é bem estranho, mas uma das primeiras observações de nosso grupo foi que os UAPs e a água são como waffles e xarope de bordo: onde está um, está outro. Às vezes, como no caso da mina no Congo ou, como discutiremos mais tarde, em embarcações nucleares no mar, o avistamento de UAPs é associado à tecnologia nuclear e *também* à água.

IMINENTE

Ao contrário de Lonnie Zamora em 1964, ou dos milhares de torcedores em Florença em 1954, as testemunhas militares de hoje contam com as tecnologias de captura de imagem mais avançadas do mundo. É possível capturar evidências de UAPs com radares, imagens em infravermelho e câmeras de armamentos. E, ao contrário dos anos 1950, hoje somos capazes de fazer imagens hiperespectrais em terra, no mar, no ar e até no espaço.

Nunca houve época melhor para investigar UAPs. Mas nossas descobertas continuam esbarrando nas mesmas questões. Com quem exatamente estamos lidando? Ou melhor, com o quê? Outra espécie de seres, ou várias? Eles são de outro planeta ou da própria Terra? É possível não serem objetos extraterrestres, e sim extradimensionais? E por que essas naves têm formas tão variadas? Trata-se de uma única espécie que usa diferentes configurações de veículos para executar diferentes missões?

Toda vez que respondíamos a uma pergunta, pareciam surgir outras dez.

Nos relatórios do governo que eu lia, a posição prevalente entre os especialistas era de que as naves eram diferentes demais para ter a mesma origem, mas talvez compartilhassem de um mesmo conhecimento de tecnologia ou física avançada, e o funcionamento de todas as configurações seguiam a um mesmo princípio. Essa teoria se encaixa na hipótese de *múltiplas* espécies/ *múltiplos* planetas. Mas, se isso for verdade, de onde vêm todas elas? Por que começaram a prestar mais atenção em nós no início do século XX?

Vamos voltar aos argumentos de um ser humano racional e instruído. "Claro que existe vida em outros planetas", dizem essas pessoas. Seria absurdo achar que somos a única forma inteligente de vida. Elas se valem de teorias como a Equação de Drake, que se propõe a prever matematicamente o número provável de civilizações no universo, mas também acrescentam que as visitas à Terra por esses seres são quase impossíveis, em razão das enormes distâncias que precisariam ser atravessadas para chegar a nossos quintais. Afinal, o cosmos é incompreensivelmente vasto. Apesar de as estimativas apontarem para uma idade de 13,8 bilhões de anos, o universo observável tem quase 27 bilhões de anos-luz de extensão. Como se isso não

OS SEGREDOS INTERNOS

fosse confuso o bastante, alguns astrofísicos e cientistas de hoje acreditam que 90% do universo está além dessa distância. Na prática, tem muita "coisa" em nosso universo, mas são distâncias grandes demais para serem percorridas pela humanidade em seu estágio de desenvolvimento atual.

O argumento de que o espaço é vasto demais para conseguirmos interagir com uma espécie alienígena parece lógico. As distâncias dentro de nosso sistema solar de fato são proibitivas, tornando uma jornada humana a Marte uma viagem só de ida de vários anos de duração e 225 milhões de quilômetros a atravessar, algo que ainda não fomos capazes de fazer. Os visitantes de outros planetas são tão avançados que quebraram o paradigma da velocidade da luz e são capazes de chegar à Terra vindos de fora de nosso sistema solar?

Ou eles já estão aqui, como pensam diversos teóricos, e têm um longo histórico de interferência nos assuntos humanos enquanto se mantêm escondidos, fora de nosso alcance? Em um de seus artigos acadêmicos, mais tarde publicado no *Journal of Cosmology*, Hal enumerou todas as possibilidades relativas a esses seres. O título do artigo é "Ultraterrestrial Models" e está disponível na internet. Hal afirma que:

> Há um fenômeno não identificado em interação com a atual população humana na Terra. Não se sabe se o fenômeno é exclusivamente extraterrestre, extradimensional, criptoterrestre, demoníaco, proto-humano, relativo à viagem no tempo etc., ou alguma combinação ou mutação de todas essas coisas. No entanto, parece extremamente provável que o fenômeno *per se* não se constitua exclusivamente de membros da atual população humana.

Outros países também fizeram os mesmos questionamentos em relação às origens dos visitantes espaciais. Sabemos disso por causa das informações de inteligência estrangeiras que chegaram até nós. Um contato me mostrou um livreto russo que marcava a localização de dois acidentes ocorridos nos montes Urais. Também houve alguns Relatórios de Informação de

Inteligência (IIR) detalhando o que a antiga União Soviética estava fazendo em relação à questão dos UAPs. Esses relatórios muitas vezes mencionavam incidentes ocorridos em toda a Europa, na Turquia, na Ucrânia e na China. Temos até antigos relatos de fuzileiros navais alocados na baía de Guantánamo, em Cuba, descrevendo estranhas luzes descendo "nessa terra de ninguém" entre as zonas militares cubana e americana.

Uma nação aliada nossa, a Itália, catalogou 15 mil eventos relacionados a UAPs desde 1901. E, embora a atividade pareça ter aumentado dramaticamente no século XX, está claro que esses objetos estão por aí desde muito antes disso. Instituições como o Vaticano formaram alianças com defensores da transparência em relação aos UAPs na Itália e nos Estados Unidos, e confidencialmente compartilham relatos históricos de centenas de anos atrás que podem ter relação com o tema. A maioria das pessoas ficaria chocada com a quantidade de informação que o Vaticano coletou durante dois milênios, obtidas com relatos de testemunhas oculares e talvez até bravatas compartilhadas no confessionário. As confissões são um sacramento sagrado no catolicismo, mas, segundo me disseram, a Igreja costumava incentivar os padres a falarem sobre o que, em termos gerais, atormentava seus paroquianos. Portanto, é concebível que diversos avistamentos na Idade Média tenham sido notados e registrados. Seria possível que alguns "milagres" históricos testemunhados pelas massas tivessem alguma relação com UAPs?

Historicamente, as instituições religiosas sempre se mostraram apreensivas com o debate público da questão dos UAPs, e por isso trancafiaram seus registros. Os UAPs não exatamente se encaixam na noção cristã de homem e sua preeminência do planeta. Por exemplo, é difícil afirmar que "Deus criou o homem à sua imagem e semelhança" quando não sabemos se os humanos de fato se parecem com Deus, nem se Deus tem mesmo alguma espécie inteligente favorita entre todas as outras em sua criação. Nem governo nem religiões querem que seus seguidores questionem sua fé ou autoridade.

OS SEGREDOS INTERNOS

No entanto, como descobri mais tarde, o catolicismo e até o islamismo estão se preparando para tornar pública sua ideia há muito tempo já compreendida de que a humanidade não está só.

Antes de minha entrada na equipe, Hal já havia concebido e encomendado estudos fascinantes para o AAWSAP/AATIP sobre revestimentos invisíveis, buracos de minhoca e portais estelares transitáveis, antigravidade, interfaces cérebro/máquina e dobras espaciais. Esses trabalhos mais tarde ficariam conhecidos como os 38 Documentos de Pesquisa de Inteligência de Defesa (DIRDs). Os estudos foram encomendados a cientistas de renome, especialistas em conceitos tecnológicos que poderiam ser aplicados à questão dos UAPs. Espertamente, Hal fez questão de que os resultados obtidos se aplicassem a qualquer sistema de armas, não só a UAPs, como uma camada de proteção para esconder a verdadeira missão da iniciativa. Mais tarde, eu faria a mesma coisa para poder manter a viabilidade do AATIP.

A última vez que Hal tinha avançado tanto com um programa havia sido em seu período à frente da Stargate, para a CIA. Mesmo assim, por mais valiosos e confiáveis que fossem seus esforços, o programa psíquico acabou perdendo o financiamento e sendo encerrado. Alguns dizem que o problema era a verba, mas a maioria sabia a verdade. O programa foi enterrado porque era *eficiente demais*. Dito isso, eu não acredito que isso signifique que elementos do governo não continuem usando a visão remota como ferramenta.

Fundamentalistas religiosos na cadeia de comando da Colina do Capitólio começaram a fazer perguntas acusadoras sobre o programa e sua eficácia, mais especificamente, se esses métodos pouco usuais seriam paranormais ou até mesmo demoníacos. O general Albert Stubblebine, que comandava o programa psíquico — e tinha o apelido de "General Entorta-Colheres" —, certa vez retrucou a um parlamentar:

— Por que o senhor se importa com a maneira como meus agentes coletam informações, se elas são verdadeiras?

IMINENTE

Teoricamente, Jim Lacatski e sua equipe encabeçavam o programa oficial dos Estados Unidos para UAPs, mas, no mesmo período, o Programa Legacy estava trabalhando com temas em intersecção com os nossos.

No linguajar do Pentágono, alguns dos chamados "programas negros" eram tão bem escondidos que podiam ser chamados de "ultranegros". Nós falávamos também em "estrelas novas roxas"— projetos e programas tão secretos que nem o secretário de Defesa nem o presidente sabiam a respeito, a não ser que por acaso esbarrassem em alguma informação. Lembre-se do que Hal me disse: por que informar alguém que ficaria pouco tempo no cargo? Por que comprometer a segurança? Era essa a mentalidade dos participantes do Programa Legacy.

Nenhum programa negro é mais secreto do que esse.

Qualquer que seja a cor dos programas, suas descobertas nunca eram compartilhadas com outras agências, iniciativas de campo ou escritórios locais. As informações, como gostávamos de dizer, estavam escondidas em diferentes fluxos, controlados por barões invisíveis, cada qual com seu próprio feudo.

De início, a equipe do AAWSAP/AATIP recebia um bom nível de apoio da liderança da DIA. Memorandos de e para o tenente-general Michael Maples e o diretor adjunto Robert Cardillo a princípio se referiam à iniciativa em termos positivos. Tive o privilégio de ler as avaliações contidas nesses relatórios. Quando Jim Lacatski e as empresas com que ele trabalhava enviavam seus sumários executivos, as respostas por e-mail que recebiam através de servidores internos seguros eram invariavelmente positivas. Não era incomum encontrar um bilhete escrito à mão no alto de um memorando confidencial dizendo: "Aguardo ansiosamente os resultados".

Sobre isso, entrarei em detalhes mais tarde; porém, à medida que o tempo passava, ia ficando bem claro que a maré estava mudando. Cada vez mais detratores do AAWSAP estavam em postos de comando dentro da DIA. O programa passou a ser escrutinado incansavelmente enquanto a nova liderança executiva da agência assumia seus cargos. Em questão de semanas

OS SEGREDOS INTERNOS

depois da transição, Lacatski passou a gastar cada vez mais de seu tempo defendendo seu trabalho, em vez de conduzir pesquisas. Os poderosos em sua torre de marfim tentavam ativamente acabar com o AAWSAP. Se o menor indício sobre a verdadeira natureza do trabalho de Jim era revelado em um relatório mais abrangente destinado a outros olhos que não os dos poderosos, ele era repassado para o andar de cima, onde os burocratas do DIA o tiravam de circulação, jogavam no arquivo morto ou ignoravam.

Eu entendia essa atitude, principalmente de uma perspectiva burocrática. Só a investigação do AAWSAP no rancho em Utah já bastaria para despertar curiosidade e perguntas indesejadas. Minha impressão era que os desafios filosóficos e teológicos que precisávamos enfrentar eram mais obstrutivos do que os pragmáticos ou burocráticos, principalmente depois que ocupantes de altos cargos com fortes tendências religiosas passaram a se interessar pelo programa. Até certo ponto, eu entendia o motivo de tanta apreensão; era um tema amedrontador, e não só por motivos religiosos.

Em 2010, um homem que chamarei aqui de Devon Woods, que antes ocupava um cargo de chefia no Gabinete do Diretor de Inteligência Nacional (ODNI), tornou-se diretor sênior na DIA. Eu o conhecia da época do ODNI, e o admirava, o via como um homem de grande nobreza e honestidade, apesar de extremista em suas visões religiosas.

Tudo começou quando o general James Clapper, meu antigo chefe no Gabinete do Subsecretário de Defesa para Inteligência (OUSD(I)), foi convidado pelo presidente Barack Obama para ser o novo Diretor de Inteligência Nacional (DNI). Clapper e Woods não se entendiam muito bem, mas, quando o general se tornou o diretor, ofereceu o cargo na DIA para ele mesmo assim.

Como alguns cientistas políticos brilhantes recentemente observaram, os governos são absurdamente mal preparados para lidar com conhecimentos que ameacem as ideias da supremacia humana, da autoridade divina e do domínio do homem sobre o planeta. Desde o início dos tempos, as nações perpetuam a ideia de soberania. A Rússia é a Rússia, a China é a

IMINENTE

China e os Estados Unidos são os Estados Unidos. Da mesma forma, a identidade nacional e a lealdade são uma consequência da soberania nacional. Você é canadense. Eles são franceses. Eu sou americano. É assim que o mundo vê a si mesmo, um tribalismo em escala global. As lideranças de organizações, instituições e entidades de alcance nacional não têm nenhum interesse de promover uma verdade diferente: *todos* somos tementes a Deus, *todos* pagamos impostos, *todos* amamos nossos filhos, *todos* estamos no controle de nosso destino. Todos somos um só.

O AAWSAP/AATIP passou de queridinho a encarnação do mal quase do dia para a noite.

Eu me perguntava o que aconteceria se os governos compartilhassem o que realmente sabem sobre os UAPs. O que aconteceria se nós, seres humanos, corajosamente decidíssemos encarar a possibilidade de que não somos a espécie dominante em nosso sistema solar ou nem mesmo neste planeta, ao contrário do que sempre ouvimos e acreditamos.

Depois de tudo o que aprendi, a total transparência governamental sobre a questão dos UAP parecia um sonho impossível. Para isso, seria preciso encontrar uma forma de destruir feudos existentes no governo sem ameaçar o *status quo* institucional e sem infringir a lei, além de informar as lideranças e os tomadores de decisões governamentais sobre o problema sem entrar em conflito com sistemas de crenças religiosas e teológicas. E essa seria a parte mais fácil.

Seria preciso também arregimentar e unificar aliados internacionais, acalmar os temores e inseguranças da opinião pública, desafiar comunidades científicas e acadêmicas e empreender uma imensa campanha de informação — tudo isso ao mesmo tempo. Isso exigiria um esforço hercúleo, comparável à campanha militar da Segunda Guerra Mundial. A coordenação necessária abrangeria tantas instâncias que seria quase uma impossibilidade.

Como o novato do grupo, eu obviamente não diria para Jim assumir essa tarefa, mas temia que as pessoas no poder estivessem colando um alvo nas costas dele e do AAWSAP/AATIP.

CAPÍTULO 5

MENSAGENS MISTERIOSAS

Quando Lonnie Zamora olhou para aquele riacho em Socorro, no Novo México, em 1964, ele viu um objeto em forma de ovo com algum tipo de marcação ou insígnia na lateral. Mais tarde, recebeu ordens explícitas da Força Aérea para não compartilhar essa informação com civis, e cumpriu seu compromisso. Da mesma forma, diversas testemunhas do incidente em Roswell contaram às autoridades que viram hieróglifos em várias partes dos destroços, mas receberam orientação para não falar a respeito publicamente. Testemunhas do contato com UAPs na floresta de Rendlesham, em 1980, também viram símbolos parecidos na nave. E existem mais exemplos como esses.

Seja nas pinturas rupestres em cavernas francesas, nos caracteres cuneiformes sumérios, nos hieróglifos egípcios ou no hebraico antigo dos Manuscritos do Mar Morto, a escrita é uma forma de comunicação humana universal. Será que a mesma lógica se aplica aos UAPs? Será que aprendemos isso em algum momento com os não humanos que os controlam? As marcas misteriosas em UAPs acidentados têm alguma mensagem universal e profunda? Ou são mensagens de caráter mais prático, como avisos de segurança do tipo "Perigo. Não encostar"?

IMINENTE

O estudo dos antigos sistemas de escrita logo abriu espaço para conhecer mais sobre religiões, culturas e artefatos genuínos do passado. Não só era um buraco de coelho como era dos mais escorregadios.

O texto em hebraico antigo intitulado *O livro de Enoque* chamou minha atenção. Esse livro não está na maioria das Bíblias que os cristãos usam hoje; é considerado apócrifo. Apesar de ser anterior aos evangelhos, foi tão importante em sua época que sua premissa provavelmente era conhecida por Jesus e muitos de seus discípulos. É o primeiro texto hebraico em que um homem, Enoque, visita o céu, se encontra com Deus e aprende sobre a hierarquia dos anjos. Pode inclusive ser considerado precursor teórico da ressurreição e ascensão de Cristo.

A jornada de Enoque é repleta de relatos celestiais, com descrições de hierarquias angelicais e demoníacas, do trono de Deus, do círculo mais próximo de guardas divinos e até mesmo da linguagem do sobrenatural. No papel, as viagens de Enoque não parecem muito diferentes dos relatos de encontros com não humanos. Também estudei o sexto capítulo do Gênesis, que contém a história da Arca de Noé. Antes de chegarmos a Noé, nos versículos 1 a 4 do capítulo 6 há uma breve menção a seres de outro mundo que vieram à Terra e copularam com as mulheres. Algumas traduções os chamam de *gigantes*, enquanto outras usam o termo hebraico *Nefilim*, que, segundo alguns estudiosos, significa algo como *anjos caídos*, ou seres que provocam a queda de *outros*.

Se o sexto capítulo de Gênesis fosse um filme, o Livro de Enoque seria seu prelúdio. (Enoque é identificado como o avô de Noé.) No texto, os Nefilim discutem seus planos para tomar as mulheres da Terra como esposas. O Livro de Enoque também se refere a esses seres celestiais como *Sentinelas*. Duzentos observadores viajam para a Terra para executar o plano.

Nefilim… Sentinelas… anjos… alienígenas.

Sendo bem claro, eu não defendo a hipótese de astronautas antigos em que muitos hoje acreditam. Só estou estabelecendo alguns paralelos que

MENSAGENS MISTERIOSAS

podem ser interessantes. A Bíblia que lemos nos dá detalhes sobre a Roda de Ezequiel e a Escada de Jacó. Essas histórias são apenas instrutivas ou uma tentativa frágil dos humanos de assimilar seu assombro diante de tecnologias de outro mundo?

No oeste da Austrália, há pinturas aborígenes em rochas de 4 mil anos que retratam os Wandjina, seres espirituais com cabeças brancas e volumosas, olhos grandes e boca pequena ou inexistente. No Peru, há uma estranha imagem de 1.300 anos de um rei maia dentro do que parece ser uma espaçonave. No folclore dos cheroquis, há um mito que conta como pessoas luminosas desceram à Terra, passaram um curto período entre seu povo e depois ascenderam para se tornar estrelas no céu. Essas histórias estão há séculos e a continentes de distância umas das outras, mas são inegavelmente similares. Seriam apenas obras da imaginação humana ou existe algo mais por trás delas?

Essa linha de raciocínio revela uma questão interessante sobre a psicologia humana. Quando somos confrontados com o desconhecido, invariavelmente recorremos à religião para explicar o inexplicável. Como espécie, temos dificuldade para aceitar coisas que não consideramos como parte da realidade.

Durante a Segunda Guerra Mundial, bombardeiros e aviões de carga americanos às vezes pousavam em ilhas polinésias e entravam em contato com pessoas que não conheciam o chamado mundo moderno. Os pilotos compartilhavam com os locais um pouco do que levavam, descansavam e partiam para seus respectivos destinos. Mais tarde, antropólogos descobriram que, na ausência dos pilotos, as pessoas construíram efígies de madeira das aeronaves e realizaram rituais para atrair os aviões de volta com suas riquezas. Os encontros que os polinésios tiveram com uma tecnologia desconhecida e incomum inspiraram novas crenças. Esse fenômeno ficou conhecido como culto à carga.

Imagine construir uma maquete de um enorme caminhão de entregas de supermercado e rezar todos os dias para ele voltar trazendo comida em abundância. Essas pessoas estão "erradas" por fazer isso? Principalmente considerando que, de seu ponto de vista, suas práticas davam resultado?

Como seres humanos, muitas vezes assimilamos o que *não é* conhecido ao que *é* familiar para nós, para que as coisas possam fazer sentido. Religião, mitologia, contos... tudo isso é aceito por muitos. Por ser uma pessoa espiritualizada também, eu compreendo isso, e não tenho nenhuma intenção de desdenhar de qualquer religião ou sistema de crenças.

Porém, não seria difícil argumentar que esse tipo de pesquisa não tem relação com a segurança nacional. Além disso, certas pessoas poderiam se sentir incomodadas ao investigar esse material quando começassem a lidar com religiões, mas precisávamos entender o passado para saber se havia pistas valiosas ali. Minha educação religiosa foi fluida o bastante para manter minha mente aberta a esse respeito. Frequentando o templo e a escola judaica e, ao mesmo tempo, a igreja católica, cresci imerso nas duas fés, celebrando o Hanucá e o Natal, até ficar mais velho.

No mundo acadêmico, para pesquisar de fato um mistério dessa magnitude, seria preciso montar uma equipe de primeira linha, com especialistas em cada um dos respectivos campos. Contratar alguém versado em criptografia para analisar os códigos. E linguistas especialistas em idiomas e sistemas de escrita. E historiadores que estudam religião e mitologia. Portanto, só com um orçamento robusto seria possível fazer um trabalho sério. Quando se debruçassem sobre o problema, os estudiosos precisariam escrever artigos e publicar em periódicos acadêmicos, para apreciação de seus pares. É assim que a ciência funciona no mundo real — com absoluta transparência, a melhor forma de manter as ideias fluindo.

Mas isso jamais aconteceria em nossa pesquisa governamental. Por questões de segurança nacional, raramente tínhamos permissão para passar esse tipo de trabalho para alguém de fora. E nem tínhamos orçamento para isso, aliás.

MENSAGENS MISTERIOSAS

Certo dia, cheguei ao nosso escritório coletivo e encontrei Jim e alguns dos outros trocando ideias para um gráfico que ele havia criado. No alto, estava a palavra *Deus*. Embaixo, *humanos*. No meio, *anjos*.

Foi quando a conversa ficou complicada. Se seguíssemos por esse caminho, seria preciso fazer perguntas hipotéticas. Os anjos estavam mesmo a meio caminho entre humanos e Deus? Na Bíblia, os humanos ouvem, conversam e acatam as palavras dos anjos. Um anjo visita Maria para informá-la de que ela vai dar à luz o filho de Deus. Na famosa história de Abraão e Isaac, o anjo impede verbalmente que o pai sacrifique o filho.

Jim teorizou que, se a distância entre humanos e anjos fosse grande, talvez houvesse outros seres que ficassem a meio caminho entre o puramente espiritual e as pessoas de carne e osso. Seria possível que todo um ecossistema de formas divinas e semidivinas existisse em um ecossistema invisível?

Nosso trabalho já era desafiador o suficiente sem lidarmos com questões teológicas. Jay também pensava assim. Conversar com as autoridades sobre UAPs já era difícil; como conseguiríamos inserir esse outro elemento sem que as pessoas em posição de poder decidissem cortar nosso programa? Sacudi a cabeça como se estivesse saindo de um transe.

— Alien, o oitavo mensageiro? — brinquei.

Jay deu risada e concordou, mas Jim queria continuar nessa linha de raciocínio, apesar do risco. Eu não achava que ele concordasse totalmente com essa visão, mas, como um verdadeiro cientista, estava explorando todos os caminhos, não importava onde dessem.

Jim não considerava inteligente pesquisar a respeito de um tema sem se aprofundar em cada ideia que aparecesse no processo. Eu concordo, em especial porque estava aprendendo em primeira mão sobre questões surpreendentes e perturbadoras relacionadas aos UAPs, desde implantes e efeitos biológicos até o outro trabalho de Jay, sobre o qual eu logo ficaria sabendo.

CAPÍTULO 6

ORBES

Um dos tipos mais comuns de UAPs, reportados com maior frequência, são os chamados orbes: pequenas bolas resplandecentes de luz ou, em alguns casos, esferas metálicas e lisas. Não há nada de novo nisso. Na Segunda Guerra Mundial, relatos sobre orbes eram comuns, vindos de dentro e fora das aeronaves dos Aliados e do Eixo, tanto que acabaram apelidados de "foo fighters". (Não confundir com a talentosa banda liderada por Dave Grohl, a qual só deixaria sua marca na história muito mais tarde.) Mesmo antes disso, povos originários norte-americanos relatam a presença de orbes há séculos. Inclusive, no vale do rio Ohio, houve relatos de bolas luminosas saindo de dentro da água.

Fiquei chocado com a frequência de avistamentos de orbes, seja por pilotos comerciais ou militares e por testemunhas em terra, em particular ao redor de campos de testes das Forças Armadas e instalações secretas do governo americano.

Mas o fenômeno não é apenas militar. Hoje, com a disseminação de sistemas de segurança residenciais e o avanço na tecnologia das câmeras de celulares, os cidadãos comuns capturam imagens desses objetos tanto quanto os militares.

ORBES

A classificação de orbes na verdade varia bastante. Existem diferentes cores e tamanhos; entre as cores reportadas, estão branco, amarelo, azul, vermelho e verde. Relatos que li sugerem que orbes azuis, em especial, causaram consequências biológicas negativas — ou seja, é bastante possível se ferir se chegar muito perto de um. Agora, se é algo intencional ou simplesmente um efeito colateral da natureza do orbe, realmente não sabemos. De qualquer forma, eu me lembrei do que o general Uchôa contou sobre os orbes coloridos que feriram civis. Seriam esses do mesmo tipo que aterrorizou os cidadãos de Colares?

Antes de entrar para o programa, eu nunca havia tido interações com orbes. Para meu assombro, muitos de meus colegas e eu começamos a ter experiências em primeira mão com eles em nossas casas. Minha mulher, que era totalmente cética a esse respeito, deixou de ser quando viu um orbe com os próprios olhos.

Em nossa casa havia um corredor bem comprido, e, certa tarde, uma bola de luz verde e reluzente, provavelmente do tamanho de uma bola de basquete, com extremidades suaves e indefinidas, foi flutuando lentamente da cozinha para a porta de nosso quarto, pouco abaixo do teto, e desapareceu através de uma parede. Torcendo para que Jenn tivesse visto, eu me virei para ela e notei sua expressão perplexa. Ela havia testemunhado todos os dez segundos da aparição.

Em outra ocasião, as crianças contaram que viram um orbe surgir no ar, flutuar perto delas por alguns segundos e ir embora, descrevendo tudo da melhor maneira que seu vocabulário permitia, primeiro para a mãe, depois para mim, quando perguntei. O relato delas fez meu sangue gelar. Era um objeto tridimensional, mas translúcido e infundido com uma luz verde etérea. E se comportava como se fosse guiado por uma mente inteligente. Parou no ar e depois seguiu pelo corredor até desaparecer por completo.

Que diabos estava acontecendo?

IMINENTE

Essas coisas poderiam ser sondas enviadas para investigar minha casa? Ou era algum tipo de tecnologia inimiga sendo usada para executar um trabalho de vigilância contra minha família e eu? Ou, pior, era algo relacionado aos UAPs? Seria possível que outra inteligência, mais avançada, estivesse observando nossa equipe porque sabia que os estávamos observando também? Ou seria um presságio de algo mais sinistro?

Depois de seu famoso avistamento de UAP em 1947, poucas semanas antes do incidente em Roswell, o piloto Kenneth Arnold e sua família contaram que viram bolas de luz em casa.

E havia também os cidadãos de Colares, no Brasil, que relataram com frequência nos anos 1970 terem sido atacados por luzes, ou orbes. Will Livingston, o consultor médico da equipe, também tinha estudado um caso em que orbes azuis atravessaram o corpo de uma mulher e a deixaram doente. No Rancho Skinwalker, dois cachorros de um rancheiro que perseguiam um orbe azul pelo campo desapareceram com um ganido; ficaram para trás apenas dois pontos gordurosos nas sálvias, onde ficaram retidos os restos biológicos. Fluido corporal, sangue e pequenos pedaços de tecido — isso foi literalmente tudo o que sobrou das pobres criaturas. Para os pesquisadores, os orbes de alguma forma vaporizaram os cães, chamuscando a vegetação ao redor. Um raio de energia dirigida, de uma poderosa arma a laser ou radioativa, foi a causa presumida.

Dois colegas em particular ficaram sob cuidados médicos por lesões cutâneas e viscerais sofridas em interações com UAPs enquanto trabalhavam com o AAWSAP/AATIP, e tínhamos diversos relatos de efeitos biológicos negativos associados a contato com UAPs, principalmente orbes. Os ferimentos aparentemente eram provocados por algum tipo de energia direcionada, quase como a radiação.

Infelizmente, vários membros de nossa equipe (não foi o meu caso) sofreram efeitos biológicos graves, resultando em problemas médicos potencialmente fatais. Esses problemas também afetaram seus familiares, inclusive filhos. Embora eu não possa entrar em detalhes aqui, tomei conhecimento de casos de militares e agentes de inteligência que não resistiram aos ferimentos e perderam a vida por causa dos efeitos biológicos decorrentes de encontros com UAPs. E soube também de membros das Forças Armadas e dos serviços de inteligência que estavam lutando pela sobrevivência por problemas que remetiam a esse tipo de contato.

Outro colega e amigo, que não fazia parte do AAWSAP/AATIP, mas colaborava com o programa com frequência, sofreu com esses mesmos sintomas. Era um militar exemplar, oficial do Exército e agente sênior de contraterrorismo. Um verdadeiro herói americano. Só soube muito mais tarde que ele teve contato com um UAP quando menino. Quando investigou mais a respeito, descobriu coisas chocantes que aconteceram em sua infância das quais não tinha lembrança, todas relacionadas ao encontro.

Com o tempo, mais orbes apareceram em nossa casa. Não com frequência — às vezes um mês inteiro se passava e não aparecia nenhum. Como "nossos" orbes eram translúcidos ou verdes, não senti a necessidade de avisar minha família para evitá-los. Não queria assustá-los mais do que já estavam. Pelo que eu sabia, apenas os azuis eram problemáticos.

Mesmo assim, não conseguíamos nos livrar daquelas coisas. Eu estava sentado à mesa do jantar, trabalhando no computador ou lendo algo e, de repente, notava uma das malditas esferas de luz flutuando por perto. Em outras ocasiões, estávamos no quintal, fazendo um churrasco ou conversando com vizinhos perto do tanque de carpas, quando um orbe aparecia do nada, rondava por perto por alguns momentos e depois saía lentamente da propriedade. Nossos vizinhos também o viam. A coisa chegou a tal ponto que começaram a brincar comigo:

— Esse é um dos programas secretos do governo em que você trabalha, Lue?

Dando uma risadinha constrangida, eu pensava comigo mesmo: *Vocês não fazem ideia do quanto estão próximos da verdade.*

Assim como o restante da família, tentei ignorar essas visitas, na esperança de que parassem. Mas isso não aconteceu. Durante momentos

IMINENTE

de alta energia atmosférica, como tempestades, as ocorrências se tornavam mais visíveis. Alguém poderia argumentar que era algo relacionado a relâmpagos, mas não era o caso. E também não havia linhas de alta tensão na vizinhança.

Depois de meses convivendo com essa estranheza, Jenn enfim veio me questionar quando estávamos sozinhos.

— Com o que você está trabalhando agora? — perguntou ela.

Eu reagi da mesma forma de sempre:

— Como assim?

Ela me olhou por cima dos óculos de leitura. Nesse momento, eu soube que estava encrencado.

— Estou *perguntando* se você não trouxe para casa alguma coisa que não deveria.

Infelizmente, eu não podia contar para Jenn e as meninas tudo o que eu sabia. Às vezes, a resposta era confidencial, ou simplesmente maluca demais. Assim como a maioria das pessoas, minha mulher também sabia que agentes de inteligência são estritamente proibidos de revelar detalhes sobre sua atuação para cônjuges, amigos e familiares. Nós assinamos um termo afirmando que manteremos informações confidenciais em sigilo até sermos liberados do compromisso. Também estamos sujeitos a interrogatórios de rotina em polígrafos, exames toxicológicos e avaliações psicológicas. Sendo bem sincero, essas obrigações são responsáveis por parte do estresse do trabalho. Você acaba ficando isolado das pessoas que ama. Para o bem ou para o mal, seus colegas se tornam sua segunda família. Quem não gosta de ter segredos não deve nem se candidatar.

Então o que fiz foi dar voltas em torno do assunto. Disse que sim, meus colegas e eu estávamos *de fato* investigando coisas estranhas no trabalho. Jim, meu chefe, tinha me avisado de que se tratava de um protocolo *que grudava na gente*, mas pensei que estivesse se referindo ao estresse ou algo igualmente corriqueiro. Agora eu sabia que, na verdade, ele estava me dizendo outra coisa.

ORBES

Nós não éramos os únicos que andávamos tendo essas experiências, foi o que contei para minha mulher. Outras pessoas da equipe também estavam passando por isso. E há mais tempo...

— O que exatamente você quer dizer com "outras pessoas estão passando por *isso*"? — questionou ela. — O que é *isso*?

Expliquei da melhor maneira que podia, mas minha explicação não a tranquilizou.

— E nós vamos fazer o quê? Apenas admirar o show de luzes?

Contei para ela que até John Robert, meu amigo de longa data, estava recebendo aparições estranhas em sua casa.

— John, o estoico? — perguntou ela.

— Sim, até John, o estoico.

Eu considerava aquilo embasbacante, um rompimento da barreira lógica que arrogantemente tinha erguido em minha mente. O que estava acontecendo? Como podia acontecer com *nossa* família? Era uma coisa complexa, um verdadeiro mistério que atingia a todos de nosso escritório. E eu não acreditava que a atividade dos UAPs fosse benigna. Principalmente aqueles que perseguiam nossas aeronaves de combate e interferiam em nossas armas nucleares.

CAPÍTULO 7

O TIC TAC

Um encontro com um UAP do tipo Tic Tac se tornaria o mais importante da história recente do país, e foi considerado nosso "padrão ouro", em razão da forma como a investigação foi conduzida e da fidelidade das informações obtidas. Jay Stratton investigou o incidente antes de minha entrada na equipe, e havia escrito um relatório detalhado para o AAWSAP/AATIP sobre o ocorrido, e foi assim que me informei a respeito.

Os acontecimentos daquele dia de céu claro em novembro de 2004 colaboraram para uma tempestade perfeita de operações de inteligência. Na prática, contávamos com três tipos de sensores no local, diversos sistemas de radares, tanto no ar quanto no mar, com imagens FLIR (infravermelho de visão frontal) do alvo capturadas por nossos caças, e com o testemunho ocular de pilotos de combate treinados, que reportaram todos a mesma coisa, ao mesmo tempo e no mesmo lugar. Treze anos depois, a verdade sobre o que tinha acontecido naquele dia pararia na primeira página do *The New York Times*, para o mundo inteiro ver.

Podemos resumir o que aconteceu da seguinte forma: cinco embarcações começaram juntas uma viagem por águas americanas a partir de San Diego, em uma formação conhecida como grupo de ataque de porta-aviões, um exercício de treinamento antes de uma operação na Arábia Saudita. A embarcação principal era o USS *Nimitz*, um porta-aviões movido a energia nuclear. Naquela manobra de treinamento, o navio dividia as águas com dois destróieres, o USS *Higgins* e o USS *Chafee*; um cruzeiro de mísseis equipado com um moderníssimo radar SPY-1 chamado USS *Princeton*; e um submarino nuclear, o USS *Louisville*. Quando o incidente aconteceu, o *Nimitz* e o *Princeton* navegavam bem próximos. As outras embarcações estavam ocupadas com outros exercícios.

Por quase duas semanas antes do acidente, os operadores de radar a bordo do *Princeton* registraram frequentes atividades de UAPs no ar ao redor das embarcações. Mais de cem.

Os UAPs faziam acrobacias que desafiavam a lógica de qualquer aeronave que os operadores já tivessem visto. Os objetos apareceram no radar a até 80 mil pés de altitude, quando você começa a sair para o espaço, muito acima da faixa normal de voo das aeronaves, inclusive aviões militares, com exceção do U-2, do Blackbird e do suposto Aurora. O mais impressionante era que os objetos mergulhavam de 80 mil pés para 50 pés em uma fração de segundo, e então voltavam a subir. Não existe nenhuma aeronave fabricada por humanos capaz de fazer isso.

O Tic Tac encontrado pelo Grupo de Ataque de Porta-Aviões *Nimitz* exibia características de desempenho que sugeriam um sistema de propulsão capaz de gerar/produzir 1,1 trilhão de megawatts. Isso é mais de cem vezes a capacidade diária de produção de eletricidade dos Estados Unidos. Trocando em miúdos, apenas com uma quantidade de energia dessa dimensão essas coisas poderiam fazer o que faziam.

Se uma aeronave realizar tal façanha, é de se esperar que se ouça um estalo ou um estrondo sônico por voar acima da velocidade do som. Os operadores que estavam nas proximidades não detectaram esse estrondo. Não houve assinatura acústica, como costumamos dizer. Era como se as regras da física normal não se aplicassem.

IMINENTE

O grupo até então havia usado apenas sistemas eletromagnéticos para rastrear esses objetos. Nenhum avistamento tinha acontecido. Mas tudo estava prestes a mudar. Nessa manhã de novembro, os operadores de rádio viram o que parecia ser uma frota de UAPs — catorze deles, para ser exato — nas redondezas de uma área de treinamento designada para manobras militares. Dois caças F/A-18 Super Hornet da Marinha estavam fazendo exercícios de treinamento quando foram solicitados a observar os UAPs.

Em cada aeronave há um aviador, chamado de "piloto da frente", e um oficial de sistemas de armas (WSO), coloquialmente pronunciado como "Wizzo", também conhecido como "piloto de trás".

O piloto mais experiente no ar naquele dia era o comandante Dave Fravor, considerado um dos melhores da Marinha. Homem de estirpe rara, era um dos poucos conhecidos por correr na direção do perigo, e não para longe dele. O comandante Fravor era um Top Gun graduado com honras, e liderava a esquadrilha de elite Black Aces. Seu código de chamada, "Sexo", era uma piada interna, e foi atribuído por seus colegas de graduação na escola de pilotagem — uma rica tradição de longa data entre os militares. Naquela missão em particular, o código de chamada da aeronave de Fravor era FASTEAGLE 01. No banco de trás estava o comandante Jim Slaight, código de chamada "Limpo". Um WSO experiente e eficiente, Slaight era chamado muitas vezes de "o cara do míssil na testa", em razão da grande precisão no lançamento das bombas.

A outra metade da equipe era formada por outro F/A-18 Super Hornet da Marinha dos Estados Unidos, pilotado pela subtenente Alex Dietrich, que era muito mais capacitada e mortal do que sugeria seu código de chamada — "Novata". Recém-saída do treinamento, Dietrich estava em um nível muito acima dos demais, e provavelmente tenha sido por isso que foi designada para essa missão com os Black Aces. Alguns anos mais tarde, ouvi dizer que Alex tinha mais mortes confirmadas em um determinado período de tempo do que todo o Corpo de Fuzileiros Navais dos Estados Unidos. Nunca pude confirmar se era verdade, mas não duvidaria. Acompanhando Dietrich como WSO, estava um aviador

O TIC TAC

conhecido apenas pelo código de chamada "Macarrão". Juntos, Novata e Macarrão eram o FASTEAGLE 02.

Fravor e Dietrich estavam voando a aproximadamente 20 mil pés quando olharam para o mar ao mesmo tempo. Era um dia lindo, de águas calmas. Em um único ponto do Pacífico, o mar espumava e ondulava. Parecia que algum navio ou outra embarcação tinha afundado ali. Havia espuma boiando sobre a água, e um enorme acúmulo de bolhas subindo das profundezas.

Nesse momento, os quatro pilotos notaram algo ainda mais estranho. Um objeto bizarro se deslocava de um lado para o outro sobre a espuma, uns 15 metros acima da água. O objeto tinha 12 metros de comprimento — mais ou menos o tamanho de um caminhão de semirreboque — e um formato oval alongado ou de charuto. Os pilotos mais tarde se lembrariam da brancura ofuscante do objeto, como se seu exterior estivesse revestido de uma casquinha lisa de açúcar, daí o apelido dado ao UAP.

Mais inquietante ainda era a maneira como o Tic Tac se movia sobre as águas revoltas, de uma forma que nenhum deles tinha visto nem remotamente.

Quando Fravor se aproximou, o Tic Tac imediatamente detectou sua chegada em alta velocidade. O UAP ganhou altitude como se fosse se nivelar a Fravor e Slaight, mas então espelhou a manobra do caça de maneira que não permitia a este chegar mais perto.

Com seus instintos de Top Gun falando mais alto, o comandante Fravor partiu em uma perseguição agressiva.

Quando Fravor e Slaight se aproximaram — *puf* — o Tic Tac desapareceu no horizonte em uma fração de segundo. Nada do que a dupla de aviadores tinha visto antes havia demonstrado um desempenho desse tipo. Fravor sentiu o coração disparar dentro do peito. O que quer que fosse aquela tecnologia, era muitas vezes mais veloz e mais potente do que qualquer coisa que as Forças Armadas tivessem em seu arsenal.

Alguns segundos se passaram até que o *Princeton* contatasse os Hornets.

— O senhor não vai acreditar nisso, comandante — disse o operador para Fravor. — O que quer que seja aquela coisa, está no seu ponto de CAP!

IMINENTE

— Que diabos… — murmurou Fravor.

Como aquilo era possível? O ponto de patrulha aérea de combate (CAP) é um local pré-programado na aeronave e usado como ponto de encontro para navegação e exercícios. Pouca gente conhece a localização de um ponto de CAP; é impossível extraí-lo inclusive do próprio sistema da aeronave. Mesmo assim, o Tic Tac, de alguma forma, sabia qual era o ponto de encontro dos dois Hornets, apesar de ficar a quase 100 quilômetros dali. Não só o UAP detinha aquela informação secreta como conseguiu chegar até lá em questão de segundos depois de ter deixado Fravor e Slaight na poeira.

Com pouco combustível, Fravor sabiamente decidiu encerrar a manobra. Os dois caças voltaram ao porta-aviões.

Depois de ouvir a respeito do incidente, outro piloto se ofereceu na hora para decolar e encontrar o Tic Tac. E, para a surpresa de todos, encontrou. Depois de vê-lo no radar, e, em seguida, a olho nu, o piloto tentou colocar o UAP em sua alça de mira. Mesmo alternando entre os diversos modos de detecção, ele não conseguiu. Os UAPs são famosos por bagunçar os radares.

O tenente Chad Underwood, piloto de caça da Marinha, conseguiu fazer imagens de vídeo do UAP usando o Radar Infravermelho de Visão Frontal para Detecção Avançada de Alvos (ATFLIR, ou FLIR, para resumir). Há um bocado de informações atordoantes nesse curto vídeo. Em primeiro lugar, o UAP desafia a tentativa do piloto de colocá-lo em sua alça de mira. Em segundo, não tem asas, nem entrada de ar, nem fumaça de escape, nem cockpit, assim como nenhuma superfície de controle aparente. Além disso, não mostra nenhum tipo de assinatura térmica ou acústica. E, por fim, voa a velocidades hipersônicas e é capaz de executar manobras quase instantaneamente.

A desaparição da nave em um piscar de olhos também era alarmante. Tanto Underwood como Fravor relataram que o UAP desapareceu no horizonte em um instante. Como isso era possível?

Simplesmente não sabemos como uma aeronave pode se locomover tão depressa. Não estamos nem perto de saber.

O TIC TAC

Um inimigo munido dessa tecnologia poderia lançar um bombardeio destrutivo em qualquer lugar do mundo em completo anonimato e total impunidade. Não há nada que se possa fazer para impedi-lo. Portanto *não* se tratava de um encontro que as Forças Armadas poderiam ignorar.

E se essa tecnologia já estivesse na mão de um adversário, tornando todas as aeronaves do arsenal americano obsoletas? Estávamos jogando damas contra um inimigo que já dominava o xadrez 3-D?

Certa tarde, nos meus primeiros dias de AAWSAP/AATIP, levei minha filha mais velha para um treino de lacrosse na Eastern Shore de Maryland e me sentei na arquibancada junto com alguns outros pais. Para passar o tempo, tinha levado alguns documentos não sigilosos sobre o tema do teletransporte da Força Aérea dos Estados Unidos. O Laboratório de Pesquisa da Força Aérea (AFRL) tinha alguns de seus melhores cientistas trabalhando em tecnologias secretas que não viriam à tona antes de cinco décadas, e por mim tudo bem. Isso incluía experimentos em teletransporte quântico, tecnologias de refração de luz e novas formas de propulsão.

Nesse estudo, havia cerca de oitenta páginas de matemática avançada, e a conclusão era que teletransportar um objeto de um ponto a outro do universo era possível em teoria, por causa de um fenômeno da física conhecido como emaranhamento quântico, que Einstein conhecia e definiu como "assustador". O estudo sugeria que fótons e elétrons já tinham sido teletransportados com sucesso a curtas distâncias. Algumas observações levaram à conclusão de que o fóton chegava a seu destino antes mesmo de deixar sua posição original. Ao que parecia, os chineses estavam investindo pesado no estudo do emaranhamento quântico. O teletransporte é possível? Na verdade, sim; mas por enquanto apenas com partículas subatômicas minúsculas. São tempos agitados estes em que vivemos, e continuam ficando cada vez mais malucos. O que antes era considerado ficção científica hoje são fatos científicos.

Se algum dos outros pais soubesse o que eu estava lendo, *eu* seria chamado de maluco.

IMINENTE

O teletransporte e a telepatia — compartilhamento quase instantâneo de pensamentos — estavam em minha pauta por causa de nossa investigação sobre o Tic Tac.

O limite de velocidade de nosso universo, segundo consta, é a velocidade da luz, de cerca de 300 mil km/s. Por mais rápido que isso possa parecer, é uma velocidade dolorosamente baixa se você pretende fazer viagens interestelares. Nossa estimativa desde há muito tempo era que viajar à Terra partindo de qualquer outro planeta na velocidade da luz demoraria centenas, milhares ou até milhões de anos — a não ser que esses seres estejam explorando alguma exceção nas leis da física para se deslocar de um mundo a outro.

O tempo foi passando, e minha obsessão com o Tic Tac me levou a descobrir outros encontros históricos. Tecnicamente, nosso trabalho na época não era estudar casos arquivados, mas era impossível ignorá-los. Cada relatório que eu lia ficava impregnado em minha mente, me assombrando, me provocando, me atormentando. Como agente treinado em contrainteligência, minha obrigação era sempre levar em consideração o improvável. Será que eu estava diante de uma elaborada campanha de desinformação por parte do governo americano a qual estava durando mais do que deveria?

Mas, quando revirava o passado, eu sempre era recompensado...

Agosto de 1947: um piloto civil da Costa Leste reportou ao Comando Aéreo dos Estados Unidos um encontro com um objeto cilíndrico, "arredondado dos dois lados".

Dezembro de 1953: pilotos de um avião sueco observaram um "losango voador" prateado ou branco que os deixou boquiabertos. "Parecia mais um robô", dizia o relatório.

Abril de 1964: o FBI relatou ter encontrado uma nave submersa que tinha "a forma de um botijão de gás" e o comprimento de um poste telefônico. A testemunha — segundo a qual o objeto quase acertou a casa do rancho de seu pai em Socorro, Novo México — foi "considerada sóbria e assustada". O chamado relatório do botijão de gás é da mesma semana do avistamento de um objeto branco em forma de ovo por Lonnie Zamora.

O TIC TAC

UAPs em formato de Tic Tac não são novidade. Muito provavelmente, trata-se de uma tecnologia antiga. Sejam quem forem seus donos, estão circulando há sessenta ou setenta anos humanos, no mínimo. Naves em formato de ovo ou losango desafiavam a física enquanto construíamos tão orgulhosamente nossa segunda geração de aviões de caça.

Quanto mais eu lia, mais ficava convencido da realidade que estava bem debaixo de nosso nariz.

Em 2004, pouquíssima coisa foi feita depois que os pilotos voltaram ao *Nimitz*. Vários aviadores entrevistados por Jay disseram que já haviam informado seus superiores, mas não viam nenhum indício de investigação em andamento. Uma vez que subisse a cadeia de comando, a história morria.

O capitão de armas a bordo do USS *Princeton* mais tarde me revelou que, durante um SITREP (relatório de situação) de rotina com o oficialato do navio, o comandante desdenhou do incidente dizendo:

— Bom, vocês já se divertiram. Agora vamos voltar ao trabalho.

A essa altura, a tripulação do *Nimitz* e do *Princeton* já tinha compartilhado o vídeo através do sistema de e-mail confidencial do governo.

Underwood, um piloto sério e focado, nunca foi dado a extravagâncias. Fravor e Dietrich também não demonstravam nenhuma propensão ao exagero. Todos eram vistos pela tripulação como a elite da elite. Os pilotos de caça são extremamente bem treinados, e sabem identificar a diferença entre um Su-22, um MiG-25 e vários outros modelos de aviões a quilômetros de distância. Eles precisam tomar uma decisão em uma fração de segundo: o objeto é amigo ou inimigo? Devemos abatê-lo ou protegê-lo?

Com exceção de algumas perguntas que um investigador do NORAD fez a Underwood, o que apurei é que nenhuma outra agência interna investigou o encontro.

Pense bem: houve um incidente relevante a ponto de redirecionar aeronaves em manobras de treinamento, registrado por radares e câmera de vídeo, mas nenhum oficial do alto comando se importou.

Quando Jay entrevistou essas testemunhas, havia gente que simplesmente não queria falar. Ele era um investigador arguto e impassível.

117

IMINENTE

Sabia como fazer as perguntas certas para obter as respostas certas. Eu não conseguia entender a resistência de algumas pessoas, principalmente altos oficiais, sobre um incidente ocorrido cinco anos antes. Mesmo aqueles que estavam reformados e de volta à vida civil preferiram não fazer declarações. E, quando depunham, pediam a Jay que não revelasse sua identidade.

Durante décadas, os militares tinham aprendido que, quando o assunto é UAPs, é preciso desconversar ou, melhor ainda, ignorar. Falar a respeito é uma forma garantida de arruinar uma carreira. Historicamente, no momento em que a capacidade de julgamento de um aviador é questionada, este costuma ser colocado em terra para "pilotar uma mesa" pelo resto de seu tempo de serviço. Assim, você fica tão bom em seguir as regras que segue até as não declaradas. Se um almirante levantar as sobrancelhas, você já fecha a boca e sai de fininho.

Essa estigmatização criou uma cultura de silêncio. E os que viram ou ouviram demais foram silenciados ainda mais com termos de confidencialidade e ameaças. Felizmente, isso enfim está mudando. Mas, de novo, estou me adiantando ao assunto.

O encontro com o Tic Tac no largo da costa de San Diego em novembro de 2004 é um momento decisivo da história moderna de investigações de UAPs. A convergência entre coleta de informações de alto nível com sistemas múltiplos de radares e FLIR e o testemunho unânime de pilotos de caça experientes acabou destacando o incidente. Graças à análise meticulosa de Jay Stratton e uma exposição aos holofotes mais tarde com uma manchete de primeira página no *The New York Times*, o episódio levou o debate sobre UAPs a outro patamar. Além de ressaltar não só a descrição da performance avançada do objeto observado, também pôs em primeiro plano as implicações dessa tecnologia para a segurança nacional e nosso entendimento do mundo físico. Esse caso, gravado na memória coletiva do grupo de ataque de porta-aviões e, mais tarde, em toda a comunidade global, desafiou-nos a reconsiderar os limites de nosso conhecimento tecnológico e os mistérios que permanecem rondando nossos céus.

CAPÍTULO 8
ANJOS OU DEMÔNIOS

Era inevitável que acabássemos em rota de colisão com autoridades do governo cujas visões de mundo eram contrariadas pelo que investigávamos. Durante todo o tempo em que trabalhei com UAPs, escutei histórias sobre um círculo poderoso de fundamentalistas religiosos que definiam as políticas dentro do Departamento de Defesa. Eram conhecidos como a Elite de Collins. Eu ouvia o nome sendo citado, mas, sinceramente, nunca acreditei muito em sua existência. Lembravam histórias sobre o imenso poder dos Illuminati. Uma sociedade religiosa secreta? No Pentágono? Parecia um absurdo. A burocracia cotidiana e a existência do Programa Legacy já não bastavam? A noção de que alguns generais e seu séquito de fanáticos promoviam ativamente uma agenda religiosa, que direcionava as políticas de uma instituição de segurança nacional sagrada, mas *secular*, era inacreditável.

O que chegava os meus ouvidos, porém, era que a Elite de Collins existia de verdade. Mas quem eram eles, e qual era sua agenda?

Seriam integrantes de uma ordem formal, mas secreta, dentro do governo americano, que fazia parte da administração pública desde o início? Poderia ser uma espécie de loja maçônica de araque que tinha conseguido cooptar gente do alto comando das Forças Armadas? Essa ideia certamente me remetia aos Illuminati.

IMINENTE

Quanto mais eu pensava a respeito, mais paranoico ia ficando, e mais conspiratório tudo me parecia. Eu não reconheceria um de seus membros nem se passassem por mim na cafeteria. Mais tarde, soube que vários eram antigos colegas meus e até um de meus supervisores. Por ora, ainda permanecia um mistério. Sua capacidade de atuar em completo anonimato era sua força. Eles eram ocupantes de cargos vitalícios no Pentágono e nos serviços de inteligência, pessoas de mente estreita com o poder de direcionar políticas e extinguir programas com um mero sussurro ou aceno. Toda atitude que tomavam era motivada por suas crenças religiosas.

Como isso poderia ser possível nos Estados Unidos? Obviamente, não deveria haver um grupo religioso instalado dentro do Departamento de Defesa e dos serviços de inteligência tomando decisões com base em suas convicções teológicas.

Na época, eu me considerava uma pessoa espiritualizada, apesar de não ser praticante de nenhuma religião. Não queria que minhas crenças atrapalhassem ou interferissem em minha capacidade de investigação. Tinha passado tempo demais da minha carreira tentando proteger civis e militares americanos dentro e fora do país dos perigos representados pelos fundamentalistas radicais. Encontrar a mesma mentalidade inflexível direcionando políticas dentro dos Estados Unidos era desanimador, para dizer o mínimo.

Harry Reid e seus colegas senadores que apoiaram o financiamento do AAWSAP/AATIP eram adeptos do conceito de aplicar a ciência e o intelecto à abordagem do problema dos UAPs — uma visão completamente secular, a qual abracei de todo o coração. Todo o trabalho que fiz nos serviços de inteligência foi baseado em fatos. Tomar decisões com base em qualquer outro critério me parecia ilógico, míope e arcaico.

No campo de batalha, entendíamos que os fuzis AK-47 apontados para nós eram parte de uma guerra santa declarada por radicais, uma *jihad*. Nunca levei isso para o lado pessoal. Nos corredores do Pentágono, em vez do radicalismo islâmico, tínhamos um radicalismo cristão que, em

ANJOS OU DEMÔNIOS

vez de me apontar um AK-47, usava uma maleta executiva e uma caneta para me atacar, o que tornava a coisa muito mais assustadora e pessoal.

Com a Elite de Collins e o Programa Legacy, havia duas forças poderosas que não queriam que realizássemos nosso trabalho. Ambas contavam com mais recursos que nós, e cada uma tinha um objetivo diferente. Um grupo queria extinguir todos os esforços de investigação sobre UAPs; o outro queria fazer sua própria investigação, nos deixando no escuro, junto com o restante do país. E os dois atuavam em sigilo absoluto.

Anteriormente, mencionei um alto funcionário a que me referi como Devon Woods, que assumiu um cargo importante no DIA. Eu o conhecia bem, e o considerava um homem inteligente, calmo e contido. Woods tinha sido meu mentor extraoficial quando passei a trabalhar no Gabinete do Diretor de Inteligência Nacional (ODNI), com uma carreira de destaque na CIA antes de entrar no ODNI.

Um dia, em uma palestra rotineira sobre práticas de segurança em tecnologia da informação (TI), uma funcionária júnior disse algumas coisas durante o treinamento que eu caracterizaria como falta de profissionalismo. Ela não sabia quem era Woods, então, quando ele tentou corrigi-la, foi tratado com desdém e desrespeito. Normalmente, isso teria resultado em medidas administrativas imediatas contra a jovem funcionária, mas Woods era diferente. Era paciente e atencioso. Em vez de rasgar o verbo contra a novata e envergonhá-la na frente da equipe, ele organizou os pensamentos, respirou fundo e explicou à jovem qual era seu erro de uma forma gentil e compassiva. Em nenhum momento se valeu da hierarquia ou quis afirmar sua autoridade. Woods era pura elegância e classe mesmo quando não era obrigado a agir assim. E essa era a medida de um bom líder. Aprendi ao longo dos anos que, se o supervisor precisa falar que quem manda é ele, na verdade não está liderando coisa nenhuma.

Infelizmente, Woods não se dava bem com meu chefe no DoD, o tenente-general James Clapper, na época subsecretário de defesa para

IMINENTE

inteligência. Clapper tinha um currículo digno de um Tibério — um verdadeiro guerreiro e erudito. Eu admirava os dois; eram ambos grandes homens, que mereciam respeito e estima.

Certa vez, eu estava em uma reunião com Clapper quando sua assistente entrou na sala.

— Um telefonema para o senhor — avisou ela.

Como um homem de negócios, Clapper pediu a ela que anotasse o recado.

— Senhor, é o presidente Obama — insistiu ela.

Clapper saiu para atender ao telefonema presidencial. Quando voltou à sala, disse para nós:

— O que vocês acham de eu me tornar o novo diretor de inteligência nacional?

E assim, em um piscar de olhos, ele estava nomeado. Fiquei contente por meu chefe. Era uma grande conquista para os Estados Unidos. Como trabalhava no ODNI, eu sabia que nossa vasta infraestrutura de inteligência precisava desesperadamente de uma pessoa com sua competência. E, naquele momento, não havia ninguém mais competente que Jim.

Infelizmente, isso significava que Woods provavelmente teria que sair do ODNI, já que os dois tinham pontos de vista conflitantes.

Mais tarde, quando fiquei sabendo que Woods tinha aceitado o cargo de diretor-adjunto da DIA, encarei isso como uma espécie de prêmio de consolação. Clapper estava agindo com generosidade e profissionalismo, como sempre. Em vez de isolar o antigo rival, Clapper reconheceu o valor de Woods e lhe ofereceu um cargo importante.

Mas meu otimismo não durou muito. Em questão de 30 ou 45 dias depois de meu antigo mentor ter sido transferido para a DIA, a atmosfera na agência mudou com relação a nosso trabalho. Woods trouxe com ele colegas dos tempos da CIA. De repente, as reações aos relatórios bem elaborados de Lacatski aos superiores passaram a provocar uma mudança de tom. Como mencionei, apenas um mês antes, os relatórios eram recebidos com ávido interesse. E então, do nada, veio o questionamento: "Por que estamos fazendo isso?"

Jay e eu sentimos um clima que passou despercebido por Jim. Ele provavelmente era otimista demais para perceber que estava sendo cercado por hienas e lobos. Sua carreira estava em jogo. Eu me lembro de uma reunião no segundo semestre de 2009 a que Jay e eu comparecemos com Jim e em que ouvimos com todas as letras que seria mais prudente abandonarmos as investigações em que o AAWSAP tinha se envolvido, que muitos consideravam estar relacionadas a questões paranormais, e, em vez disso, nos concentrarmos apenas na ameaça dos UAPs. De minha parte, eu estava convicto de que, se produzíssemos um trabalho sólido sob a bandeira do AATIP, ninguém no Pentágono ou no Congresso poderia nos ignorar, e que isso ajudaria nos esforços de Jim.

Tínhamos descoberto várias evidências de naves extremamente avançadas fazendo coisas que não éramos capazes de replicar e invadindo o espaço aéreo americano no país e fora dele sem nenhuma consequência. Apenas esses fatos bastariam para obtermos recursos do DoD.

Jim se recusava a abrir mão do amplo escopo do AAWSAP/AATIP, pois considerava que tudo estava inter-relacionado. Ele achava que, se pudesse mostrar ao comando da DIA e do DoD os resultados de seu trabalho, qualquer pessoa racional veria a importância de continuar suas investigações de anomalias. O único problema era que o relatório informativo que Jim queria apresentar continha palavras como *arcanjos*, *anjos*, *demônios* e *reino espiritual*. Um tom ou dois acima do que a maioria tendia a aceitar.

Pedi a Jim que eliminasse a terminologia paranormal e se concentrasse na importância do trabalho para a segurança nacional. Nossa investigação de UAPs nos revelou uma inegável ameaça de segurança, e era isso que eu achava que deveríamos enfatizar se quiséssemos que as pessoas nos ouvissem.

— Lue, é a verdade — rebateu Jim, com um tom cada vez mais frustrado. — Qual é o problema de dizer a verdade?

IMINENTE

Nesse ponto ele tinha razão. Não deveria haver problema algum em dizer a verdade. Mas, em casos assim, o que importa é *como* a verdade é contada. Jim fez alguns ajustes nos slides e fomos em frente. Senti-me mal por ele. Aquele programa era sua grande obra, e havia gente querendo destruí-la. Jim estava convicto de que a pesquisa no Rancho Skinwalker valia a pena. Pessoalmente, eu concordava. Mas, infelizmente, a atmosfera dentro da DIA havia se tornado hostil a esse tipo de trabalho, e, se quiséssemos ter alguma chance, precisaríamos realinhar nossa mensagem.

Pouco depois disso, no primeiro semestre de 2010, Jim confidenciou a mim que estava sendo pressionado a encerrar todos os trabalhos. Havia marcado uma reunião com o secretário-adjunto de Defesa, William J. Lynn, na esperança de fazê-lo ouvir a voz da razão e tranquilizar qualquer temor ou preocupação que pudesse haver dentro do DoD. Ele parecia estar convicto de que daria tudo certo.

— A única informação que ele tem é a das lideranças da DIA — explicou ele.

Jim aparentava estar cansado e abatido. Os meses anteriores não tinham sido fáceis. Ele era um homem de muita empatia e sensibilidade, que acreditava estar cumprindo seu dever patriótico. Jay e eu o admirávamos por isso.

Perguntei a Jim se ele queria que eu o acompanhasse à reunião com o secretário-adjunto Lynn, como forma de mostrar minha solidariedade. Eu achava que ele precisaria de um escudo humano. Jim me falou que seria melhor estar sozinho, e eu acatei sua decisão.

Mais tarde, cruzei com Woods no corredor, entre uma reunião e outra. Ele tinha ido ao Pentágono para ser informado pela DIA sobre questões que não diziam respeito a nosso trabalho. Ao contrário do que acontecia em minhas interações de costume com ele, Woods não sorriu e me deu uma encarada séria.

Quando se aproximou, pôs as mãos nos bolsos e disse em tom de voz baixo algo que nunca vou esquecer:

— Lue, você sabe que nós já sabemos o que são essas coisas, certo?

Eu não sabia se Woods estava me fazendo uma pergunta ou afirmando algo.

— Desculpe, senhor — respondi. — Do que exatamente estamos falando?

Percebi sua irritação. No fundo de minha mente, torci secretamente para que Woods soubesse de alguma informação que não era de meu conhecimento. Que ele me revelasse que os UAPs que caçávamos na verdade eram um projeto secreto de tecnologia americana, muitíssimo bem escondido nos orçamentos discricionários da Agência de Projetos de Pesquisa Avançada de Defesa (DARPA) ou do Laboratório de Pesquisa da Força Aérea (AFRL). Isso seria um alívio bem-vindo.

— Você anda lendo sua Bíblia ultimamente, Lue? — perguntou ele.

— Hã... eu *conheço* a Bíblia, senhor — respondi.

Que pergunta mais estranha, pensei.

— Lue, vocês estão abrindo um balaio de gatos com essa coisa — afirmou Woods, e para mim ficou claro que ele estava falando sobre UAPs.

Não consigo nem imaginar a expressão em meu rosto, mas certamente Woods percebeu que eu estava perplexo.

— Isso é demoníaco — disse ele. — Não existe motivo nenhum para investigarmos isso. Já sabemos o que é e de onde vem. São enganadores. Demônios.

Não consegui acreditar no que estava escutando. Era um funcionário com um alto cargo nos serviços de inteligência colocando suas crenças religiosas acima da segurança nacional.

Foi um momento bem tenso.

— Sei que nos conhecemos há muito tempo, Lue — foi o complemento, para ser lido nas entrelinhas. — Sei que houve um tempo em que você se espelhava em mim. Sou seu amigo. Mas não sou obrigado a ser para sempre.

Fiquei embasbacado. Em um piscar de olhos, me dei conta de que meu mentor — que sempre agia como um perfeito cavalheiro — também podia ser um operador gelado e implacável. Não era à toa que ele tinha se saído tão bem na CIA. Foi um aviso direto para mim, e entendi muito bem a mensagem.

Sim, é natural temer o desconhecido, e um nível saudável de medo pode prevenir atitudes tolas e imprudentes. Mas aquilo parecia uma insensatez, e sobre um tema que já era insano demais sem isso.

O programa tinha contrato com um número razoável de colaboradores para ajudar a conduzir os trabalhos de pesquisa, mas o principal era a Bigelow Aerospace Advanced Space Studies (BAAS), empresa de propriedade do ex-magnata do setor de hotelaria Robert Bigelow, que, como mencionei antes, na época era o dono do Rancho Skinwalker. Eu gostava de Bob, admirava sua tenacidade e patriotismo. Ele gastava dinheiro do próprio bolso para cobrir certos custos do AAWSAP. Infelizmente, isso era parte do problema, segundo o DoD. A acusação era que, em um esforço para "fazer a coisa certa", coisas erradas foram feitas.

Some-se a isso o fato de que, para acelerar o trabalho com os UAPs, o AAWSAP ganhou acesso a um banco de dados de testemunhos oculares de civis pertencente à empresa, para encontrar essas pessoas e interrogá-las sobre avistamentos e encontros com aeronaves. Os nomes e as informações de contato desses cidadãos americanos supostamente tinham sido ocultados antes de passar às mãos do governo, mas os relatórios com as devidas omissões tinham sido inseridos nos bancos de dados do DoD não pela BAAS, mas por alguém na cadeia de comando do AAWSAP dentro do governo. Se fosse verdade, isso seria uma séria violação de diversos regulamentos do DoD e possivelmente da Ordem Executiva 12333, que regulamentava o funcionamento dos serviços de inteligência. Pode parecer uma simples desatenção, mas era a munição de que os detratores precisavam para criar a falsa impressão de que o AAWSAP estava fora de controle.

ANJOS OU DEMÔNIOS

Apesar da nova polêmica, Bob ainda se conduzia com todo o profissionalismo e, como patriota, estava sempre disposto a fazer a coisa certa. O AAWSAP e a BAAS não eram muito diferentes, pelo que pude observar.

No passado, o DoD e suas subdivisões às vezes indisciplinadas — Contrainteligência do Exército (CI), Gabinete de Investigações Especiais da Força Aérea (OSI) e Serviço de Investigação Criminal Naval (NCIS) — tinham violado liberdades civis e espionado associações estudantis nos anos 1960 para se infiltrar em manifestações, tendo como alvo a União Americana pelas Liberdades Civis (ACLU). Por isso, o DoD tinha recebido uma merecida reprimenda do Congresso por condutas antiéticas. Como consequência, foram criadas leis para impedir que o imenso poder do DoD fosse mal direcionado.

De acordo com seus detratores, o AAWSAP havia se tornado um pesadelo, em termos legais e administrativos. Preciso deixar bem claro: esse pesadelo foi fabricado pelos inimigos do programa dentro da DIA, mas foi uma estratégia efetiva. Pessoalmente, nunca entendi a necessidade de investigar a experiência dos civis. Organizações privadas de pesquisa já tinham feito esse trabalho, e muito bem. Nós trabalhávamos para o Pentágono. Era mais prudente nos limitarmos a encontros das Forças Armadas e da comunidade de inteligência com UAPs. Já era difícil o suficiente falar com políticos e diretores de serviços de inteligência sobre UAPs. Eu não culpo aqueles que pensavam estar poupando tempo e dinheiro do governo ao adquirir esses dados, principalmente se os indivíduos em questão não fossem agentes de inteligência devidamente treinados ou desconhecessem os limites legais para a coleta e o uso de certas informações. Credito isso a um erro administrativo involuntário, mas com a intenção de fazer a coisa certa.

Mesmo assim, Jay e eu não gostávamos do que o DoD estava fazendo com Jim. Eu respeitava demais suas habilidades, seus instintos científicos e sua disposição a usar o intelecto para lidar com questões cósmicas.

Ele ousava levantar questionamentos que outros eram tímidos ou ignorantes demais para fazer. A ideia de que a própria instituição o estava atacando era ofensiva para mim. Além disso, o fato de ninguém reconhecer as contribuições de Jim ou Bob e sua equipe de colaboradores era simplesmente errado. Muitas dessas pessoas eram cientistas de primeira linha, ou gente muito bem treinada pelas Forças Armadas ou pelas forças de segurança. Em vez de ter seu trabalho criticado, eles deveriam ser elogiados por sua coragem e tenacidade.

Eu tinha aceitado pouco antes um novo cargo como diretor de programas nacionais na equipe especial de administração do Gabinete do Secretário de Defesa (OSD). O meu departamento administrava programas de acesso especial em nível nacional, diretamente para o Conselho de Segurança Nacional e a Casa Branca. Em termos mais específicos, eu trabalhava para o governo americano em sua operação na Base Naval de Guantánamo, em Cuba. Como eu tinha mais autoridade a essa altura, Jay, John Robert e eu decidimos transferir o que restava do trabalho da DIA para meu portfólio de programas nacionais, garantindo que os olhos curiosos de nossos detratores não conseguissem ver mais nada. Ao mesmo tempo, Jay, eu e alguns outros funcionários civis e colaboradores externos do governo manteríamos o AATIP funcionando fora do radar. Nesse caso, ninguém no DoD teria acesso ao programa, a não ser com minha autorização.

Se tudo fosse conduzido como o planejado, eu poderia fazer um "uso duplo" de minha verba existente para investigar UAPs. Na prática, isso significaria que, se eu mandasse um vídeo capturado por FLIR para análise, poderia usar a mesma verba para determinar se o objeto filmado era um MiG-25 russo ou um UAP.

Os únicos colaboradores externos que continuariam envolvidos em nosso trabalho seriam Hal, Will Livingston e Eric Davis — todos com carreiras lendárias atuando nos bastidores dos programas mais sigilosos do país. Nas décadas anteriores, eles tinham explorado alguns dos maiores mistérios da humanidade para o governo americano. Eles sabiam coisas que menos de 0,01% das pessoas sabiam.

Com certeza nossa decisão foi malvista por muita gente que fez parte do AAWSAP original, mas foi a única maneira que Jay e eu encontramos para fazer o AATIP sobreviver aos constantes ataques internos.

Hal, Will e Eric estavam em uma posição ímpar para ajudar Jay, John, eu e os demais. Ao estilo clássico do Pentágono, todos encaixariam seu trabalho no AATIP a seu dia a dia já bastante ocupado com as funções que cumpriam para o governo, e precisaríamos ser muito habilidosos com o orçamento.

Na esperança de ajudar Jim Lacatski a se defender dos ataques buro-cráticos na DIA, entrei em contato com um amigo e ex-chefe, Michael Higgins. Sempre considerei Michael um homem admirável. Ele era da velha guarda. Depois de sair do Corpo de Fuzileiros Navais dos Estados Unidos, tornou-se um agente fundamental para uma das agências de inteligência de três letras. Ele não era um neófito em DC, e muito menos um novato bem-intencionado. Era um galo de briga com a ardileza do Gato de Cheshire. Não era um menino de recados, e sim um homem em quem eu confiava plenamente. E, por acaso, tinha acabado de assumir o cargo de diretor de operações da DIA.

Liguei para Michael de uma linha segura.

— Michael, preciso que você proteja um cientista nosso. É um grande sujeito que fez muito por nosso país, e sua agência está tentando persegui--lo injustamente. Sou obrigado a cobrar um favor antigo e garantir que ele seja protegido das forças internas da DIA.

Michael respondeu simplesmente:

— Pode deixar, Lue. Eu cuido disso.

Acho que Jim nunca soube o que tentei fazer por ele, e eu também nunca contei. Desconfio que Jim jamais concordaria com meu pedido de ajuda para ele, porque sempre foi um patriota e jamais cobraria favores para salvar a própria pele. Era um homem muito bom.

IMINENTE

Jay e eu fizemos o máximo possível por Jim. Era o momento de ver o que poderíamos fazer pelo que sobrou de seus programas. Sabíamos que a verba destinada pelo senador Reid e seus colegas não existia mais. O financiamento original era previsto para os anos de 2008 a 2012. Reid achava que poderia aprovar uma verba suplementar para prorrogar nossas pesquisas até 2013 ou 2014.

Na época, o tema mais quente no Congresso, no Pentágono e nos serviços de inteligência era ISR (inteligência, vigilância e reconhecimento). Ao mesmo tempo, nossos inimigos tinham se tornado muito eficientes naquilo que chamávamos de missão "contra-ISR". Eles eram capazes de implantar suas armas em nossos próprios drones e plataformas aéreas, garantindo que aquele jogo de gato e rato sem fim continuasse acontecendo.

No auge da Guerra Global contra o Terror, os políticos faziam fila para assinar cheques por qualquer coisa que tivesse a sigla ISR. E considerar que o AATIP era parte do esforço de ISR era perfeitamente justificável.

Afinal, o AATIP rastreava e estudava UAPs com capacidades avançadas e um interesse incomum em nossas Forças Armadas e nossos locais mais sigilosos. Quem ou o que estivesse controlando os UAPs claramente estava fazendo um tipo de missão de ISR. Jay e eu elaboramos uma estratégia para incorporar aquela nova linguagem. Para burlar o estigma que cercava os UAPs, Jay esboçou um pedido de liberação de verba que era redigido de forma tão brilhante que quem não conhecesse de perto nossas investigações jamais imaginaria que nosso esforço de ISR era concentrado nos UAPs.

Eu me lembro de uma conversa sobre financiamento que tive com meu novo chefe, Neill Tipton, encarregado de comandar o Gabinete de Compartilhamento de Inteligência e de Relacionamento com Inteligência Estrangeira. Neill tinha servido no Exército e mais tarde trabalhado em programas sigilosos para várias agências de três letras. Era um bom sujeito, um apaixonado por pesca submarina que na vida profissional acabou se vendo em um tanque de tubarões. Apesar de ter ocupado um cargo de nível sênior na Inteligência de Defesa (DISL), ele não tinha os mesmos dentes afiados dos colegas que eram membros do Serviço Executivo Sênior (SES), o patamar mais alto que um civil pode obter no governo. Isso significava que Tipton precisaria fazer um jogo político habilidoso dentro do Pentágono se quisesse chegar ao SES.

— Neill — falei um dia em uma visita a seu escritório em Arlington —, a essa altura você já sabe do meu envolvimento em outro projeto… *complexo.*

— Sei, sim — respondeu ele. — Vejo o monte de gente estranha que você traz aqui. Só não gosto de ficar fazendo perguntas.

— Eu agradeço, mas vim justamente pedir sua ajuda. Preciso saber se você ainda está trabalhando com os caras lá do outro lado do corredor.

— Claro que sim — respondeu ele. — Eu ajudei a criar o programa. Por que não estaria?

— Bom, ao que parece, eu vou conseguir verba para um de meus programas, e quero ter certeza de que não vou pisar nos calos de ninguém, nem prejudicar o trabalho de vocês.

Neill me encarou, um pouco confuso.

— Você está trabalhando em um programa de ISR? — perguntou.

Era bem essa a questão, não? No fundo, eu sabia que podíamos justificar o estudo de UAPs, se fosse preciso, porque as perguntas que fazemos, por exemplo, quando analisamos as assinaturas de um míssil balístico intercontinental (ICBM) da Coreia do Norte, poderiam facilmente ser as mesmas de um estudo de um UAP.

Meio constrangido, respondi:

— Hã, mais ou menos… mas não exatamente.

Neill hesitou por um instante, avaliando minha linguagem corporal.

— Claro, Lue, pode fazer o que for preciso — disse ele por fim. E, quando eu estava saindo, complementou: — Só não arrume dor de cabeça para mim.

IMINENTE

Eu já tinha trabalhado para Neill antes, mas esse foi o começo de um relacionamento profissional mais longo e interessante entre nós. Nos meses e anos seguintes, pude compartilhar alguns vídeos bem peculiares com Neill, para ouvir sua opinião sobre possíveis tecnologias dos UAPs.

Resumindo, Jay foi realizando milagre atrás de milagre, garantindo que o senador Reid nos conseguisse um novo financiamento — 10 milhões de dólares! Comemoramos por dez minutos, até ficarmos sabendo que outro programa do DoD tinha se apropriado da verba. Para mim e para Jay, foi como um tapa na cara. Isso só aconteceu porque a linguagem usada para conseguir o financiamento era ambígua o bastante para alguém em uma posição de poder justificar sua alocação para outra iniciativa.

Para piorar as coisas, havia um dilema gigantesco a resolver. Sabíamos quem tinha ficado com o dinheiro, e como desejava empregá-lo. Mas não poderíamos lutar abertamente por nossa verba. Se fizéssemos isso, estaríamos expondo o programa. No entanto, se não tentássemos recuperar esse financiamento, não teríamos nenhuma outra fonte de recursos.

Neill Tipton me encorajou a falar com *seu* chefe, John Pede, que entenda muito bem como funcionavam os orçamentos discricionários. Quando cruzei com Pede no corredor e expliquei a situação, ele falou:

— Poxa, Lue, eu precisava saber disso com mais antecedência. Sei qual é o dinheiro a que você se refere; está sendo usado para pagar estudos acadêmicos. Se eu soubesse antes, poderia ter ajudado.

Ele tinha razão. Nossa lista de membros e aliados do AATIP era bem reduzida. Tínhamos medo de que certas pessoas soubessem da iniciativa. Talvez tenha sido uma precaução excessiva, a ponto de termos perdido a verba de que precisávamos para continuar.

— Eu queria poder contar para o que precisamos, mas não tenho permissão para discutir os detalhes no momento — falei para Pede.

Ele sorriu.

— Acredite ou não, acho que sei no que você está trabalhando — disse ele, com uma piscadinha.

ANJOS OU DEMÔNIOS

Pede sempre me transmitiu a impressão de ser uma mente brilhante. Acho que talvez ele realmente soubesse.

Oficialmente, estávamos duros, mas sabíamos que não precisávamos de muito para manter o programa funcionando. Eu contava com meu próprio orçamento, ainda que modesto, e provavelmente poderíamos requisitar desembolsos adicionais a depender do caso, através de um processo que o governo chamava de "Superdirecionamento".

Mesmo em meio a todas essas preocupações orçamentárias, eu precisava arrumar tempo para o trabalho em si. Mais ou menos nessa época, eu passava horas conversando com Will Livingston. Até então, nunca soube em tantos detalhes o que ele estava fazendo. Mas o bom doutor me aceitou em seu círculo de confiança. Will sempre foi muito profissional, e sempre preservava as informações sobre seus pacientes enquanto trabalhava como consultor médico do AAWSAP/AATIP e para o NIDS, de Bigelow.

Minha formação em microbiologia provavelmente me tornava meio que um pé no saco para Will, como um escoteiro pedindo a um patrulheiro do Exército que aceitasse ser seu mentor. Mas ele sempre foi um cavalheiro e, caso achasse isso, nunca deixou transparecer para mim. Eu estava interessado especificamente em implantes alienígenas supostamente encontrados em humanos. Pelo que lera, muitas vezes tecidos vivos nascem ao redor de implantes, mas esses novos tecidos nunca têm o DNA do paciente, e às vezes aparecem como fios de cabelo ou filamentos multicoloridos, semelhantes as fibras da doença de Morgellons. Quando pesquisadores removem esse tecido humano, encontram objetos que, pelo tamanho e formato, remetem a algum dispositivo tecnológico, mas sem nenhum tipo de circuito elétrico. Eu tive acesso a um desses implantes, cedido a mim por um hospital do Departamento de Veteranos. Tinha sido removido de um membro das Forças Armadas que teve contato com um UAP. O material, não muito maior do que a junta de um dedo, parecia mais um microchip encapsulado por um envelope semitranslúcido

IMINENTE

e gosmento de tecido vivo. Era bem similar à madrepérola, inclusive. Sob o microscópio, foi possível ver que ainda estava se movendo de alguma forma. O médico teorizou que o material devia ter seu próprio metabolismo. O AAWSAP/AATIP também obteve fotografias desses pequenos objetos removidos de pilotos militares estrangeiros. Alguns tinham sido extraídos de indivíduos que passaram por várias instituições médicas, como os Centros de Controle e Prevenção de Doenças (CDC), a Administração Federal de Alimentos e Medicamentos (FDA), os Institutos Nacionais de Saúde (NIH) e uma instalação de pesquisa do Exército dos Estados Unidos em Fort Derrick, Maryland, onde alguns dos vírus mais mortais ficam em quarentena, sob a vigilância de guardas armados. Apesar de eu já ter perguntado muitas vezes, Will nunca me contou sobre seu envolvimento com os supostos implantes, mas isso não me impedia de questioná-lo sempre que podia.

Com base em outras pesquisas e entrevistas, eu sabia de relatos de médicos que trabalharam em casos em que o suposto implante alienígena evitava a extração se movendo sob a pele quando havia tentativa de remoção. E ouvi histórias parecidas quando investigava implantes removidos de soldados saudáveis. Os médicos tinham bastante trabalho para localizar e arrancar esses objetos. Por ser formado em microbiologia, eu ficava intrigado para saber como objetos de alta motilidade como esses podiam se mover sem criar um rastro arrasador de destruição de tecidos dentro do corpo humano. Onde estava a reação dos glóbulos brancos? Onde estava a cascata de mecanismos imunológicos? Eu sabia desde quando estudei tripanossomos na Universidade de Miami que, sempre que as espiroquetas se moviam sob a pele, causavam uma reação imunológica destrutiva. Onde estava essa resposta do corpo no caso dos implantes?

Os médicos relatavam a detecção de movimento dos implantes, mas sem nenhum sinal óbvio de destruição em seu rastro. Como um bombardeiro supersônico, o implante se deslocava sem rastros ou assinatura, quase como se estivesse se esquivando da reação imune natural do corpo humano. Era como se o corpo não soubesse que o objeto estava lá. Talvez o implante provocasse o crescimento de tecido humano ao redor de si para impedir que o corpo o rejeitasse. Após a extração, alguns implantes se moviam pela placa de Petri em que eram confinados até ficar sem energia. Uma teoria que ouvi de um médico era que eles extraíam energia do corpo do hospedeiro.

Em um caso em particular, um funcionário do alto escalão da CIA e sua esposa tiveram uma experiência assustadora com UAPs no quintal da própria casa. Quando os dois acordaram deitados no chão do local, o homem tinha um pequeno furo na nuca, e a mulher expeliu um pequeno objeto metálico pelo nariz quando espirrou. Para tornar as coisas ainda mais interessantes, médicos da CIA foram notificados das circunstâncias e examinaram os pacientes.

Qual era o propósito desses implantes? Rastreamento? Controle da mente? Obtenção e transmissão de dados sobre o metabolismo do hospedeiro? Outra pesquisadora relatou ter encontrado filamentos longos, também parecidos com fibras da doença de Morgellons, movimentando-se sob o microscópio, o que a assustou ao ponto de não querer mais estudar as amostras. Os objetos pareciam ter um metabolismo próprio.

Tudo muito fascinante, mas, à época, Jay e eu concordamos que precisávamos nos concentrar nos detalhes sobre os encontros de UAPs com equipamentos e membros das Forças Armadas, para termos como enfrentar de forma mais efetiva futuras batalhas com o Congresso, o DoD e outras agências.

CAPÍTULO 9
NO VÁCUO

Assim começou uma nova era para o AATIP. Minha nova base de operações era a sala 3C503A, terceiro andar, anel C, quinto corredor, suíte alpha, no Pentágono. Com mais de 600 mil metros quadrados, era o maior prédio de escritórios do mundo até recentemente. Vinte e duas mil pessoas trabalhavam lá, o equivalente à população do campus de uma grande universidade.

A edificação erguida pelo Departamento de Guerra dos Estados Unidos no início da Segunda Guerra Mundial tem até hoje aquela aparência desgastada de uma estrutura governamental antiga. Projetado de forma soberba para a eficiência, tem onze corredores distribuídos como os aros de uma roda, para ser possível chegar a qualquer localização a pé em menos de cinco minutos. O prédio é tão imenso que a maioria das equipes de trabalho precisa pegar um bonde até seu local designado em uma das passagens subterrâneas do complexo.

A maioria dos civis só viu a construção de cinco lados no cinema e na tevê. Eu posso garantir que, do alto, o Pentágono parece menor do que realmente é. O pátio central é tão grande que o Capitólio dos Estados Unidos caberia lá dentro e ainda sobraria espaço para correr ao redor da estrutura de mármore e calcário. Um fato que sempre achei engraçado aconteceu no

NO VÁCUO

fim da Guerra Fria, quando o DoD descobriu, para seu divertimento, que os soviéticos tinham elegido como alvo uma estrutura minúscula na praça central do Pentágono como objetivo prioritário no caso de guerra nuclear. Na época, a tecnologia de fotos de satélite ainda estava engatinhando, e a imagem mostrava um objeto no centro do pátio que durante anos os russos pensaram ser um elevador para um bunker subterrâneo. Só quando o Muro de Berlim caiu e os russos e americanos começaram a trabalhar juntos que a verdade foi descoberta. O pontinho no meio da imagem de satélite era apenas uma humilde barraquinha de cachorro-quente.

Como precisaria trabalhar muitas horas por dia, me designaram uma vaga de estacionamento na cobiçada Entrada do Rio, ao lado de todos os oficiais do alto escalão, o chefe do Estado-Maior Conjunto das Forças Armadas, os secretários de cada serviço, todos os subsecretários e o secretário de Defesa.

Nossa falta de verbas implicava que a equipe precisava ser enxuta, eficiente e dedicada. Todos os envolvidos *queriam* estar lá, e estavam dispostos a aceitar a carga extra de trabalho do AATIP enquanto davam conta de suas responsabilidades principais dentro do DoD. Jay e eu escolhemos cada pessoa a dedo.

Durante esse período, trabalhávamos com vários aliados de outros setores do Departamento de Defesa e dos serviços de inteligência. Esse pessoal era o que havia de melhor no ramo, e incluía especialistas em óptica capazes de ler dados e assinaturas hiperespectrais, imagens capturadas com uma tecnologia que vai além da capacidade de visão do olho humano. Os olhos humanos só conseguem enxergar luz branca visível. Mas os animais (como as abelhas, por exemplo) podem ver luz ultravioleta, o que os ajuda a localizar acúmulos de flores. As cobras detectam a luz infravermelha, para poderem "ver" o calor corporal de sua presa da mesma forma que a câmera de ATFLIR de um F/A-18 Hornet detecta as assinaturas de calor de uma aeronave de combate. Essas formas de análise de informação são chamadas de Inteligência de Medição e Assinatura (MASINT) e Inteligência de Imagem (IMINT). Entender esses dados exige uma capacitação específica.

IMINENTE

Às vezes, nos valíamos dos analistas já empregados pelo DoD. Em alguns desses casos, não podíamos entrar em detalhes sobre os alvos, por medo de comprometer toda a operação. Nesses casos, não dizíamos aos profissionais o que eles estavam vendo. Só o que eles precisavam era fazer os testes e dizer se era um drone, uma sonda, uma aeronave conhecida ou um objeto não identificado. Em diversas ocasiões, os analistas ficavam desconfiados. Depois de descartar a hipótese de um avião, um míssil, um drone, um helicóptero, um balão ou uma pipa, ficava óbvio que se tratava de um UAP.

Com um sorriso constrangido e envergonhado, a pessoa resumia suas apurações dizendo algo como:

— Não é um dos nossos, isso com certeza. É difícil de acreditar que seja algo feito pelo homem.

Como não queríamos confirmar as suspeitas de ninguém, respondíamos apenas com um "Bom trabalho, obrigado".

Se uma pessoa parecia promissora, eu monitorava seu trabalho por uns seis meses antes de fazer um convite. Nós bebíamos um café no Dunkin' Donuts do térreo, tomávamos um ar fresco e conversávamos bem informalmente. Eu queria saber coisas como estabilidade da vida em família, propensão a festas e baladas, se a pessoa tinha filhos e como se relacionava com seus pais. A estabilidade era fundamental para qualquer um que fosse trabalhar no AATIP. Não podia ser gente dada a caprichos impulsivos. Eu não queria nenhum fã de ficção científica, ou alguém que já fosse obcecado por UAPs. Queria um homem ou mulher comum, com bom senso e sem problemas domésticos graves. Se a pessoa se encaixasse nos critérios, quando subíssemos eu a levava a uma SCIF para ter "A Conversa".

— Eu realmente agradeço sua colaboração nos últimos meses. Você pode se surpreender com as esquisitices que vemos aqui.

— Ah, nem me fale... — era a resposta que eu ouvia. — Eu *sei* que a carga de trabalho com a Gitmo [Guantánamo] é uma loucura, mas é uma missão que me agrada. Gosto do rumo estranho que as coisas tomam por aqui.

NO VÁCUO

— Não sei, não — eu dizia. — Acho que você ainda não entendeu o nível de estranheza de que estou falando. Você tem a mente aberta?

O rapaz ou a moça inclinava a cabeça. Onde aquilo iria parar?

— Acho que consigo ser bastante mente aberta em relação ao trabalho, senhor.

— E se eu contasse sobre outro programa que tenho aqui?

— Eu sei que o senhor trabalha em mais de uma frente. Volta e meia pessoas estranhas aparecem por aqui. Vejo no calendário os convites a pessoas de cargo bem alto. Acredito que o senhor seja muito ocupado.

— Muito bem, então metade da conversa já está entendida — eu brincava. — E se eu dissesse que eu e alguns de seus colegas estamos trabalhando no estudo de tecnologias avançadas?

— Tipo caças a jato de quinta geração? — era uma resposta comum.

— Não, um pouco mais exótico que isso.

— Ah, um programa aeroespacial? Eu adoro equipamentos espaciais!

— Nããão, um pouco mais exótico que isso. Bom, talvez *muito* mais exótico que isso.

Com a curiosidade em alta, a pessoa podia dizer:

— O que poderia ser mais exótico que equipamentos espaciais? Ah, navegação subaquática?

— Bom, sim e não. Tem equipamentos espaciais e subaquáticos também. Mas não o tipo de equipamento que você imagina.

— É coisa da Rússia?

— Talvez — eu dizia. — Ou talvez não…

Eu esperava para ver o quanto a pessoa demorava para ligar os pontos, e se rejeitava de imediato seu primeiro instinto.

— O senhor está me dizendo o que eu *acho* que está me dizendo? Isso é… alguma brincadeira?

Eu mantinha um tom de voz sério e contido.

— Não, eu não brinco com isso.

— Está me dizendo que eles existem mesmo?

— É *exatamente* isso o que estou dizendo.

— Espere um pouco. *Eles* existem mesmo? É isso que o senhor está me dizendo?

O choque, a animação e a curiosidade ficavam estampados no rosto das pessoas, que sempre faziam muitas perguntas, mas, nesse caso, despejar tudo de uma vez não era uma boa ideia. Era preciso esperar. O momento chegaria, assim como aconteceu comigo em minhas primeiras conversas com Jim Lacatski. Sempre há tempo para aprender. *Eu* ainda estava aprendendo, ora.

— Muito bem — eu dizia. — Sugiro que você tire um tempo para pensar e decidir se quer mesmo saber mais. Se achar que dá conta, volte aqui e podemos conversar de novo esta semana. Mas, se comentar a respeito com alguém, demito você na hora e nego publicamente que esta conversa aconteceu.

A pessoa então refletia a respeito do que tinha ouvido. Houve quem não quis sequer uma segunda conversa.

Eu me perguntava se Neo teve tanta dificuldade assim para escolher a pílula vermelha em *Matrix*. Para alguns, a pílula ficava entalada na garganta, e nenhuma quantidade de água a faria descer. Elas precisavam de mais tempo, uma coisa que nós não tínhamos.

O número de casos só crescia. Continuávamos a encontrar maneiras de colher testemunhos de militares sobre os incidentes.

— Que incidente? — era a primeira coisa que ouvíamos ao telefone ou pessoalmente. — Eu não vi nada.

Nós começávamos uma delicada dança ao redor do assunto, contando que outros membros da tripulação do navio ou da esquadrilha tinham relatado algo incomum. Talvez assim a pessoa se sentisse à vontade para falar. Talvez. O estigma era profundamente enraizado.

Jay era excelente em fazer seus colegas de Marinha falarem. Muitas vezes, ao conversar com uma nova fonte, dizíamos:

— Veja bem, eu sei que você viu alguma coisa. E tudo bem. O que você precisa saber é que nós trabalhamos para um Programa de Acesso

Especial, e é bem provável que você tenha visto alguma tecnologia nossa em ação. Nós fazemos o possível para esconder essas coisas, mas às vezes pessoas atentas e observadoras como você acabam vendo. E nós agradeceríamos muito se dissesse exatamente o que viu, porque, se for *mesmo* um dos nossos projetos, vamos precisar esconder melhor as coisas no futuro.

Essa estratégia funcionava na maior parte das vezes. Proporcionava à testemunha uma saída aceitável.

— Ah, nesse caso — a pessoa dizia —, eu vi uma coisa entrando e saindo de uma nuvem como uma bola de tênis. E se movia de um jeito que nem sei explicar. Ainda bem que era uma tecnologia *nossa*. Que alívio! Mas vocês precisam esconder isso melhor. Deus me livre se um inimigo acabar vendo.

Assim, geralmente conseguíamos as informações necessárias. Jay e eu conversávamos bastante sobre como era perceptível quando os militares estavam tentando tomar uma decisão em uma fração de segundo — falar ou se fechar? — ao telefone conosco. Muitas vezes desejamos poder prometer proteção ou imunidade contra reprimendas. Mas essa era uma ferramenta à qual não tínhamos acesso.

Quanto mais trabalhávamos nesses casos, porém, com mais frequência militares de alta patente nos procuravam, em geral preocupados com seus jovens subordinados.

Um dia cheguei ao trabalho e descobri que Jay tinha me mandado um vídeo impressionante. A filmagem havia sido feita por um aviador naval em uma missão de rotina com a câmera do cockpit. O áudio começa com as típicas provocações e os sinais de chamada. O piloto estava tentando fazer contato visual com o que o radar detectara.

— Nada de visual ainda — disse a voz. — Estou no lugar certo, mas nada de visual.

Uma outra voz no rádio intercedeu:

— Deve estar bem…

Nesse momento, uma nave em forma de cunha passa zunindo pelo cockpit a uns 15 metros de distância.

IMINENTE

O piloto solta uma sequência de palavrões, do tipo que a plateia diz em um filme de terror no cinema quando um monstro pula para fora do esconderijo.

Quando reproduzimos o vídeo quadro a quadro, ficou claro por que o piloto se exaltou tanto. Era diferente de qualquer tipo de aeronave de nossos inimigos. Era completamente desconhecida.

Outro vídeo de UAP que chegou em minha caixa de entrada envolvia um Veículo Aéreo Não Tripulado (UAV) Predator, que conduzia uma missão de vigilância de uma instalação nuclear em um país especialmente hostil quando a câmera localizou três objetos luminosos. Apenas três pontos. Inexplicavelmente, os pontos começaram a se mover em formação de regimento. *Um triângulo perfeito.* Quando os pontos se aproximaram do Predator, tornaram-se mais discerníveis. Além de estarem voando, tinham uma estrutura sólida. Essas naves atormentaram o veículo por 23 minutos. Percorriam quase 100 quilômetros em um piscar de olhos, atravessando o horizonte, e então voltavam para menos de 30 metros do Predator. Como se isso não fosse impressionante o suficiente, as três naves se reorientavam, passando de uma formação em V para uma linear. Enquanto dançavam pelo céu, pareciam estar brincando com nosso veículo. *Está vendo o que eu sei fazer e você não?*, foi a mensagem que senti em minhas entranhas. A nave parecia curiosa com o UAV, voltando diversas vezes para inspecionar mais de perto.

Mais tarde, eu voltaria a me lembrar disso, quando a pilota da Marinha Alex Dietrich comentou que o Tic Tac que encontrou em 2004 se movia de uma forma "brincalhona".

Brincalhona? Que descrição mais estranha. Mas foi exatamente essa a minha impressão quando vi essas imagens.

Eu compartilhei esse vídeo com os maiores especialistas do setor com quem tinha contato. Especialistas em aviação não medem palavras. O que eles fazem é justamente analisar aeronaves ao vivo, em vídeo ou simulações, dia após dia. Conseguem identificar na hora qualquer coisa que não deveria estar ali.

NO VÁCUO

A conversa era sempre algo como:

Lue: São aeronaves convencionais?
Especialista: Não. Sem chance.
Lue: Bom, vamos fingir que sejam. Nesse caso, o que poderiam ser? Vamos analisar todas as opções possíveis.

O especialista começava um exercício de ginástica mental.

Especialista: Bom, se alguém tivesse a capacidade de criar um balão semi-inflável com hélice bidirecional no meio que fosse escondida e resfriada usando aviônica de supercondutores, fuselagem e tinta refratoras, acho que seria possível. Mas aí teria o problema da energia. Nenhuma bateria duraria tanto tempo.
Lue: É isso o que estamos vendo aqui?
Especialista: Não, sem chance.

Por volta dessa época, Hal Puthoff apareceu em minha sala para me apresentar uma teoria fascinante. Ele vinha pensando muito no incidente em Roswell, que muitos acreditavam ter sido causado por experimentos do Departamento de Defesa com pulsos eletromagnéticos (EMP), um efeito colateral da bomba atômica, em um campo de testes próximo. Os cientistas não demoraram a observar que um dos efeitos colaterais de uma bomba atômica era uma intensa emissão de nêutrons e pulsos eletromagnéticos nucleares que podiam ser usados para fritar os circuitos de qualquer dispositivo eletrônico por sobrecarga.

A energia de EMP pode ser projetada para neutralizar tecnologias eletrônicas a depender da altitude e da direção em que é empregada. Com um pulso considerável, seria possível dizimar linhas de força, desligar motores de veículos e interromper sistemas de comunicação (rádios, tevês, telefones). Uma forma de liberar um EMP é por meio de uma explosão nuclear ou uma bomba de nêutrons, uma evolução natural da tecnologia da bomba atômica. É como uma munição mágica que destrói infraestruturas eletrônicas, e não pessoas. Nos primeiros anos de desenvolvimento, o único empecilho era a necessidade de detonar a bomba de EMP da mesma forma que uma bomba atômica: despejando de um avião e voando para longe o mais rapidamente possível antes que sua aeronave também explodisse.

A teoria de Hal: se a nave em Roswell foi atingida por um pulso eletromagnético por acidente, isso poderia ser um calcanhar de Aquiles. Poderia significar que sua tecnologia funcionava de formas similares em muitos sentidos às aeronaves e veículos a motor modernos, com algum tipo de circuito ou vulnerabilidade para fontes de energia dirigida. Simplesmente não sabíamos qual faceta dessa tecnologia era impactada pelo EMP. Seria o sistema de propulsão? O sistema aviônico ou eletrônico? O sistema de sobrevivência?

Independentemente, se os UAPs ainda fossem vulneráveis a um EMP, em teoria poderíamos causar outro acidente de forma intencional e resgatar a nave. Mas a essa altura eles podiam já saber que sabíamos disso. Se empregássemos uma arma contra uma nave, temíamos que isso fosse encarado como um ato de guerra ou uma provocação. No entanto, as incursões a nossos espaços aéreos mais restritos também não eram um ato de guerra? Uma provocação?

Tudo isso ficou pesando em minha mente. Se eu fosse um advogado apresentando um caso diante de um júri, teria várias evidências para mostrar. Os testemunhos, os vídeos, as características de desempenho quantificadas pelos analistas e corroboradas de forma independente por especialistas que colaboravam com o AATIP... Tudo parecia levar a uma conclusão inevitável. O que quer que fosse "aquilo", era uma ameaça real. Mas ainda faltava o motivo. Que diabos eles queriam conosco?

No fim de um dia de muitas perguntas e poucas respostas, fechei o computador, guardei meus documentos no armário de segurança aprovado pela GSA, girei o dial eletrônico do cofre digital X-08, tranquei a porta da SCIF e fui para casa ajudar a cuidar de minha mãe.

NO VÁCUO

Ela havia se mudado para uma cidade vizinha, St. Michaelis, em Maryland, para ficar mais perto de nós, e estava com um câncer de estômago de estágio 4, um linfoma não Hodgkins de células B, para ser mais preciso. Em termos de câncer, era um tipo relativamente bom, com alta taxa de cura. Só que não nesse caso, infelizmente. Inoperável. Muitas famílias vivenciam dramas médicos terríveis, e com a nossa não foi diferente. Foi um privilégio poder cuidar dela com todo o amor enquanto o câncer a debilitava até reduzi-la a nada. A doença corroeu todas as fibras de seu ser, transformando-a em uma sombra do que era em seus últimos estágios de vida. Sem cabelos, sem dentes, pálida e em colapso, estava longe de ser a modelo glamourosa que um dia tinha sido. Mesmo assim, talvez estivesse mais bela do que nunca. Sua luz interior brilhava em meio à destruição causada por essa doença.

Nós dois sempre fomos próximos, e ela me enchia de carinho. Tinha sido casada antes de conhecer meu pai, e eu era seu terceiro filho, o caçula. Os outros dois casamentos naufragaram logo depois de terem começado. Desesperada para deixar para trás um lar desfeito, minha mãe corria atrás de sonhos que às vezes viravam pesadelos.

Eu sempre arrumava um tempo para ligar para ela, mesmo que fosse só para dar boa-noite e lembrá-la do quanto a amava. Depois de adulto, em missão, eu desejava acima de tudo poder ligar para ela de onde quer que estivesse. Kuwait, Afeganistão, Iraque. Não importava. Se não houvesse telefones disponíveis, eu encontrava um celular ou *uplink* via satélite e ia fazendo diversas conexões eletrônicas até conseguir ouvir a voz de minha mãe. A maioria das pessoas que estiveram em combate sabe do que estou falando. Quando estamos em missão, todos queremos ouvir as vozes das pessoas que amamos, só mais uma vez, caso não seja mais possível voltar para casa.

— Está tudo bem, mãe? — eu dizia. — Legal. Amo você, mãe. Preciso ir.

Eu encerrava a ligação, pegava minha arma e ia para a guerra.

IMINENTE

Janise adorava a cantora francesa Edith Piaf, e em seus últimos dias deixei um CD player ao lado de sua cama hospitalar para que assim pudéssemos ouvir suas canções favoritas e amenizar um pouco o clima pesado. Ela foi sobrevivendo, contrariando as expectativas dos médicos. É excruciante ver alguém que você ama partir em meio a tanto sofrimento. Eu só queria que aquela dor acabasse.

Minha formação universitária tinha me preparado para encarar os últimos estágios da vida de alguém. À medida que os órgãos internos entram em colapso, a respiração fica mais rasa e irregular. Perto do fim, a saliva e o muco se acumulam no fundo da garganta, provocando um gorgolejar persistente, os perturbadores estertores da morte.

Eu a visitava e me sentava ao seu lado todos os dias. Tinha visto a morte e pessoas moribundas durante minha carreira. Perdi camaradas no campo de batalha. Mas aquela situação era diferente, claro. Eu havia passado a vida inteira temendo aquele momento. Era algo pessoal.

— Você está com dor? — eu sempre perguntava.

Em seu estado semiconsciente, ela meneava a cabeça para dizer não. Estava debilitada demais para falar.

Quando sua hora chegou, eu soube. Todos no quarto estavam em silêncio, imersos nos próprios pensamentos. Deitei a cabeça em sua mão, e tive uma sensação arrebatadora de que ela estava prestes a nos deixar para sempre. Quebrando o silêncio, falei para Ron, seu namorado:

— Aperte o play.

Em alto e bom som, "La Vie en Rose", de Piaf, encheu o quarto. Eu estava testemunhando o fim, a conclusão, mais uma vida humana se perdendo no universo, e não havia nada que pudesse fazer a respeito. Na metade da canção, segurei a mão frágil de minha mãe. Suas pálpebras, que estavam fechadas havia semanas, se abriram tremulamente. Seus olhos azuis e reluzentes se arregalaram como se estivessem vendo algo que o restante de nós não enxergava. Com um sorriso suave e sem jeito, ela deixou esta vida.

NO VÁCUO

Desde o dia em que, quando criança, eu soube que minha mãe ia morrer, prometi a mim mesmo que estaria ao seu lado no fim, não importava quais fossem as circunstâncias. Minha mãe me trouxe para este mundo, me acompanhou na passagem para esta vida. De jeito nenhum eu deixaria de acompanhá-la em sua passagem para o além. E foi o que eu fiz.

Uma outra tragédia se abateu sobre nossa família meses depois, em fevereiro de 2012. Eu estava acompanhando uma delegação de convidados VIPs japoneses em um passeio pelo Pentágono. Não era parte de minhas funções habituais, mas, como um fanático por história, eu sempre era convidado para fazer esses passeios, porque costumava levar os visitantes a lugares que normalmente não fazem parte do tour padrão pelo Pentágono. Tinha acabado de conduzir a delegação pelo anel E, pelo corredor do chefe do Estado-Maior Conjunto das Forças Armadas, quando recebi uma ligação de Annapolis, Maryland, de um telefone que não conhecia.

Havia alguma coisa errada. Senti um tremor de medo, parecido com aquele que me abateu quando minha mãe estava prestes a morrer.

A voz do outro lado da linha era de um paramédico.

— O senhor é o marido de Jennifer Elizondo?

— Sim — respondi. — Por quê? Quem é você?

— Estamos levando sua mulher para o hospital. Ela foi atropelada enquanto atravessava na faixa de pedestres.

Senti um aperto no peito. A náusea tomou conta de mim imediatamente. Ouvi gritos ao fundo, e imediatamente reconheci a voz de Jennifer.

— Ela está bem?

— Não, ela sofreu um trauma cerebral, senhor. Ficou inconsciente e foi arremessada por vários metros. Nós a achamos caída na rua.

Um motorista tinha invadido a faixa de pedestres e a acertado em cheio perto da Spa Creek Bridge, em Annapolis. Naquela mesma manhã, eu a tinha deixado no trabalho, porque às vezes íamos juntos. À noite, iríamos sair só nós dois. Ela tinha saído mais cedo e decidira ir andando até o restaurante, onde iria me esperar. No fim, foi parar em uma ambulância, e eu estava a uma hora e meia de distância, no Pentágono.

Quando cheguei ao hospital, encontrei Jenn com a equipe médica. Meu amigo John Robert e mais dois colegas tinham ido comigo. Ela recebeu alta naquela noite mesmo, com a condição de ser observada de perto, e eu a levei para casa, onde nossas filhas esperavam. Elas agarraram Jenn e começaram a chorar abraçadas.

Eu não consegui me segurar. As lágrimas não paravam de cair. Inevitavelmente, pensei na ocasião em que quase perdi Jenn e Alex durante o parto complicado de nossa filha, que nasceu prematura em 2001. Conseguimos escapar ilesos daquela vez, e eu esperava nunca mais sentir aquela dor. Três meses depois que mãe e filha receberam alta do hospital, as torres gêmeas caíram no 11 de Setembro; dois meses após isso, recebi ordens para me preparar para uma missão em um local secreto no Uzbequistão chamado Kashi Kannibad, também conhecido como "K-2". Eu sabia que estava a caminho do Afeganistão. Deixei minha jovem família e viajei a serviço de meu país. Jennifer ainda estava se recuperando; Alex pesava pouco mais de 2 kg; Taylor tinha acabado de fazer 4 anos. O dever me chamava.

Agora, anos depois, abraçado com minha família no chão da sala, eu pensava em todo o tempo que havia passado longe, perdendo aniversários, Natais, peças escolares, torneios de hóquei na grama, feiras de ciências e os dias-de-levar-seu-pai-na-escola. Momentos dos quais eu gostaria de ter participado.

Eu não queria mais ficar longe delas. Fiz um questionário completo com Jenn sobre seus ferimentos. Aparentemente, ela estava bem, a não ser pelo sangue seco na cabeça e nos cabelos. O hospital havia cuidado dos ferimentos mais óbvios e feito alguns testes. Concussão severa, foi o diagnóstico inicial. Mas seus problemas médicos mais abrangentes estavam logo abaixo da superfície, só esperando para se revelarem. O que aconteceu naquele dia impactaria nossa vida durante anos.

CAPÍTULO 10
O SEGREDO DO CÉREBRO DELES

Em um certo sábado, entrei em um estúdio de tatuagem em Denton, Maryland. Mike, do Black Anchor Tattoo, era quem sempre fazia minhas artes. Ele era um tradicionalista, especializado em estilo americano antigo, os mesmos tipos de tatuagens que Popeye teria se fosse um marujo da vida real. Mike era um cara durão e barbudo, mas também um pai de família dedicado, que gostava de tirar sarro de minha pele maltratada e curtida pelo Sol.

Mostrei para Mike um desenho pequeno no papel.

— Você consegue reproduzir? — perguntei.

Depois de vários anos me tatuando, Mike e eu criamos um vínculo. Ele sabia qual era minha profissão.

— Parece coisa oficial — comentou ele, perguntando sem perguntar.

— É, sim — falei. — Você acha que consegue?

Vários membros do AATIP tinham no corpo imagens significativas relacionadas de alguma forma ao programa. Havia chegado a minha vez.

— Bem legal — falou Mike. — Mas o que é?

Eu não podia dizer muita coisa além do fato de que era uma homenagem à equipe com quem eu trabalhava. Mike estava acostumado com minhas respostas enigmáticas. Fui me sentar na cadeira enquanto ele

IMINENTE

trabalhava no desenho. As agulhas começaram a dançar sobre minha pele, dando vida à imagem de uma cabeça da morte com capuz, empalada com uma adaga. O lema: Caçadores de Sombras. Essa frase aparecia logo abaixo do crânio. Acima da figura de capuz, em latim, a inscrição: "Ousadia para buscar a verdade na Escuridão. Se Deus permitir".

Para deixar claro, nunca gostei muito de tatuagens. Ironicamente, cada uma que fiz em meu corpo foi em homenagem a alguém. Em geral, eram humildes lembretes dos sacrifícios feitos pelas pessoas com quem servi. Estava com 30 e tantos anos, mas os tempos de guerra, as armas e os explosivos tinham me cobrado um preço alto. Eu era surdo de um ouvido, tinha várias cicatrizes de cirurgias da cintura para cima, minhas articulações estavam comprometidas e eu havia sido exposto a diversos compostos e elementos químicos que cobravam seu preço sobre minha saúde, provavelmente como consequência da incineração de lixo militar. Para quem não sabe, a queima era uma prática comum de descarte de dejetos em instalações militares no Iraque, no Afeganistão e qualquer outro lugar ocupado pelas Forças Armadas americanas. Todo tipo de material era queimado ao ar livre, acarretando diversos problemas de saúde para quem inalava aquela fumaça. Aos olhos do governo, eu era considerado inválido, e me sentia culpado por esse diagnóstico, pois havia veteranos em situações muito piores que a minha. Acho que é possível afirmar que seja uma espécie de culpa de sobrevivente.

Pelo menos todos os meus ferimentos estavam documentados e, de acordo com o governo dos Estados Unidos, eram "Relacionados ao Serviço". Essas palavras em pouco tempo teriam um papel importante no passo seguinte do AATIP.

Conforme o tempo foi passando, fui aprendendo cada vez mais a respeito do aspecto mais sombrio e sinistro dos encontros com UAPs. Os "efeitos biológicos" — as consequências médicas experimentadas pelos seres humanos que entram em contato com a tecnologia dos UAPs.

Eu tinha lido a respeito dos bioefeitos em relatórios de muitos anos antes. Diversos pacientes tiveram a vida arruinada, tanto física quanto psicologicamente, pelos UAPs. Relatos, fotos e arquivos médicos de todo o mundo, durante décadas, mostravam sempre a mesma coisa. Eu havia estudado os fatos inseridos no banco de dados sobre Colares preparado pelos cientistas de Bob Bigelow. Cada testemunha, cada abduzido — fosse qual fosse a situação — colocou seu corpo na linha de fogo. Minhas escolhas no campo de batalha foram feitas voluntariamente. As deles ocorreram sem que soubessem, e contra sua vontade.

Em razão da confidencialidade dos dados e dos termos da HIPAA, que regula a portabilidade de planos de saúde, a lei federal impede que dados sensíveis sobre a saúde dos pacientes sejam divulgados sem consentimento ou conhecimento. Sendo assim, Will resguardava conscienciosamente o nome e a identidade de seus pacientes. Eu sabia a respeito dos problemas de saúde das pessoas que trabalhavam comigo e revelavam se tratar com ele. E soube também de outros casos igualmente perturbadores e, ao mesmo tempo, fascinantes.

Dezembro de 1980: duas mulheres e um garoto em uma estrada deserta no Texas avistaram o que parecia ser um UAP em forma de diamante descer e pairar sobre uma árvore próxima. O garoto, neto de uma delas, ficou apavorado demais até para se mover. As mulheres saíram do carro para observar, e sentiram um calor fortíssimo emanando do objeto. Mais tarde, depois que deixaram o local, seus sintomas passaram rapidamente de dores de cabeça para queimaduras severas, náusea, diarreia, visão diminuída, lesões, exaustão, perda de cabelo e unhas caídas. O garoto, que permaneceu no carro, também teve problemas de visão e passou a ter que usar óculos para estudar. Mais tarde, uma das mulheres desenvolveu catarata, e a outra, câncer de mama.

Dezembro de 1980: o incidente foi mencionado anteriormente, mas aqui é visto por outro aspecto. Estranhas luzes apareceram perto de uma instalação militar britânico-americana em Suffolk, na Inglaterra, onde as nações aliadas tinham armas nucleares em um bunker secreto. Dois policiais da força de segurança, John Burroughs e Jim Penniston, encontraram um

UAP pousado na floresta vizinha de Rendlesham. Suas recordações são nebulosas, para dizer o mínimo. Os relógios que ambos usavam ficaram 45 minutos atrasados em relação aos dos demais homens na base. (Hal Puthoff chama isso de Efeito Rip Van Winkle.) Mais tarde, Burroughs sofreu diversos efeitos em sua saúde — problemas de visão, gengivas esbranquiçadas, sopro no coração, fibrose miocárdica —, que culminaram em uma cirurgia cardíaca para correção de abas danificadas na válvula mitral.

Agosto de 2007: uma mãe que viajava com a filha à noite perto de Davis, na Califórnia, viu três orbes azuis aparecerem na estrada. Dois deles teriam entrado no veículo — um trespassando o peito da mulher e saindo pelo braço direito. A mãe relatou sintomas de náusea imediatamente; nenhuma das duas sabia dizer ao certo a duração do encontro. Mais tarde, a mãe começou a sofrer com ganho de peso, envelhecimento precoce e osteoartrite. Dois anos depois, os médicos diagnosticaram câncer de mama na paciente, até então saudável; ela precisou se submeter a uma mastectomia bilateral.

Eu poderia seguir listando casos. Trata-se de um histórico bem documentado, e assustador. John F. Schiessler, um antigo pesquisador de Bigelow, coletou exemplos de bioefeitos em civis que remontavam aos anos 1950. É um material realmente intrigante. A lista de complicações relatadas afeta todos os cinco sentidos, e além. Insônia. Nervos abalados. Raciocínio enevoado e distorção do tempo são comuns. Algumas mulheres garantiram que engravidaram após contatos com UAPs. Há também os relatos "habituais" sobre abduções e implantes. E algumas pessoas insistem em afirmar que desenvolveram algum tipo de habilidade psíquica depois desses encontros.

Alguns profissionais da área médica que colaboravam com o programa estudaram extensivamente a questão dos efeitos biológicos. Tínhamos certeza de que a gravidade dos sintomas era determinada por dois elementos: as características genéticas da vítima e sua proximidade ao UAP ou fenômeno relacionado no momento do encontro. Logo ficou evidente

O SEGREDO DO CÉREBRO DELES

que a gradação nos sintomas podia ser explicada pela proximidade da pessoa ao UAP e pela exposição à radiação.

Se esses impactos à saúde causados por UAPs são deliberados ou apenas um efeito colateral de sua tecnologia, é uma boa pergunta. Ou seja, os UAPs têm os humanos como alvos de ataques intencionais ou os danos que provocam são acidentais? A não ser em um acontecimento como o de Colares, eu diria que não se trata de algo intencional. As turbinas dos aviões a jato não foram projetadas para ser armamentos, mas se você estiver atrás de uma quando uma aeronave comercial for ligada, vai se machucar — e feio. A tecnologia que faz os UAPs voarem, seja qual for, gera uma forma de radiação que pode ser prejudicial ao tecido humano vivo.

Mas como explicar outras coisas estranhas, como distorção do tempo, habilidade psíquica e assim por diante? É a radiação que os provoca ou existe mais algum fator em jogo?

As pessoas ficariam surpresas se soubessem o número de membros das Forças Armadas que o governo americano considerou 100% inválidos por problemas médicos relacionados a contatos próximos com UAPs, e está tudo registrado por escrito.

Como mencionei antes, o falecido senador John McCain, do Arizona, foi um dos primeiros a defender que fosse reconhecida a necessidade de avaliar e prover assistência a essas pessoas.

Os pesquisadores há muito tempo afirmam que os UAPs parecem controlados por uma ou várias inteligências superiores. O Tic Tac encontrado pelos pilotos do *Nimitz* parecia antecipar os movimentos que eles planejavam antes mesmo que os iniciassem. Um UAP encontrado por um piloto iraniano em 1976 pareceu antecipar o momento preciso em que ele dispararia um míssil AIM-9 contra a nave. Nesse exato instante, o painel do piloto apagou. Ele só recuperou o controle (e salvou sua nave) quando o UAP desapareceu de vista. Em 1982, um UAP fez exatamente o que uma testemunha civil desejou. Dirigindo seu carro em Hudson Valley, Nova York, o motorista olhou para o céu e pensou: *Nossa,*

IMINENTE

queria poder chegar mais perto para ver melhor. Logo em seguida, a nave mudou de direção e voou na direção do carro do indivíduo. Quando ele ficou apavorado, sentiu uma mensagem lhe dizendo: *Não fique com medo.* Curiosamente, algumas pessoas que relatam ter sido abduzidas muitas vezes mencionam que seus captores eram capazes de se comunicar sem palavras, de forma parecida com a que fazemos em sonho. E, o mais preocupante, alguns supostos abduzidos afirmaram ter sido controlados e restringidos de alguma maneira para não entrarem em pânico.

Por essas e outras razões, alguns investigadores acreditam que os pilotos desses UAPs têm capacidades psíquicas altamente evoluídas. Mas existiria uma possibilidade que vai além? E se a consciência mais elevada e a manipulação psíquica da realidade forem componentes fundamentais para o sistema de propulsão da aeronave? Parece uma coisa tirada do manual de treinamento dos Jedi: uma fonte de energia integrada ao universo, que tem uma inteligência inerente e é capaz de manter uma nave voando. De uma perspectiva científica, eu não endosso essa ideia, mas também não tenho como descartá-la.

Não é um conceito tão absurdo. Experimentos passados da DARPA revelaram que pilotos podem controlar remotamente uma aeronave usando seus pensamentos e uma interface própria, um capacete especialmente projetado para interpretar os pensamentos e as ondas cerebrais e traduzi-los em sinais eletrônicos que controlam a aeronave. A Honeywell Aerospace trabalhou em uma tecnologia similar por mais de uma década. Os UAPs podem usar o mesmo tipo de recurso, pelo menos em tese. E se alguma inteligência extraterrestre fornecer energia ao UAP? Segundo um pesquisador, talvez a consciência elevada seja *uma força fundamental do universo.*

Também há experimentos como os conduzidos pela Universidade Laurenciana, no Canadá, que colocavam nos voluntários o chamado Capacete de Deus e demonstravam o quanto era fácil manipular ou alterar a consciência humana. Levando isso além, talvez nossa tão propalada consciência não seja unicamente humana, e sim parte de um grande coletivo.

O SEGREDO DO CÉREBRO DELES

Talvez, antes de entender como essas naves voam, seja preciso sondar os segredos não descobertos do cérebro humano. Para isso, precisamos primeiro ter uma definição universal de consciência. Sem essa informação, não considero possível que haja um consenso em relação aos UAPs.

Alguns membros da equipe do AAWSAP/AATIP estavam trabalhando em casos com "experienciadores" que exploravam essas questões. Um experienciador é alguém que supostamente teve um contato imediato e foi afetado por isso de alguma maneira, positiva ou negativa.

Nesse caso específico, os experienciadores eram testemunhas oculares de UAPs; alguns afirmavam ter implantes e diziam ter sido abduzidos. Os que considerei mais intrigantes foram os que aparentemente tocaram ou se aproximaram de um UAP acidentado ou funcional. Todas essas pessoas pareciam ter problemas médicos, como zumbido na cabeça, acessos de náusea, irritabilidade, eczemas de pele misteriosos e assim por diante. Nos casos mais dramáticos, era como se algo tivesse fritado certas partes do cérebro do indivíduo.

Quando Will estava envolvido e conversávamos sobre esses casos, o nome dos pacientes nunca era citado, a não ser que eles se apresentassem a mim ou eu os tivesse encaminhado para se tratar com ele. Will sempre protegeu a privacidade de seus pacientes, e sempre nos lembrava de que essa confiança sagrada entre médico e pacientes nunca deveria ser quebrada, mesmo quando as informações fossem do interesse do AAWSAP/AATIP. Eu o respeitava por isso.

Will consultou um imunologista de renome mundial, pois considerava que ele pudesse nos ajudar a entender o que estava acontecendo no cérebro daquelas pessoas. Garry P. Nolan tinha uma cadeira de professor titular e seu próprio laboratório na Universidade Stanford, onde um batalhão de cientistas com pós-doutorado e estudantes de pós-graduação investigavam os diversos mistérios da genética humana. Garry havia publicado mais de trezentos artigos científicos, desenvolvido quarenta patentes e

IMINENTE

inventado diversos instrumentos experimentais em seu laboratório. Seus colegas o indicaram inclusive para o Prêmio Nobel. (Se ele não tiver sido premiado quando você estiver lendo este livro, é porque o mundo ainda não está pronto para saber a verdade sobre seu trabalho.)

Em diversos sentidos, Garry era bastante parecido com Hal, um gênio da teoria e também da técnica. A vantagem de Garry sobre seus pares era ele ser um cara direto e reto, que perseguia sempre o caminho indicado pela ciência. Garry conhecia os principais pesquisadores do mundo, e não tinha medo de falar o que pensava, nem de desafiar paradigmas arraigados ou o *status quo*.

Ele também era um pesquisador absolutamente comprometido com a erradicação do câncer. Através de Garry, tomei conhecimento de uma rede de indivíduos que doavam milhões de dólares do próprio bolso todos os anos para pesquisas sobre o câncer, e tive o privilégio de conhecer o empreendedor bilionário Sean Parker e a cantora e atriz Lady Gaga, para citar apenas dois nomes que estão fazendo mais pela humanidade do que se imagina. Era esse tipo de círculo que Garry frequentava.

O trabalho que fazíamos era tão estranho que nos acostumamos aos pesquisadores que nos renegavam quando descobriam que investigávamos UAPs, um assunto que ficou fora de questão para cientistas "sérios" durante décadas. Um tema proibido. Por causa disso, costumávamos deixar os consultores externos no escuro. Sem dar maiores explicações, mandávamos uma peça de um suposto UAP para cientistas analisarem — um estudo às cegas, se preferir. Em vez de especificarmos o que eles deveriam analisar na peça resgatada de um UAP, costumávamos dizer que o objeto em questão era parte de uma tecnologia estrangeira que chegara às mãos das Forças Armadas americanas. Essa era a única maneira pela qual poderíamos nos valer do trabalho dos cientistas convencionais.

Will viajava para a Califórnia com uma pequena equipe, da qual faziam parte Colm Kelleher, um bioquímico que foi o primeiro diretor-adjunto da BAAS durante a colaboração com o AAWSAP, e o cientista francês

O SEGREDO DO CÉREBRO DELES

Jacques Vallée, que tinha permissão do governo americano para trabalhar em pesquisas relacionadas à investigação sobre UAPs. Kelleher era um cientista renomado, um homem inteligente e bem-sucedido com um sotaque irlandês que, se você perguntar para minha mulher, o tornava muito mais charmoso. Entre os civis, Jacques é provavelmente mais conhecido como aquele que inspirou o personagem do cientista francês interpretado por François Truffaut em *Contatos imediatos do terceiro grau*. Quando era um jovem pesquisador, Vallée trabalhou com o dr. Hynek, para quem organizava a documentação no Projeto Livro Azul, da Força Aérea.

Quando eles se conheceram, na sala de Garry em Stanford, a equipe de Will levou imagens de ressonância do cérebro de experienciadores de UAPs — todos militares e agentes de inteligência — que tinham dado permissão para o compartilhamento de seus dados médicos. Garry concordou com Will que, à primeira vista, todos tinham cicatrizes no cérebro. Segundo me disseram, era o que os médicos chamam de doença da substância branca, porque as cicatrizes aparecem brancas nos exames de imagem.

Depois de mergulhar nos arquivos, Garry percebeu outra coisa. Todos os 105 pacientes eram altamente funcionais e tinham Q.I. alto. Todos apresentavam superdesenvolvimento na área do núcleo caudado e putâmen, que juntos formam o neoestriado, a parte do cérebro que muitos pesquisadores estavam começando a associar à intuição, embora essa correlação já fosse sugerida por cientistas desde a década de 1960. Alguns pesquisadores também encontraram uma correlação entre o tamanho dessa área e a inteligência do indivíduo, mas trata-se de uma alegação controversa, claro, que muitos cientistas contestam. De qualquer forma, todos temos o neoestriado no cérebro, e Garry teorizou que pessoas com esse tipo de estrutura aumentada poderiam ser extremamente propensas a analisar situações e tirar conclusões com base em pouquíssimas informações. Em outras palavras, pessoas assim eram como supercomputadores orgânicos, com uma capacidade de processar dados acima da média e uma tendência a ser mais perceptivas para coisas que a maioria não perceberia.

IMINENTE

Isso me fez lembrar de algumas palavras que eu tinha ouvido antes a respeito de observadores remotos talentosos. Segundo estudos, os observadores remotos demonstram "capacidade crítica extraordinária", uma aptidão para reter e sintetizar grandes quantidades de dados, e muitas vezes eram classificados como "fazedores de sentido", donos de uma antevisão incomum.

A observação de Garry foi a primeira descoberta. Não tinha nada a ver com os problemas médicos que as pessoas estavam enfrentando, era apenas um fato interessante sobre a maneira como o cérebro delas funcionava.

Agora que sabia o que procurar, quando voltou para seu consultório em Detroit, Will fez uma triagem nas ressonâncias de seus pacientes, prestando muita atenção ao neoestriado. Assim, montou *outro* subconjunto de pacientes que quis compartilhar com Garry. As pessoas incluídas nesses dados eram militares recrutados para um programa incomum coordenado originalmente pela CIA. Para ser bem-sucedido nesse programa, você *precisava* saber tirar conclusões com base em pouquíssimas informações. É possível inclusive inferir que o neoestriado desses indivíduos lhes deu uma espécie de sexto sentido. O cérebro deles era como uma antena, que lhes permitia entrar em sintonia com certos mistérios do universo. (E, não, eu não me considero parte desse grupo de elite.)

A questão é que *diversos* pacientes desse grupo de estudo estiveram envolvidos no passado com operações militares de elite que treinavam soldados para se tornarem observadores remotos. O programa para o qual eu fui sondado no início de minha carreira, por Gene Lessman. Isso mesmo: alguns espiões psíquicos tinham o neoestriado hiperdesenvolvido no cérebro.

Que descoberta impressionante! Inevitavelmente, eu me perguntei se isso poderia explicar minhas experiências com visão remota. Eu não fazia ideia de qual seria o passo seguinte da pesquisa de Will e Gary, mas sabia que precisava ficar atento a esses desenvolvimentos. A coisa tinha se tornado muito mais pessoal do que eu poderia imaginar.

CAPÍTULO 11
RESQUÍCIOS BIOLÓGICOS

Vários funcionários do alto escalão com que trabalhei acabaram me dizendo que, quando um de meus colegas trabalhou na CIA, algumas décadas antes, recebeu o relatório/autópsia oficial da dissecação de um corpo não humano resgatado de um UAP acidentado não especificado. Esse colega me pediu que não mencionasse seu nome aqui. O relatório afirmava que o cérebro não tinha convoluções (o exterior rugoso do cérebro), e que em vez disso, descrevia-se, havia uma superfície lisa, similar à do cérebro de animais de baixa capacidade cerebral que temos no planeta. O texto também mencionava entranhas e fígados conjugados, e um coração com três cavidades, como os dos répteis. O autor da autópsia concluiu que o cadáver não parecia ter a capacidade cerebral exigida para projetar e fabricar uma nave capaz de manobras tão impressionantes. Postulou-se que seria uma espécie de autômato biológico, criado por outra criatura com maior intelecto. Nessa época, a ciência cerebral/neuroanatômica em voga na CIA considerava que superfícies exteriores lisas no cérebro eram indicativas de uma inteligência animal baixíssima, sem a capacidade de construir ferramentas; sem habilidade para comunicações sofisticadas que fossem além da visão/olfato (feromônios)/vocalizações primitivas; e sem possibilidade de alta cognição. Devo enfatizar que isso me foi

IMINENTE

passado como o pensamento dessa época. Como você verá mais adiante, isso mudou com o tempo.

Eric e alguns colegas nossos envolvidos com um suposto programa da TRW de recuperação de destroços, implementado na Base da Força Aérea Wright-Peterson, em Ohio, confirmavam essa possibilidade, com base no que resgatavam. A TRW era uma fornecedora de longa data do DoD, e acabou sendo adquirida pela Northrop Grumman, outra gigante do setor aeroespacial e de defesa.

Fontes confiáveis, inclusive que trabalhavam com o AATIP, me contaram sobre vários outros acidentes históricos com UAPs em que corpos não humanos foram resgatados pelos Estados Unidos, além de Roswell.

Entre os primeiros casos, está o de um corpo não humano resgatado em dezembro de 1950 em Ciudad Acuña, no México, do outro lado do rio Grande, partindo de Del Rio, no Texas. Em 1989, outros quatros cadáveres não humanos supostamente foram resgatados depois de um acidente com um grande Tic Tac no Cazaquistão, na época parte da União Soviética.

Enquanto isso, a opinião de décadas atrás sobre cérebros foi refutada quando diversos estudos em várias espécies demonstraram que animais com superfície do cérebro lisa são capazes de aprender técnicas de comunicação complexas, fazer ferramentas e ensinar os mais novos a usá-las; de se comunicar com parceiros por meio da matemática e da geometria (alguns peixes têm essa capacidade); e de criar modelos mentais sofisticados da natureza ao seu redor. Até as abelhas têm sociedades hierarquizadas complexas com alto nível de comunicação, métodos de navegação aérea, mapeamento mental etc. Portanto, formas de vida com a superfície do cérebro lisa podem ser altamente funcionais.

O viés antropocentrista das proposições refutadas é notável. Como aqueles cientistas poderiam saber como funciona o cérebro de um ser não humano? Como poderiam presumir como o cérebro de um alienígena funcionava? Aliás, eles estavam ao menos procurando nos lugares certos?

Seria possível que uma vida não humana tivesse produzido seres sintéticos? Colegas meus que tiveram acesso a relatórios oficiais sobre os

RESQUÍCIOS BIOLÓGICOS

resquícios biológicos afirmavam que os não humanos que pilotam UAPs são seres naturalmente mais evoluídos ou autômatos biológicos fabricados.

Alguns pesquisadores e "experienciadores" especulam que uma espécie em particular, os alienígenas chamados de Nórdicos, foram os criadores das espécies inferiores, os Cinzentos, para fazer seu trabalho sujo. Para mim, parecia uma forma de escravização, mas, sem evidências sólidas, minha opinião não fazia diferença, nem a de ninguém, aliás. As relações hierárquicas existem na natureza — na *nossa* natureza. Em colônias de abelhas ou formigas, as rainhas dão à luz as "operárias", subordinadas que realizam boa parte do trabalho na colmeia ou no formigueiro. Na maioria dos casos, esses insetos não são capazes de se reproduzir, mas realizam trabalhos fundamentais para a colônia. As formigas usam outra espécie, os pulgões, assim como os humanos fazem com o gado, porque pulgões bem alimentados secretam uma substância grudenta e doce que as formigas apreciam. Não é exatamente uma relação parasitária, mas também não é simbiótica.

Para os seres humanos, os trabalhos realmente indesejáveis estão sendo feitos cada vez mais por computadores, robôs e IA. Hollywood nos mostrou inúmeras formas de vida sintéticas, como em *Blade Runner*, *O exterminador do futuro* e *Ex Machina*. No épico de ficção científica *Jogador número dois*, de Ernest Cline, o autor apresenta uma IA não física que poderia causar problemas para a humanidade. E, de acordo com algumas reportagens, atualmente a China faz esforços para criar um super-humano por meio da engenharia genética. Os Estados Unidos não estão muito longe de conseguir fazer isso.

Curiosamente, muitas vezes ouvi senadores experientes e autoridades do setor de inteligência colocarem a culpa por grandes fracassos na falta de imaginação. E nesses momentos inevitavelmente penso no que meu amigo Steve Justice, ex-diretor de desenvolvimento de sistemas avançados da misteriosa divisão Skunk Works, da Lockheed Martin, sempre dizia: "Não existe essa coisa de impossível. O impossível é apenas algo que você ainda não viu".

CAPÍTULO 12
OS OBSERVÁVEIS

Los Alamos, Novo México, 2013: cientistas e pesquisadores no lendário campo de teste de mísseis White Sands, o local onde o Projeto Manhattan construiu os componentes para a bomba atômica durante a Segunda Guerra Mundial, estavam testando outros dispositivos (cuja natureza não posso divulgar) quando testemunhas viram diversos orbes luminosos se movendo sobre montanhas próximas.

Entre essas testemunhas estavam cientistas, pessoal das forças de segurança e um agente especial do FBI designado pelo escritório local do órgão em Albuquerque. Os orbes se moveram na direção do local de teste, pairaram sobre o dispositivo, como se estivessem coletando informações, e depois saíram em disparada, sobrevoando a cabeça dos perplexos cientistas. Mais tarde, várias testemunhas oculares viram uma formação de objetos em forma de disco que pareciam saber exatamente onde o dispositivo estava sendo testado. Isso ocorreu várias vezes ao longo de alguns dias.

* Neste e no próximo trecho omitido, a explicação da maneira como uma agência de três letras lidou com a questão internamente foi vetada pelo Departamento de Defesa.

OS OBSERVÁVEIS

De alguma forma, alguém tinha aprendido a se infiltrar no espaço aéreo dos Estados Unidos sem ser detectado, a sobrevoar sem dificuldades uma das áreas de pesquisa militar mais protegidas do país, e a coletar informações sobre uma de nossas tecnologias mais sigilosas e depois — *puf* — desaparecer.

Os relatórios iniciais do DoD a que tive acesso mencionavam testemunhas de dentro do governo assistindo a uma demonstração óbvia de características de desempenho de fora deste mundo.

Quem exatamente tinha jurisdição para investigar e tomar a frente da situação? A resposta varia de acordo com a pessoa a quem você pergunta. A White Sands trabalha com muitos clientes e prestadores de serviços. O Departamento de Defesa tem alguma jurisdição, porque aquelas instalações pertencem a ele. O FBI é o responsável por apurar crimes federais cometidos no território continental dos Estados Unidos. O Departamento de Energia — um órgão gigantesco por si só — tem jurisdição quando a questão envolve tecnologias e segredos nucleares. Trata-se de um exemplo clássico em que os feudos governamentais e o fluxo de informação dentro do governo ofuscam a verdade sobre os UAPs. Mas uma coisa era certa: não pudemos nos envolver.

Por volta dessa época, começava uma nova fase em minha carreira. Eu tinha conseguido a credencial mais alta que um funcionário civil poderia

IMINENTE

obter. Ganhei acesso a todo o espectro dos serviços de inteligência e informação — Confidencial, Secreto, Ultrassecreto com Medidas Alternativas Compensatórias de Controle (ACCM), Programas de Acesso Especial (SAPs), Programas de Acesso Controlado (CAPs) e Ações Sigilosas. No jargão do DoD, eu era um "superusuário". Certificado como Funcionário Especial de Operações Técnicas (STO), contava com o mesmo tipo de credenciais que os funcionários da Casa Branca que guardavam o telefone vermelho ou os códigos nucleares para o presidente.

Nos últimos anos do governo Obama, minha principal função passou a se concentrar em esforços de contraterrorismo. Fui encarregado de certos elementos da baía de Guantánamo e da prisão secreta instalada por lá, conhecida como Campo Sete. Era uma espécie de purgatório, onde os Estados Unidos colocavam os piores entre os piores suspeitos de terrorismo.

Eu tinha todas as credenciais de segurança necessárias para trabalhar para a Casa Branca e para o Conselho Nacional de Segurança. Essas permissões facilitavam minha atuação, e davam direito a alguns privilégios. Por exemplo, quando eu ia ao gabinete do secretário de Defesa para me reportar ao DoD ou ao Estado-Maior Conjunto das Forças Armadas, se estivesse com meus distintivos e minha bolsa laranja, entrava sem problemas. Essa bolsa transmitia a todos os que estavam em seu raio de alcance a informação de que eu tinha acesso a quase todos os lugares a que precisasse ir, sem questionamentos. Assim que assumi o cargo, me disseram que é crime federal impedir que pessoas com essas credenciais realizem seu trabalho, mas isso pode ser só uma lenda.

Desde que chegara ao nível salarial GS-15, alguns anos antes, tinha direito a um carro com motorista disponibilizado pelo ODNI. Mais tarde, no Pentágono, tinha privilégios como um ótimo lugar no estacionamento e às vezes poder usar um Gulfstream V (G-V) da frota VIP de "Starlifters" da Base Aérea Andrews. O nome "Starlifter" vinha das estrelas nas dragonas dos generais que usavam essas aeronaves para viagens por todo o mundo.

OS OBSERVÁVEIS

Uma vez, muito tempo atrás, havia viajado em um G-V do governo como acompanhante de um colega. Ele fez questão de mostrar como essa elite do funcionalismo vivia, pedindo ao chef tripulante que preparasse sanduíches e omeletes e oferecesse taças de vinho para a equipe a bordo. Quem poderia imaginar que o governo americano servia vinho para seus funcionários?

Meu colega era um bom sujeito, mas esse passeio ficou entalado em minha garganta.

Vinho e sanduíches de filé em um avião de 45 milhões de dólares? Como aquele poderia ser um veículo do *governo*?

Não. Aquilo não era para mim. Parecia errado viver com tanto luxo às custas do dinheiro público. Além disso, fui criado com simplicidade e considerava esses privilégios desnecessários e até mesmo obscenos. Talvez fosse por causa das histórias que meu pai contava sobre Cuba, que sempre teve duas faces, a dos privilegiados e a dos camponeses. E todos sabemos o que aconteceu quando os camponeses finalmente se cansaram disso.

Se eu pudesse escolher meu meio de transporte, preferiria voar em um "cauda cinza", um cargueiro da Força Aérea, e não em um G-V espalhafatoso. Eu me sentia mais à vontade sentado em uma rede de carga do que em um luxuoso assento de couro. Se tivesse opção depois da aterrissagem, preferiria um Humvee a uma limusine sem pensar duas vezes. Eu tinha mais em comum com o sargento de minha escolta pessoal do que com o coronel que me pajeava e me passava informações quando chegávamos ao destino. No fim de cada missão, não era nada incomum eu convidar os recrutas para beber uma cerveja depois de educadamente recusar um jantar com o comandante da base. Os recrutas eram meu tipo de pessoal: soldados rasos trabalhadores, que entendiam o valor de uma boa liderança e o caos que se instaura na ausência dela. As palavras do grande empreendedor americano Harry Selfridge estão sempre em minha mente: "Um chefe diz '*Vá*'! Um líder diz '*Vamos*'!" E a isso eu ainda acrescentaria: "Eu vou primeiro!".

IMINENTE

— Não perca tempo — me diziam sempre os funcionários do Pentágono. — Pegue o jatinho.

— Sem chance — eu respondia. — Você tem ideia de quanto combustível essa coisa gasta?

Além disso, havia voos semanais para a baía de Guantánamo, usados para o julgamento do 11 de Setembro pelas comissões militares. Era um 737, com capacidade para transportar centenas de pessoas. Para mim, essa parecia uma forma mais racional de usar o dinheiro do contribuinte. Meu trabalho na base de Guantánamo me trouxe inúmeras fontes de dor de cabeça e estresse. O advogado de um dos suspeitos do 11 de Setembro me rotulou em pleno tribunal como o "Czar da Tortura dos Estados Unidos". A partir desse momento, eu ficaria para sempre com o estigma de um Darth Vader da nação. Em determinado momento, soube que a Europa emitiu um mandado de prisão para mim e todos os envolvidos no programa de Rendição, Detenção e Interrogatório (RDI) dos detentos de alto interesse (HVDs). A Corte Internacional de Direitos Humanos havia decretado que todos os agentes de inteligência americanos envolvidos na iniciativa iriam a julgamento se capturados. Do meu ponto de vista, eu estava servindo a meu país e a meu presidente para evitar um novo 11 de Setembro.

Às vezes, eu chegava em casa tão exausto que não conseguia dormir. Meu cérebro ficava repassando as imagens dos UAPs voando em formação no vídeo feito pelo Predator. Em meus pesadelos, terroristas perseguiam minha família. Os UAPs e HVDs me assombravam dia e noite. Mas lidar com ambas as coisas era meu trabalho. O fracasso não era uma opção. Eu tinha ido à guerra várias vezes a essa altura, e o que dizia para mim mesmo era: *Pelo menos não estou levando tiros e não tem bombas embaixo do meu carro.* Era assim que eu seguia em frente, mas isso cobrou um preço terrível em termos de saúde. Engordei quase 20 kg nesse processo.

Jenn percebia que eu ficava me revirando na cama quando dormia. Sim, eu sabia que precisava relaxar, mas, com minha carga de trabalho, não sabia como fazer isso. O governo Obama havia se comprometido a

OS OBSERVÁVEIS

fechar a GTMO (ou Gitmo, como Guantánamo costuma ser chamada), mas, apesar disso, seu programa mais sensível veio parar em minhas mãos. Colegas meus me diziam que tinham comparecido a reuniões em que todos os funcionários do alto escalão usavam meu nome para se abster de qualquer responsabilidade se a GTMO não fosse fechada, me usando como boi de piranha.

— A culpa não é minha — disse um deles. — A GTMO ainda está em operação por causa de uma única pessoa: Lue Elizondo.

Sério mesmo? Um funcionário GS-15 era o responsável por travar um departamento inteiro *e* impedir o governo de fazer o que queria? Enquanto isso, eu ia me informando de coisas que a maioria dos altos funcionários não sabia. A taxa de reincidência de terroristas que acabavam voltando aos campos de batalha era maior que a afirmada publicamente — mais de 40%. Perdi vários amigos por causa desse tipo de atitude do Pentágono. Eles foram mortos por indivíduos que foram libertados e mais tarde decidiram abandonar este mundo com bombas amarradas ao corpo. O governo queria esconder esse fato. Havia também o problema de os detentos usarem os intérpretes de sua equipe de defesa para mandar mensagens a outros terroristas. E essa era a prisão mais conhecida, o Campo Sete, que abrigava alguns dos terroristas mais perigosos, que admitiam seu envolvimento no 11 de Setembro. Eu e colegas como John Robert acreditávamos que essas pessoas não poderiam ser libertadas em circunstância alguma, mas essa posição não era unânime entre os poderosos. Nas duas questões em que eu estava envolvido, a GTMO e as UAPs, considerava que o interesse do povo americano deveria ser a prioridade. Coisas aconteciam e eram escondidas da opinião pública e do Congresso.

Minha vida nessa época virou um turbilhão. Jenny, com sua sabedoria, era minha estrela-guia pelos breves momentos de céu límpido. O atropelamento em Annapolis tinha mudado seu ponto de vista sobre muitas coisas. Ela não dava mais importância às aparências do estilo de vida de classe média que ambos buscávamos. Passou a ver com clareza o que era mais importante na vida. Ela me perguntava se, caso eu morresse no dia seguinte, a que gostaria de ter dedicado minha vida.

Tínhamos chegado bem perto do divórcio mais de uma vez, mas agora Jenny só pensava em três coisas: nossas duas filhas e eu. Sempre que eu chegava em casa estressado por causa da burocracia do DoD, ela acalmava minha mente e meu corpo com seu senso de humor sarcástico, me lembrando da fonte de sua epifania:

— Cara — dizia ela —, você precisava ser atropelado por um caminhão! Talvez assim aprendesse a ver as coisas de outra maneira.

Bem, eu ainda não estava pronto para isso, mas era um conselho que me ajudava a lidar com as dores de cabeça do trabalho. Eu queria seguir adiante. Precisava de respostas para o mistério dos UAPs.

No AATIP, concentramos nossos trabalhos em questões bem simples. *O que sabemos sobre os UAPs? Se reduzíssemos ao essencial todo o conhecimento que reunimos até aqui, o que obteríamos?* Agentes de inteligência têm por hábito encontrar padrões, para poder juntar as peças de um imenso quebra-cabeça. O tema dos UAPs é extremamente vasto, ninguém é capaz de dar conta de todas as pontas soltas. A abrangência do tema vai desde os mecanismos de voo até questões médicas, engenharias aeroespaciais, fenômenos inexplicados como orbes e luzes, física quântica, e as habilidades cognitivas humanas, como a visão remota.

Por causa de nosso ponto de vista militar, muitas vezes acabávamos nos detendo em questões como a *aparência* das naves. O formato de um UAP é uma informação relevante, e para nós era importante descobrir como funcionam, mas também nos concentrávamos em suas características de desempenho. Quando observadores treinados, como pilotos de combate, viam os UAPs em ação, o que mais chamava sua atenção? O que impressionava mais os especialistas em aviação que assistiam aos vídeos?

Percebemos que as características avançadas que observamos podiam ser divididas em cinco elementos de desempenho, que batizamos de observáveis.

OS OBSERVÁVEIS

O primeiro observável é a velocidade hipersônica.

O som se desloca a 1.216 km/h. Velocidade *hipersônica* significa Mach 5, o quíntuplo da velocidade do som — mais de 6.000 km/h.

Os seres humanos dispõem de veículos que podem ultrapassar a velocidade Mach 5? A resposta é sim. Por exemplo, a cápsula espacial X-15 da NASA e certos mísseis podem operar a velocidades acima da Mach 5, mas apenas em camadas mais altas da atmosfera, onde o ar é mais rarefeito. Em baixas altitudes, o ar é mais denso, o que torna o deslocamento em alta velocidade exponencialmente mais difícil.

O SR-71 Blackbird só consegue chegar à velocidade Mach 5 em altas altitudes. Como é feito quase inteiramente de titânio, se fosse mais rápido seria incinerado pelo calor gerado em sua superfície.

Além disso, assim que nossas aeronaves alcançam velocidades hipersônicas, escutamos uma explosão sonora quando a barreira do som é quebrada. Existem outras assinaturas, como ablação de calor e ionização atmosférica, que também podem ser detectadas por nossos sensores.

Os UAPs são observados com frequência se deslocando em velocidade Mach 17 e acima disso em baixas altitudes, até mesmo no nível do mar. Estamos falando em mais de 20.000 km/h em baixa altitude.

Outro observável é a aceleração instantânea, definida como um aumento súbito de velocidade. Os UAPs que observamos são capazes de voar a 20.000 km/h, às vezes mais, acelerar em pouquíssimo tempo e fazer paradas bruscas até flutuar no ar. Além disso, há as curvas em alta velocidade que uma aeronave convencional precisaria de vários quilômetros para completar.

Os seres humanos dispõem de aeronaves com aceleração instantânea? Não, pelo menos não nesse nível.

Por exemplo, à velocidade máxima, o SR-71, conhecido como Blackbird, precisa de um espaço equivalente à área do estado de Ohio para completar uma curva para a direita ou para a esquerda. Os UAPs, por sua vez, são capazes de dar guinadas imediatas em ângulo reto a velocidades até dez vezes maiores.

Uma das consequências da aceleração instantânea é a enorme força g que gera. O termo *força g* descreve a *sensação* do impacto da gravidade e da aceleração sobre o corpo humano. Aquele frio na barriga que você sente quando a montanha-russa sobe e desce em alta velocidade é efeito da força g positiva e negativa. Isso também acontece quando o carro da montanha-russa está em baixa velocidade e de repente dispara.

Pilotos de caça podem suportar até 9 g por um curto período de tempo. Manobras que geram altos níveis de força g podem provocar desmaios, lesões corporais ou até morte. Por isso, os pilotos usam trajes especiais. Sem eles, perderiam a consciência quando o sangue parasse de chegar ao cérebro ou, pior ainda, inundasse o crânio.

Uma das aeronaves mais manobráveis é o General Dynamics F-16. Esse caça mais antigo, porém bastante poderoso, pode suportar até 17 g antes de começar a ter problemas estruturais. As asas começam a se desprender, e o avião literalmente se desintegra.

Os UAPs, por outro lado, são capazes de suportar forças na casa dos milhares de g, muito além dos limites do corpo humano. Nessa situação, uma aeronave convencional seria destroçada em pedacinhos do tamanho de confetes.

O próximo observável é meio que um oxímoro: a baixa observabilidade.

Todas as tecnologias modernas têm uma assinatura, seja ambiental, eletrônica, acústica, térmica ou visual. Por exemplo, a maioria das aeronaves deixa trilhas de condensação no céu, pois o calor do ar que passa pelas turbinas transforma o vapor do ar em nuvens. Podemos ver esses rastros todos os dias. Os UAPs, porém, quase não têm assinaturas observáveis — não há explosões sonoras, nem sons captáveis, nem ionização atmosférica, nem ablação de calor, nem trilha de condensação.

Felizmente, há casos em que coletamos alguns dados de UAPs, usando sistemas de captura visual, equipamentos eletromagnéticos como radares

OS OBSERVÁVEIS

e ferramentas acústicas como o sonar. No entanto, obter dados claros sempre foi um desafio.

Às vezes, o que não vemos é o que importa mais. Os UAPs são diabolicamente difíceis de localizar e identificar com câmeras, radares ou a olho nu.

O observável seguinte é o deslocamento transmeios, a capacidade de operar em diversos ambientes, ou domínios, como o espaço, nossa atmosfera e sob a água.

Para deixar algo bem claro, temos veículos em nosso arsenal que, em teoria, são transmeios. Por exemplo, os hidroaviões podem voar e flutuar. Mas vamos ser sinceros: não é nem uma boa aeronave nem um bom barco. Por quê? Porque, para criar uma aeronave capaz de operar em dois ambientes, ar e água, seus projetistas foram obrigados a comprometer aspectos de desempenho para tornar o veículo capaz de fazer aquilo a que se propõe.

Os UAPs, por outro lado, já foram observados operando soberbamente no espaço, no ar e sob a água. Em outras palavras, o mesmo veículo é capaz de fazer tudo igualmente bem. E ainda fazem isso sem comprometer o desempenho.

Por exemplo, quando você joga uma pedra em uma lagoa, espera ver um impacto e ondulações. Com os UAPs, não é isso o que acontece. Esses objetos já foram vistos descendo do espaço para a atmosfera e depois mergulhando no mar sem perder velocidade, sem espalhar água e sem provocar nenhum efeito visível no ambiente ao redor.

Outro observável é aquele mais bem descrito em linguagem cotidiana como antigravidade. O termo é tratado como um palavrão em muitos círculos científicos, mas significa basicamente a capacidade de desafiar os efeitos naturais do campo gravitacional da Terra sobre os objetos em seu ambiente. Todos sentimos a gravidade terrestre igualmente porque a massa do planeta é consistente, puxando tudo em direção ao centro da Terra a 9,8 m/s.

Sendo assim, sentimos a gravidade terrestre como o equivalente a uma força de 1 g. A gravidade tem relação direta com a massa do objeto.

IMINENTE

Se eu estivesse na Lua e você, em Júpiter, cada um seria exposto a uma gravidade diferente: a da Lua é mais fraca, pois sua massa é muito menor que a de Júpiter. Tudo isso é parte da física newtoniana. Foi apenas com Einstein que aprendemos que a gravidade é muito mais do que uma força de atração: é uma dobra no próprio espaço-tempo. Isso mesmo, o próprio tecido do espaço é inseparavelmente vinculado à questão do tempo.

Se eu estivesse usando um relógio de pulso na Lua, veria o tempo passar um pouco mais rápido para mim do que se eu estivesse na Terra ou em Júpiter, porque a massa da Lua é muito menor, e, portanto, dobra o espaço-tempo um pouco menos.

Os UAPs, entretanto, parecem desafiar o efeito natural da gravidade terrestre sem o uso de nenhum meio evidente — ou seja, sem sinais de propulsão ou impulso externo.

Sem asas, sem hélices, sem propulsores. Sem controles de propulsão ou meios visíveis de manobra.

Os UAPs se destacam porque apresentam todos os *cinco* observáveis. Podem não demonstrar todos em determinado encontro, mas, ao que tudo indica, seriam capazes se houvesse a necessidade.

O sexto observável não é uma característica de voo, e ainda não foi discutido publicamente pelo governo americano, mas já foi mencionado aqui antes: efeitos biológicos.

Retomando: diversos militares e agentes de inteligência que tiveram encontros com UAPs sofreram efeitos biológicos como resultado de suas experiências, sendo alguns deles queimaduras por radiação, lesões em órgãos internos e vários outros problemas médicos reais e documentados. Entre os efeitos biológicos, também estão paradoxos temporais e distorções de percepção reveladas quando as testemunhas relatam seus encontros.

Alguns pilotos interrogados garantiram que determinado encontro durou apenas cinco minutos, mas o relógio indicava a passagem de meia hora. Por outro lado, a aeronave mostrava um consumo de combustível de apenas cinco minutos de voo. Alguém poderia argumentar se tratar

OS OBSERVÁVEIS

de uma falha eletrônica, mas temos evidências suficientes que mostram o contrário.

Em outras palavras, a maneira como *sentimos* a passagem do tempo é linear — um segundo após o outro.

Mas não é assim que o tempo funciona. Graças a Einstein, sabemos que o tempo é relativo. E o espaço também, aliás. É um conceito difícil de assimilar.

Só agora estamos aprendendo que o tempo também pode ser relativo à escala. O físico Max Planck desenvolveu uma escala chamada Tempo de Planck para descrever o que acontecia no universo durante sua fase inicial de existência e expansão. Cada unidade de tempo Planck é inimaginavelmente pequena. Existem mais segundos de Planck em um único segundo convencional do que a soma de todos os segundos desde o surgimento do universo até hoje — e cabem muitos segundos humanos em 14,5 bilhões de anos. O tempo de Planck nos ajuda a visualizar nosso protouniverso quando era menor que uma molécula. Apesar de pequeno, já era um universo complexo. Em suma: o tempo é mais estranho do que imaginamos, e essa pode ser a chave para o mistério dos UAPs.

Criamos nossa lista de seis observáveis para lidar melhor com o que nos era incompreensível. Esses fatores nos ajudaram a identificar e separar melhor o conhecido do desconhecido.

Mais ou menos na época em que trabalhávamos na primeira lista, ocorreu um avistamento bizarro em Aguadilla, em Porto Rico, que parecia incorporar tudo o que acabamos de discutir aqui. Um UAP visto perto do aeroporto foi rapidamente rastreado por um helicóptero do Departamento de Segurança Interna dos Estados Unidos. Inicialmente, se pensava que fosse um veículo usado para o tráfico de drogas ou um drone, e também foi visto perto de uma base da Guarda Nacional. O objeto, pequeno, assimétrico e lobulado, pareceu detectar que estava sendo monitorado por um de nossos helicópteros. Quando isso aconteceu, disparou em alta velocidade. Os pilotos viram o objeto passar por um campo de pouso e seguir diretamente para as águas abertas do Atlântico. Quando

IMINENTE

o helicóptero o perseguiu, o objeto fez o inimaginável: mergulhou no oceano (deslocamento transmeio). Isso devia ser o fim da história, mas não — os UAPs sempre dão um jeito de ir além. Essa coisa saiu do mar e *se dividiu em duas naves aparentemente diferentes* antes de desaparecer de vista (baixa observabilidade), sem espirrar água nem deixar rastros.

Uma coisa incrível, mas não era a primeira vez que se observava esse tipo de performance.

Nos famosos avistamentos ocorridos em Michigan em 1966, testemunhas também viram luzes se dividirem em determinado momento. Normalmente, as pessoas não confundiriam orbes e luzes com naves, mas, em caso de baixa observabilidade, talvez seja possível.

E houve um incidente em 1999 envolvendo um helicóptero de recuperação da Marinha e um míssil de cruzeiro. A Marinha costumava testar seus mísseis a partir de águas porto-riquenhas. Em um horário preestabelecido, um míssil seria disparado sobre o oceano. Quando o projétil ficasse sem combustível, cairia na água e afundaria. Em pouco tempo, o míssil explodiria seu lastro e voltaria à superfície para ser recuperado. A tripulação do helicóptero o levaria de volta para análises.

Em uma tarde de sol, uma tripulação — um piloto, um copiloto, um chefe de equipe e um mergulhador — estava voando para uma recuperação. Quando o mergulhador se debruçou para fora, um objeto circular do tamanho de uma pequena ilha começou a subir à superfície, posicionando-se diretamente entre o míssil e o homem. Não era um submarino, pois tinha forma circular, e era preto e imenso. O piloto me contou que era preto como o demônio, e que a água começou a se revirar como se estivesse dentro do caldeirão de uma bruxa. A tripulação entrou em pânico. Quando viu o mar se agitar sob a aeronave, o piloto elevou sua altitude. A sombra imensa afundou e desapareceu por completo. O incidente terminou da mesma forma repentina como tinha começado, deixando a tripulação perplexa. Curiosamente, o míssil era projetado para carregar

OS OBSERVÁVEIS

diversos tipos de explosivos, entre eles uma ogiva nuclear, embora nesse caso fosse apenas um projétil para teste.

Nós nos obrigamos a pensar no motivo por que os UAPs demonstravam essa preferência por grandes corpos d'água. Esses objetos estariam se recolhendo para uma base subaquática? Estavam mergulhando nos oceanos para espionar submarinos nucleares? Estavam apenas se escondendo da humanidade? A maior parte do planeta é ocupada por água, que permanece em grande medida inexplorada, então, para quem quer se esconder dos humanos, seria um lugar óbvio para ir. Surgiram muitas teorias.

Com o passar do tempo, Hal pediu permissão, e foi atendido, para publicar um dos artigos que tinha escrito para nós. Ele submeteu seu trabalho a um periódico científico sério, com aprovação através de um processo de avaliação por pares, o *Journal of the British Interplanetary Society*. O artigo discutia como os UAPs podiam operar, embora as siglas *UAP* e *UFO* (óvni) não aparecessem em nenhum momento no texto. A seu favor, a publicação tinha o comprometimento de longa data com a promoção de ideias incomuns e progressistas no campo da física.

Até então, ninguém no governo nem na comunidade científica havia concedido a Hal o que tínhamos: uma lista de atributos verificáveis, extraída das plataformas de detecção mais confiáveis do mundo.

Éramos como investigadores de polícia. Hal e Eric eram como elaboradores de perfis criminais, dois supergênios. Suas teorias não fariam sentido sem as evidências policiais, que, por sua vez, seriam inúteis sem um motivo por trás. Listando esses observáveis, fomos direto ao ponto. Compilando 75 anos de investigações, o que o governo americano sabe sobre UAPs? O que podemos provar?

Essa lista era útil, principalmente para um cientista como Hal. Ele mal podia esperar para lançar nosso trabalho e suas teorias no supercolisor que era seu cérebro. Quando saiu da minha sala, ele parecia ansioso para começar a trabalhar, embarcando em uma missão em busca de mais respostas.

CAPÍTULO 13
ONDE MORAM AS EVIDÊNCIAS

Fomos informados de que uma empresa associada ao Programa Legacy estava de posse de materiais de UAPs de origem não humana, produzidos por uma civilização de um planeta distante. Quando Jay foi interrogar a respeito, a empresa afirmou que, sim, estava com esse material em mãos e que poderia nos dar acesso, mas que antes precisávamos da permissão do secretário da Força Aérea dos Estados Unidos.

Era uma revelação importante. A empresa reconhecia a existência de um memorando em vigor havia tempos que a tornava obrigada a cumprir estritamente os requisitos de manuseio determinados pela USAF. Isso provava que a Força Aérea não só tinha conhecimento do resgate de UAPs acidentados como detinha o controle sobre eles e provavelmente sobre várias outras fornecedoras do Departamento de Defesa. De acordo com as palavras da empresa, depois de décadas, não era mais possível extrair nenhum conhecimento aproveitável do material resgatado, que a essa altura era apenas uma incumbência dispendiosa deixada sobre suas costas.

Já sabíamos, ou desconfiávamos, que algumas companhias do setor aeroespacial tiveram permissão para receber e manter por tempo indeterminado tecnologias de fora deste mundo que caíssem nas mãos do governo americano. Mas ninguém falava a respeito — e havia um

ONDE MORAM AS EVIDÊNCIAS

empenho em demitir ou cassar as credenciais de quem começasse a perguntar demais. Portanto, aquilo era interessantíssimo, mas parecia bom demais para ser verdade.

A essa altura, já tínhamos conhecimento de que a Força Aérea desempenhava um papel fundamental dentro do Legacy, e que essa empresa provavelmente estava rindo às nossas custas ao nos mandar buscar uma coisa impossível de conseguir. Na verdade, eles não tinham a menor intenção de nos dar acesso a nada. Era apenas um lembrete explícito do poder do complexo militar-industrial, e, em específico, seu controle sobre o Programa Legacy.

Assim que entrei para a equipe, soube que a Força Aérea era obstinada e misteriosamente pouco cooperativa quando o assunto eram os UAPs. Era uma resistência irritantemente palpável. Não sei nem dizer quantas vezes mandamos e-mails para contatos na Força Aérea solicitando informações ou detalhes da investigação de incidentes com UAPs, mas nossas requisições eram rejeitadas ou apenas ignoradas.

No início, pensei que a USAF estivesse em negação. Talvez se sentissem pressionados pela palhaçada que armaram com os projetos Sign, Grudge e Livro Azul. Talvez tivessem vergonha de não ter o domínio sobre nossos céus, uma obrigação única e exclusiva deles, mas, no que dizia respeito aos UAPs, eles falharam miseravelmente nessa missão. Talvez, para o comando da Força Aérea, falar abertamente sobre os UAPs seria admitir esse fracasso. Ou, talvez, o atual comando simplesmente não soubesse muita coisa sobre o assunto. Talvez eles tivessem enterrado o passado quando deram um fim ao Projeto Livro Azul, em 1969. Porém, com os anos, eu fui ficando mais velho, mais sagaz e mais bem informado. Estava claríssimo para mim que a Força Aérea atuava no acobertamento.

À medida que os dias se passavam, fui ficando cada vez mais irritado. Lá estávamos nós, investigando abertamente o impensável, e outras instâncias do governo faziam de tudo para impedir nosso avanço. Sabíamos que nossos adversários tinham seus próprios programas de pesquisas sobre UAPs. Além disso, havia as incursões frequentes em nosso espaço aéreo mais restrito e as questões de segurança nacional. Como as outras agências do governo se recusavam a compartilhar conosco o que sabiam? Para mim, isso era incompreensível e até ofensivo. Contrariava toda a lógica de segurança nacional. Na prática, se você não é parte da solução, então é parte do problema.

Pensei no 11 de Setembro e na possibilidade de os ataques terem sido evitados se agências compartilhassem as informações que tinham. Nesse caso, a CIA tinha informações, o FBI tinha informações, outros órgãos tinham informações e, sinceramente, se trabalhassem em cooperação, considero que teria sido possível impedir o ataque da Al Qaeda.

Precisávamos insistir.

Se o governo americano havia resgatado naves inteiras ou partes delas, onde estavam os resquícios biológicos? Com quem diabos estavam as bioamostras?

Depois de anos trabalhando com esse assunto, ainda não tínhamos uma resposta para essa pergunta fundamental. Em vez disso, só chegaram a meus ouvidos pretextos e mais pretextos. Tínhamos dados, relatos, fotos, vídeos e incontáveis testemunhas.

Se partirmos do pressuposto de que a era "moderna" dos avistamentos de UAPs começou em 1947, isso significa que aqueles que vieram antes de nós tiveram quase oitenta anos para obscurecer e literalmente enterrar a verdade.

Funcionários do alto escalão me diziam o tempo todo, em caráter pessoal, que as grandes empresas aeroespaciais faziam parte dos esforços do Programa Legacy para resgatar e fazer engenharia reversa nos materiais encontrados em acidentes. Entre os maiores nomes do setor estão Lockheed Martin, TRW, McDonnell Douglas, Northrop Grumman, Boeing, Raytheon, BAE System e Aerospace Corporation, todas elas inseridas havia tempos entre os principais membros do complexo militar--industrial americano. Também fui informado de que a Monsanto, uma empresa de biotecnologia adquirida pela Bayer em 2018, também poderia ter envolvimento histórico com o programa, provavelmente trabalhando com espécimes biológicos.

Quem sabe dizer quantas invenções e avanços tecnológicos valiosíssimos não surgiram dessa pesquisa, e quanto dinheiro essas empresas não faturaram com isso?

Se algum outro órgão contava com oitenta anos de informações sobre o alvo de nossa investigação, precisávamos trabalhar juntos, em vez de sermos concorrentes. Deveríamos nos unir para tratar de questões de segurança nacional. A existência do Projeto Legacy significava uma enorme conspiração dentro do governo americano para esconder a verdade de seus cidadãos. Um programa desse tipo exigiria uma imensa quantidade de recursos, e não só para conduzir suas operações no dia a dia. Apenas o custo de segurança já seria obsceno. Mais tarde eu soube que a verdade era ainda mais complexa e chocante do que eu imaginava.

De todo modo, precisávamos de acesso às bioamostras e aos materiais tecnológicos se quiséssemos fazer algum progresso. Estávamos correndo contra o tempo. Seria possível encontrar alguém que trabalhasse diretamente com programas de engenharia reversa e estivesse disposto a nos ajudar? Ou essas pessoas já haviam sido irreversivelmente intimidadas? Só mais tarde soubemos que os poderosos exploravam uma legislação arcaica, a Lei de Espionagem dos Estados Unidos, que remontava ao início do século XX, para manter as pessoas em silêncio. Eles usavam essa lei para fazer ameaças, afirmando que os militares e fornecedores seriam executados sumariamente se abrissem a boca.

Por fim, depois de contatos incansáveis, soube que amostras biológicas não humanas tinham sido movidas diversas vezes, e que *algumas* estavam ou em Fort Detrick, em Maryland, ou com a FDA. Ironicamente, as amostras tinham sido repassadas tantas vezes que a cadeia de custódia original tinha sido perdida, e agora estavam em uma geladeira em algum lugar, sem que ninguém soubesse o que eram e de onde vinham. Quanto

IMINENTE

às amostras bovinas relacionadas as supostas mutilações de gado, estariam com o Departamento de Agricultura dos Estados Unidos (USDA). Um veterinário de Montana, que trabalhava para a USDA e conduziu autópsias em alguns animais, expressou sua preocupação com o fato de que as pobres criaturas tinham sido mortas por uma tecnologia nunca vista e ninguém além dos fazendeiros estava levando isso a sério. Eu não tinha como chegar a essas e outras amostras, o que só fez crescer a frustração que sentíamos.

CAPÍTULO 14
EM BUSCA DE AVANÇOS CIENTÍFICOS

Hal estava determinado a encontrar uma forma de explicar os observáveis usando a física que conhecemos, mais especificamente a teoria da relatividade de Einstein.

Muita gente pensa que o trabalho de Einstein era apenas teoria abstrata. Os astrofísicos com certeza sim. Mas cientistas como Hal não podem se dar a esse luxo. Eles adoram mergulhar em cálculos matemáticos complexos, claro, mas no fim querem poder deixar o quadro branco de lado e construir algo que de fato funcione. Em seu escritório em Austin, Hal e seus colegas contavam com um laboratório de mais de 550 metros quadrados à sua disposição. Eram pensadores *e* realizadores. Quando visitei o local, Hal me mostrou um dispositivo que havia construído com Eric Davis, tão sensível que conseguia detectar o campo de gravidade de um automóvel parado no estacionamento.

Em uma SCIF nossa, Hal havia explicado seu trabalho acadêmico em que demonstrava como os humanos poderiam explorar o vácuo do espaço para obter energia para impulsionar uma nave. Ele era especialista na teoria da energia de ponto zero, um santo graal da ciência segundo o qual existe energia disponível no vácuo espacial para ser utilizada. Imagine um campo de energia que literalmente faça parte do tecido universal do

IMINENTE

espaço-tempo, da mesma forma que o ar ao nosso redor é apenas espaço invisível, mas um substrato bastante real.

Os cientistas há muito tempo sabem que o espaço tem energia, estrutura e campos em abundância. Precisávamos parar de considerar insuperáveis as limitações do espaço governado pelas leis da física. Era chegada a hora de sonhar em como poderíamos "modificar o vácuo" para servir a nossas necessidades. Se pudéssemos explorar a cola que mantém a coesão do universo, poderíamos deixar de lado a eletricidade e o eletromagnetismo para sempre.

Essa ideia é discutida desde os anos 1990. Como não existem postos de gasolina no espaço e a distância entre os corpos celestes é imensa, precisaríamos nos valer da física não newtoniana. Coisas como combustível de foguete, propulsão nuclear e trajes espaciais não bastam para atravessar a galáxia, nem ao menos sair de nosso próprio sistema solar. Se quisermos viajar grandes distâncias, precisamos trabalhar com *outras* tecnologias e fontes de energia para chegar ao destino planejado. A limitação ao combustível de foguete equivale a usar um cavalo e uma charrete para viajar de Nova York a Los Angeles, em vez de um 757.

Os artigos que Hal escreveu em coautoria para nós propunham um novo paradigma para a viagem interestelar. Seu raciocínio era simples: "Ei, vejam só. Alguém já aprendeu a fazer o impossível; nós também podemos". Eu concordava em gênero, número e grau. Seu trabalho tocava em temas como dobras espaciais, buracos de minhoca transitais, máquinas do tempo...

Parecia ficção científica, e de certa forma era, e ainda é. A expressão "dobra espacial" tinha sido inventada por um autor que escrevia contos do gênero para revistas *pulp* nos anos 1930. O produtor televisivo Gene Roddenberry usou essas palavras quando precisou explicar como a USS *Enterprise* viajava distâncias tão longas em sua série, o megassucesso *Jornada nas estrelas*. O programa levou o conceito ao conhecimento do público, e infelizmente nos habituou a pensar nessa teoria como uma

EM BUSCA DE AVANÇOS CIENTÍFICOS

criação da imaginação dos roteiristas de Hollywood. Na verdade, instalações de pesquisas ligadas ao DoD, à NASA e ao MIT levavam essa ideia muito a sério.

No México, um menino chamado Miguel Alcubierre Moya cresceu inspirado por *Jornada nas estrelas*. Quando chegou aos 30 anos, para sua tese de PhD em física teórica, Alcubierre, na época um estudante da Universidade de Cardiff, no País de Gales, demonstrou como as dobras espaciais poderiam funcionar na teoria. Anos depois, ele diria a um fã curioso que lhe escreveu que, sim, a expressão "dobra espacial" em seu trabalho acadêmico extremamente complexo vinha diretamente de *Jornada nas estrelas*. (O fã era ninguém menos que o ator William Shatner.) Obviamente, nada é assim tão simples no campo da ciência. Diversos cientistas depois de Alcubierre escreveram artigos afirmando que, bem, as dobras espaciais podem ser *possíveis*, mas não são muito práticas. Outros disseram que uma coisa assim jamais funcionaria.

Hal conhecia bem essa história. As polêmicas faziam parte de sua carreira também. Décadas atrás, sua aparição na capa da revista *Time* por sua participação no Programa Stargate já havia colocado muitos cientistas contra ele.

Em 1955, quando era estudante universitário de engenharia, Hal ficou encantado com uma série de reportagens no *Miami Herald* sobre engenheiros aeronáuticos que exploravam a possibilidade de projetar aeronaves antigravidade. Seria possível, como Alcubierre propôs, eliminar o impacto da gravidade? E seria possível, como Hal, agora aos 70 anos, estava contemplando, construir uma nave que voasse de acordo com esse paradigma?

O que uma espaçonave desse tipo significaria para a população do planeta?

O que aconteceria com as pessoas na presença dessa nave?

Como o mundo pareceria aos olhos dos seres a bordo dela?

Hal estudou os seis observáveis de nossa equipe. Ele sorriu e pegou um lápis. Mais tarde, revelaria suas conclusões, mas estou me antecipando de novo.

Enquanto isso, Garry Nolan e Jacques Vallée conversavam seriamente sobre escrever em parceria um artigo acadêmico sobre materiais exóticos resgatados de UAPs acidentados nas décadas anteriores. Certa noite em 1977, perto do Natal, luzes estranhas foram vistas nos céus de Council Bluffs, em Iowa. Quando as testemunhas correram para o lugar onde as luzes se aproximaram do chão, encontraram não uma nave, mas o que parecia ser uma pequena poça de metal derretido. A nave teria se desfeito em contato com a Terra? Ou derretido no ar e escorrido para o chão? Vallée tinha obtido os materiais resgatados do incidente. Ele desconfiava de que as luzes multicoloridas vistas no céu fossem de uma nave em dificuldade de voo. Como nenhuma nave foi encontrada no chão, surgiu o questionamento: a poça de metal derretido seria alguma espécie de subproduto do veículo?

Depois de alguns avistamentos, pesquisadores resgataram uma fina fibra metálica do chão, que batizaram de "cabelo de anjo". Eu tive acesso a esse material, um pouco parecido com lã de aço. A teoria mais aceita é que o exterior das naves é de natureza ablativa — ou seja, pode ser sacrificado. Quando o revestimento interage com a unidade de propulsão, a nave dispensa uma parte de sua superfície externa, o que resulta nessas fibras.

Em 1977, o caso de Council Bluffs foi submetido a um rigoroso processo de investigação pelas autoridades locais e federais. Era um caso importante de um programa anterior. Como o encontro com o *Nimitz*, esse incidente com civis tinha o perfil de um caso que poderia servir de modelo para estudos mais aprofundados. Desde 1977, a tecnologia metalúrgica evoluiu tremendamente. Nolan contava com toda uma gama de instrumentos em seu laboratório para ajudar Jacques a ter um melhor entendimento da amostra em sua posse.

EM BUSCA DE AVANÇOS CIENTÍFICOS

Garry, por sua vez, também estava trabalhando com Will para criar um programa para estudar as questões suscitadas pelas circunstâncias de seus pacientes. Conheci Nolan mais tarde por causa de sua relação com o projeto. Apesar de trabalhar conosco, ele nunca veio nos dar informações diretamente no Pentágono, porque trabalhava com Will. Recebíamos as atualizações por meio de Will, e confiávamos plenamente na competência de Nolan. A descoberta a respeito do neoestriado sugeria que eles deveriam avaliar o Q.I. dos pacientes do estudo — incluindo aí os experienciadores e os observadores remotos. Quando fizeram isso, encontraram quocientes de inteligência significativamente elevados. Era um grupo de pessoas brilhantes.

Garry achou que seria interessante investigar o neoestriado de outros grupos de pessoas também, para estabelecer uma base de comparação. Ele criou um projeto com alguns estudantes de pós-graduação para analisar os exames de ressonâncias de três conjuntos de pessoas: um grupo de controle, um grupo com diagnóstico de autismo e outro de esquizofrenia. Crianças e adultos autistas têm diferentes níveis de problemas de desenvolvimento, mas alguns são *savants* — exibem sinais de uma inteligência assombrosa que a ciência só agora está começando a entender. Os esquizofrênicos, por sua vez, com frequência relatam visões ou alucinações, mas em alguns casos também podem ser gênios.

De fato, a equipe de estudantes orientados por Nolan constatou que autistas e esquizofrênicos tinham pequenas diferenças em relação ao grupo de controle, patologias no neoestriado. Isso pode sugerir alterações no local do cérebro responsável pela intuição, para o bem ou para o mal. Inclusive, alguns desses indivíduos podem ter dons que lhes permitem captar ou interpretar informações normalmente ignoradas.

Isso explica por que um mestre do xadrez é um mestre do xadrez? Explica supostas capacidades psíquicas, ou até mesmo a visão remota? Se as habilidades psíquicas de fato existirem, teorizou Nolan, deviam ter alguma ligação com o neoestriado.

IMINENTE

Seria isso que de alguma forma atraía os UAPs para esses experienciadores? Os observadores remotos, como outras pessoas com poderes psíquicos, estariam inalando e processando os sinais do mundo através dessa antena, por assim dizer, em seu cérebro?

Nolan sonhava em fazer alguns estudos de DNA sobre a questão como um todo. Para ele, o neoestriado era o "hardware" que permitia a esses cérebros executarem sua função. E o DNA era o projeto de hardware. Se conseguíssemos permissão dos pacientes e propuséssemos o tipo certo de estudo, talvez pudéssemos isolar um gene que predispusesse a pessoa a uma intuição acima da média, a poderes psíquicos e, sim, até mesmo à capacidade de atrair UAPs.

A hipótese da predisposição genética não era nada improvável. Uma psicóloga escocesa já tinha rastreado o dom da premonição em árvores genealógicas em seu país natal. Na Escócia, era comum uma criança herdar o dom da "segunda" visão do pai. Nas tradições indígenas americanas, o xamanismo era abraçado abertamente. A comunhão com a natureza e a vida selvagem não era considerada algo sobrenatural, nem o uso dessas experiências para guiar as outras pessoas a um novo estágio de cura, de ser, ou de morte. Os xamãs se conectavam com o mundo espiritual em um estado de transe, às vezes com a ajuda de substâncias psicodélicas. As culturas eurocêntricas, baseadas nas crenças judaico-cristãs, tendiam a considerar essas experiências estranhas, prejudiciais ou demoníacas. Mas esse tabu não existia nas comunidades indígenas, eram práticas socialmente aceitas. Conforme eu disse antes, talvez esse "dom" na verdade fosse uma antiga habilidade compartilhada por muitos dos primeiros seres humanos antes da proliferação da linguagem verbal e escrita, um sentido vestigial herdado dos tempos primitivos, que permitiam às espécies sua sobrevivência detectando os perigos que viriam pela frente.

O mais interessante para mim foi a descoberta por Will e Garry de um vínculo com os povos indígenas da América do Norte. Quase todos os indivíduos estudados por Will — militares e agentes de inteligência

EM BUSCA DE AVANÇOS CIENTÍFICOS

com capacidade de visão remota, encontros com UAPs ou efeitos biológicos — tinham DNA de nativos americanos. Mais especificamente, sangue cheroqui.

Ainda mais surpreendente foi que o compartilhamento dessa informação levou à descoberta de que quase todos os envolvidos com o AATIP também tinham essa ancestralidade. Eu. Jay. Hal. John Robert. E outros também.

E, mais estranho ainda, pessoas que executavam papéis importantes em comissões do Senado e eram bastante ativas nesse debate, também tinham sangue cheroqui.

Tudo isso seria apenas uma coincidência bizarra?

Minha mãe herdou o sangue cheroqui de seus familiares em Kentucky. Teria sido por acaso que eu tinha ido parar nesse emprego, para começo de conversa? Foi uma escolha minha ou um ato do destino?

Eu estava começando a questionar muitas coisas. Não só sobre temas como a visão remota ou os UAPs, mas nosso próprio conceito de realidade.

Você acha que as formigas em um formigueiro *sabem* que são formigas em um formigueiro, percorrendo caminhos designados para elas? E que, por mais que tentem, nunca vão conseguir se mover em mais de duas dimensões, apesar de existirem em um mundo tridimensional?

CAPÍTULO 15

USS *ROOSEVELT*

Em 2015, Jay recebeu uma série de e-mails de lideranças do Comando das Forças de Frotas da Marinha, em Norfolk, na Virgínia. As mensagens contavam em detalhes sobre incursões de UAPs envolvendo o porta-aviões USS *Roosevelt*. Ele encaminhou o e-mail para mim e me ligou para conversar a respeito. O porta-aviões em questão já tinha embarcado para uma missão de dez meses no Golfo Pérsico. Durante os treinamentos anteriores à missão, no fim de 2014, nas águas da Virgínia até a Flórida, os pilotos da tripulação tiveram 22 encontros distintos com UAPs. Os Hornets a bordo do navio tinham passado por atualizações para melhorar os sistemas de radares, que em alguns casos eram dos anos 1980. Imaginando que pudessem ser apenas artefatos, ou algum problema nos novos e ultrassensíveis radares, os pilotos investigaram e validaram o avistamento com os próprios olhos e outros sensores. Havia dezenas de UAPs operando em um espaço aéreo exclusivo, onde apenas os aviões militares americanos tinham permissão para voar.

A maioria desses UAPs era de pequeno porte. Por causa da localização e da audácia, inicialmente a tripulação pensou se tratar de drones ou sondas de algum programa militar secreto. Talvez a Marinha tivesse cruzado o caminho de algum teste confidencial de novos equipamentos.

USS *ROOSEVELT*

Seria possível? Havia os devidos processos para descartar essa hipótese, o que foi feito rapidamente.

As Forças Armadas e seus parceiros da indústria aeroespacial evitavam testar novos equipamentos perto de pilotos que não conheciam a tecnologia em questão. Existe espaço aéreo de sobra no país designado para esses testes, que são sempre anunciados com antecedência. Não existe necessidade de revelar tecnologias ultrassecretas na presença de pessoas que podem não ter permissão de segurança para isso. Seria complicado, imprudente e perigoso demais. Existe o risco de perder protótipos que custaram milhões de dólares para serem construídos. No pior dos casos, pode haver até morte de pilotos.

Enquanto eu digeria aqueles e-mails e a conversa com Jay, me forcei a pensar em todos os detalhes. Era uma situação que apresentava os principais elementos do caso *Nimitz/Princeton*, em 2004. Como o *Nimitz*, o *Roosevelt* era uma embarcação movida a energia nuclear. Dois itens da lista batiam: água e equipamento nuclear. O combo clássico dos UAPs. De acordo com testemunhas, era um treinamento prolongado, que não durou alguns dias, e sim *meses*.

Os pilotos e operadores de radar que observavam esses objetos estavam cada vez mais preocupados. A tripulação relatou que os UAPs demonstravam as mesmas capacidades que deixaram perplexos os tripulantes do *Nimitz* e do *Princeton* na década anterior. Alguns voavam sozinhos e outros de forma sincronizada, não muito diferente do vídeo que disponibilizei para Neill Tipton com os três objetos voando em formação. Se não era exatamente a mesma tecnologia, era no mínimo relacionada. Os objetos baixavam de 30 mil pés de altitude para o nível do mar em um piscar de olhos. Paravam em pleno ar e então disparavam em outra direção. Alguns eram pequenos, do tamanho de uma bola de praia, enquanto outros eram muito maiores. Também recebemos relatos de objetos luminosos subaquáticos que emitiam um sinistro brilho verde enquanto seguiam as embarcações. Parecia haver uma variedade de formas e tamanho, e um interesse intenso em nossa frota.

IMINENTE

Em determinada ocasião, dois Hornets participaram de um exercício que exigia que as aeronaves voassem a não mais que 30 metros uma da outra. Formações cerradas são fundamentais em combate para controlar o espaço aéreo e não perder de vista a aeronave parceira. Sem aviso, um objeto voou na direção dos Hornets, passou zunindo entre as asas dos dois e desapareceu. Segundo o piloto me contou, o UAP "quebrou sua formação".

É a pior situação para qualquer aviador, uma quase colisão.

O objeto passou perto o bastante dos cockpits para ser visto claramente pelos dois pilotos. Era um orbe ou esfera transparente; dentro, havia um cubo. As quatro pontas do cubo tocavam a circunferência interna da esfera. Realmente bizarro.

Quando os pilotos voltaram ao *Roosevelt*, alguns tripulantes ficaram abalados e apreensivos, e alguns, apavorados. À medida que a notícia do encontro se espalhava, os outros pilotos foram se revoltando. Um UAP do tamanho de uma bola de praia pode ser pequeno, mas basta apenas um passarinho para obstruir uma turbina e derrubar um avião. O comando da Marinha estava preocupado, e nós também.

E por qual motivo? Não podia ser um drone civil. Estava distante demais da costa e voando muito alto. Os UAPs vistos recentemente tinham a capacidade de voar por mais de doze horas sem reabastecer, recarregar ou reagrupar. Além disso, não havia nenhuma área para lançamento ou recuperação de drones por perto.

Alguns especularam que seria um refletor inflável de radar, usado para treinamento e navegação, mas os balões não se deslocam contra o vento e não costumam voar em formação coordenada. Não era um refletor de radar. A esquadrilha emitiu relatórios de segurança, na esperança de motivar uma investigação. Durante esse período, diversos relatos similares foram enviados à Marinha, em várias áreas operacionais espalhadas pelo mundo, com queixas a respeito de riscos parecidos envolvendo UAPs. A linguagem dos relatos é notavelmente similar. Em determinado ponto do documento, o oficial de alta patente afirmaria: "Isso é muito perigoso. Poderia ter causado uma colisão no ar e colocado em risco a vida dos aviadores". Os incidentes se tornaram tão numerosos que não podiam mais ser ignorados.

Os autores dos relatórios esperavam que seus alertas severos chegassem aos supostos operadores dos programas secretos que, segundo acreditavam, estariam irresponsavelmente colocando seu pessoal em perigo. Muitos ignoravam a possibilidade de se tratar de tecnologias de fora deste mundo. Os que cogitavam a ideia trataram de usar uma linguagem genérica, na torcida para que alguém com a mente aberta na cadeia de comando notasse. Foi isso o que levou o agente de segurança sênior do Comando da Força das Frotas a contatar Jay, que, por fazer parte do serviço de inteligência da Marinha no Pentágono, era o canal apropriado para iniciar uma investigação, o que ele fez com todo o apoio de seus superiores.

No Pentágono, estávamos fazendo nosso melhor para investigar os incidentes envolvendo o *Roosevelt*, mas era como se houvéssemos retornado à estaca zero.

— Então, o que são essas coisas não identificadas? — perguntava inocentemente alguém em uma reunião.

— Bom... são objetos não identificados — respondíamos. — A questão é justamente essa. Muito bem, essas coisas estão por toda parte no Atlântico, perto da Virgínia. Isso significa que estão operando a poucos minutos de viagem de DC. A poucos minutos da Casa Branca e do Capitólio.

— Mas, se não sabemos o que são, por que a preocupação?

Acredite ou não, foi essa a fala do secretário da Força Aérea, Frank Kendall III. Em uma entrevista ao *CBS Mornings* em 9 de setembro de 2022, ele admitiu que os UAPs existiam, mas, quando perguntado se os óvnis representavam um problema, Kendall afirmou:

— Na verdade, não. Eu tenho ameaças concretas para me preocupar todos os dias.

É como dizer que encontraram um submarino nuclear no rio Potomac, mas, como não sabemos de quem é, não é motivo de preocupação. Não é preciso ser nenhum gênio para entender o quanto esse raciocínio é falho. Ameaça é ameaça. Se observadores militares treinados relatam incidentes em um espaço aéreo restrito e pedem ajuda, é preciso tratar isso como uma preocupação real.

Mas essa é a linha de pensamento clássica do Pentágono: diga por que devemos nos preocupar. Ou melhor, prove. Se esses UAPs tivessem, digamos, uma estrela russa na asa, ou um número da Coreia do Norte na cauda, pelo menos saberíamos com o que estávamos lidando. Mas esses UAPs não tinham asas nem caudas, então da cadeia de comando só o que se ouviu foi silêncio.

Isso me lembrou de uma história que ouvi sobre a chegada dos conquistadores espanhóis ao novo mundo. Alguns estudiosos argumentam que os incas não reconheceram a nova tecnologia que eles traziam, e, portanto, não tinham referencial para entender ou avaliar o que estavam vendo. Os soldados de armadura que saíam a cavalo das praias podiam até ser deuses. Isso levou a falhas de comunicação, e os chefes guerreiros incas não foram informados a respeito. O resto é história.

A mesma coisa estaria acontecendo de novo, só que com o governo americano? O fato de não reconhecermos esses UAPs como uma tecnologia de nossos inimigos nos impede de fazer alguma coisa a respeito? Repetindo, se os objetos fossem russos ou chineses, a história iria ao ar imediatamente em todos os canais. Mas não eram. Se fossem russos ou chineses, teríamos lançado interceptadores no ato e resistido à incursão. Mas não fizemos isso. Se fossem russos ou chineses, teríamos coletado dados a respeito. Mas não podíamos. Por mais frustrado que eu estivesse com a Marinha, pelo menos eles tinham a coragem de relatar os incidentes.

Mas o Exército também teve os seus. No ano anterior, um míssil Patriot rastreou diversos pontos em seu radar que pareciam se mover a quase 10.000 km/h. Durante meu tempo fazendo investigações para o Exército,

USS *ROOSEVELT*

soube que um relato como esse teve seu sigilo retirado, sob a supervisão atenta do diretor de contrainteligência na época. Mas onde estavam todos os outros? Quanto à Força Aérea, estava de braços cruzados, como sempre. Segundo eles, os UAPs não existem, então por que investigá-los?

A essa altura, eu já estava acostumado a essa resposta, mas ainda assim ficava furioso. Nós trabalhamos muito nos anos anteriores para estabelecer relações e fazer com que as pessoas recorressem primeiro a nós quando avistassem UAPs. Era uma investigação ao vivo, em tempo real. Dissemos para nosso correspondente não se preocupar. O reforço estava a caminho.

Considerando os 22 incidentes com UAPs envolvendo o Grupo de Ataque de Porta-Aviões *Roosevelt*, com testemunhos oculares e evidências em vídeo, sabíamos que precisávamos de um plano de ação robusto. Jay passou semanas elaborando um plano operacional (OPLAN) chamado "Intruso". Era um caso clássico de "pote de mel". Orquestraríamos uma situação tão irresistível que seria quase impossível de ser ignorada pelo inimigo. A cada nova versão do OPLAN, Jay inseria mais dados na proposta, para fortalecer nosso argumento. Datas, horários, locais, sinais de chamada e os nomes de todas as embarcações que tiveram encontros com UAPs. Jay também incluiu dados de radares que corroboravam os testemunhos oculares de pilotos e tripulantes. O documento pintava um quadro bastante persuasivo para quem quer que o lesse.

Infelizmente, a essa altura meu amigo Michael Higgins não era mais o diretor de operações da DIA, e já estava em seu novo posto. Seu substituto era um homem em quem eu não confiava, chamado Garry Reid (sem nenhum parentesco com nosso aliado no Congresso, o senador Harry Reid). Ele tinha sido trazido para o OUSD(I) depois de uma passagem pelos serviços de operações especiais. No início era uma pessoa que eu admirava, mas não demorou a mostrar sua propensão ao favorecimento pessoal e ao chauvinismo. Coletivamente, ele e seus comparsas arruinaram o OUSD(I), que se viu entregue ao moral baixo e à péssima administração. Eles passavam mais tempo tentando enganar uns aos outros do que se preocupando

IMINENTE

com os verdadeiros inimigos, internos e externos, tudo às custas de nossa força de trabalho. Os funcionários não demoraram a relatar suas queixas para a inspetoria-geral do DoD sobre alguns de seus comportamentos. O Gabinete do Inspetor-Geral do Departamento de Defesa investigou Reid por diversas acusações, inclusive a de manter relações sexuais com uma subordinada, assédio sexual e promoção de ambiente de trabalho hostil.

O Gabinete do IG concluiu que Reid tinha violado o Regulamento Ético Geral, pela aparente relação imprópria ou tratamento preferencial em relação a uma funcionária e por uso de Informação Controlada Não Confidencial.

Voltarei a esse assunto posteriormente, mas resumindo: eu soube que não poderia confiar nele, que infelizmente era meu superior direto. A cadeia de comando estava corrompida.

Para dar prosseguimento ao plano operacional Intruso, Jay e eu contornamos os canais habituais, optando pelo caminho das Medidas Alternativas Compensatórias de Controle (ACCM). Isso significava que o plano seria submetido ao Estado-Maior Conjunto das Forças Armadas. Queríamos evitar o OUSD(I) porque o gabinete como um todo estava infestado de indivíduos não confiáveis. Eu não confiava mais nada que fosse sigiloso à minha cadeia de comando, muito menos informações sobre UAPs.

Jay tinha me apresentado ao gerente do Programa de Acesso Controlado (CAP) da Marinha, que era amigo seu. Um GS-14 na época, ███████ era um agente de inteligência experiente. ██████ logo se tornou membro de confiança de nossa equipe, e tinha uma habilidade acima da média para se guiar pela floresta dos sistemas de classificação. Inclusive, acho que foi ideia de ███████ coordenar o plano operacional Intruso através dos chefes do Estado-Maior Conjunto.

███████ era exatamente o tipo de pessoa de que precisávamos na equipe — Jay mais uma vez havia encontrado para nós um colaborador formidável.

USS ROOSEVELT

Durante semanas, ele e ████ entravam em contato toda vez que recebíamos mais imagens ou dados, garantindo a nosso pessoal no mar que estávamos trabalhando naquela questão. Era bom receber atualizações de campo e poder comunicar diretamente que a solução estava avançando. Ainda assim, não queríamos que a burocracia mais tarde nos fizesse passar por mentirosos. Não queríamos prometer ao pessoal em campo que a cavalaria do AATIP estava a caminho para resolver seus problemas, mas depois descobrir que os cavalos não estavam nem selados.

Jay e ████ continuavam a coordenar o plano operacional Intruso com o Estado-Maior Conjunto, e tudo parecia estar nos trilhos. A NSA e a CIA ofereceram ajuda, e fazíamos reuniões semanais nas SCIFs que tínhamos à disposição. Algumas delas aconteciam no Pentágono, e outras nas respectivas agências. Com o OUSD(I) devidamente escanteado, eu acreditava que tínhamos uma boa chance de revigorar o AATIP.

O plano para a operação Intruso era usar um porta-aviões nuclear como isca. Escolheríamos um ponto no Atlântico para deixar uma pegada nuclear gigantesca, irresistível para "nossos amigos de fora da cidade", como passaram a ser chamados. Porta-aviões, destróieres, mísseis com capacidade para ogivas atômicas e submarinos nucleares — todos no mesmo local em um grande corpo d'água. A armadilha seria posicionada. Água e equipamentos nucleares, uma combinação irresistível. As agências parceiras esconderiam dispositivos de coletas de dados ao redor. Quando os UAPs aparecessem para investigar nossas manobras, a armadilha se fecharia, e concentraríamos todos os nossos ativos de inteligência para coletar dados. Os detalhes da tecnologia que usaríamos são confidenciais, mas eram dispositivos de alta capacidade, para dizer o mínimo. A logística de uma operação desse porte era desafiadora, mas viável. Afinal, grupos de ataque se deslocavam assim rotineiramente.

Certa manhã durante esse processo, recebemos por e-mail dois vídeos e uma chuva de dados do Comando de Força das Frotas. Ambos tinham sido feitos no ar por pilotos do Grupo de Ataque de Porta-Aviões

IMINENTE

Roosevelt, usando o mesmo tipo de ATFLIR que a esquadrilha do comandante Fravor tinha usado para capturar as imagens do Tic Tac em 2004.

O objeto de um dos vídeos também lembrava um Tic Tac, pelo menos no sentido de que era arredondado, liso e com formato ovalado. Mas, enquanto o Tic Tac de 2004 tinha 12 metros de comprimento, o do vídeo que mais tarde ficaria conhecido como GoFast tinha no máximo 5,5 metros. É menor que um Piper Cub, um avião feito para voar em áreas de difícil acesso e muito usado por pilotos amadores. O Cub é leve, tem uns 350 kg, e voa no máximo a 145 km/h.

— Opaaaa, peguei! U-huuuu!

Uma outra voz, provavelmente do piloto, diz:

— Que p**** é essa?

Outra pessoa, provavelmente operador de radar que acompanhava o evento a bordo do *Roosevelt*, entra na conversa:

— Você enquadrou um alvo em movimento?

— Não — respondeu o oficial de sistemas de armas. — Está no rastreamento automático.

— Ah… ok. Minha nossa, cara!

— O que é isso?

— Olha só como essa coisa voa!

O objeto passa da extremidade superior direita para o canto inferior esquerdo da tela. Não há rastro de fumaça ou ar quente, nem asas, nem propulsores. Só um ovinho em alta velocidade saindo para um sobrevoo no mar. Na época, ninguém no DoD ou nos serviços de inteligência conseguiu explicar isso. Depois de vários anos de análises, porém, pesquisadores alegariam que o objeto estava se movendo muito mais devagar do que se pensava a princípio. Isso teria se dado por causa de um efeito que se chama paralaxe. Eu ainda não concordo com essa avaliação, já que os pilotos que estavam no ar ficaram espantados com a velocidade do objeto.

O segundo vídeo ficaria conhecido no mundo todo anos depois pelo nome GIMBAL. Era um pouco mais intrigante, por causa do comportamento de voo incomum. Quando a filmagem foi feita, os pilotos tinham acabado de avistar em seu espaço aéreo uma frota de cinco UAPs. Eles conseguiram enquadrar apenas um deles com a câmera, e o viram voar da direita para a esquerda no monitor.

Na tela, o objeto parece alongado e branco. Mas essa cor pode ser enganosa. A câmera estava no modo infravermelho, portanto o branco indica apenas um objeto "frio" — não havia calor nenhum emanando da nave.

Mais uma vez, é possível ouvir a perplexidade na conversa dos pilotos e quem mais estivesse acompanhando ao vivo a gravação do vídeo.

— Essa p**** é um drone, cara — diz alguém.

— Olha só, tem uma frota inteira! Olha aí no [radar]!

— Minha nossa!

— Nem ferrando que é um drone — responde outra voz.

— Estão indo contra o vento! Um vento oeste de 120 nós.

Nesse ponto do vídeo, o WSO altera o modo da câmera. De repente, tudo na tela ganha resolução maior. Quase dá para ouvir o suspiro de susto dos pilotos.

— Olha só essa coisa, cara!

Eles estão diante do que parece ser um típico disco voador de um filme da década de 1950. O objeto é lenticular, com uma curva no alto e embaixo. E agora está preto, o que nesse modo de câmera também indica que o objeto é "frio" — não há assinatura térmica.

As palavras dos pilotos ficam mais difíceis de discernir aqui.

— Isso não é [inaudível], né?

— Isso é [inaudível].

Então o UAP diminui a velocidade, para no ar e começa uma guinada. O volume no alto se inclina da esquerda para a direita, e agora a curvatura de baixo está de frente para o vento. Em determinado ponto, o objeto voa perpendicularmente ao vento frontal, mas não se mexe nem um pouco para nenhum dos lados. Permanece incólume à atmosfera. Só se move quando *quer*.

IMINENTE

— Olha só essa coisa! — diz um piloto.

— Está rotacionando!

A filmagem termina logo em seguida.

Eu devo ter visto esse vídeo umas vinte vezes antes de Jay me ligar.

— Está vendo isso? — perguntou ele, incrédulo.

Os 120 nós reportados pelo piloto equivalem a ventos de 222 km/h. (Os meteorologistas do noticiário recomendam que você amarre os móveis da parte externa de casa quando as rajadas de vento chegam a 80 km/h ou 100 km/h). Aliás, os balões se deslocam a favor do vento, e não contra. Mas esse objeto — que não emite calor, não tem asas, nem propulsores, nem emite gases — para a 20 mil pés de altitude e se vira calmamente sob ventos que na superfície seriam classificados como um furacão de categoria 4. E nem ao menos se balança como uma pipa. Isso mais uma vez me lembrou das investigações dos "balões" que quebraram a formação dos aviões de caça na costa da Virgínia. Um balão não faz isso.

Quando levávamos esse vídeo para reuniões com alguns membros da equipe e amigos dos serviços de inteligência, podíamos observar sempre a mesma sequência de reação. Primeiro, vinha a observação cuidadosa da evidência. Então, a checagem de fatos. Espere um pouco — qual é a altitude? Eles disseram que a velocidade é qual mesmo? Depois, a perplexidade e o espanto, seguidos de discussões acaloradas. Sabíamos que precisávamos usar os dois vídeos para reforçar o OPLAN Intruso.

Tínhamos mais de uma carta na manga.

No fundo de nossa mente, ainda pensávamos na empresa do setor aeroespacial que nos negou acesso ao material de origem não humana de que dispunha. Comecei a me perguntar se não podíamos recorrer diretamente ao secretário de Defesa. Sem dúvida a empresa acataria uma carta da mais alta autoridade no Pentágono. Se conseguíssemos a autorização do secretário, ninguém na Força Aérea poderia boicotar nossa iniciativa. Como eu trabalhava no portfólio da baía de Guantánamo, tinha acesso rotineiro a funcionários do gabinete, mas não ao secretário em si ou a seus conselheiros. Para isso, seria preciso envolver outra pessoa, alguém com acesso a Deus e o mundo. Alguém que conhecesse tudo e todos. Até que eu encontrasse a pessoa certa, ainda estávamos presos ao sistema.

Algum tempo antes eu tinha compartilhado o vídeo do Predator com Neill Tipton, que também era um contato do pessoal que trabalhava na Força-Tarefa de Inteligência, Vigilância e Reconhecimento do Exército (ISR). Neill era um nerd e conhecia o mundo do ISR provavelmente melhor do que qualquer um. Se o que estivesse registrado no vídeo fosse uma plataforma ultrassecreta dos Estados Unidos, Neill saberia. Mas, embora fascinado com o que viu, ele não fazia ideia do que podia ser.

E eu acreditei nele, porque era o mesmo que os especialistas em aviação tinham dito. Eu confiava em Neill, que se mostrava um bom líder e um pensador de raciocínio afiado. Se tivesse mais aliados como ele, eu estaria em boa situação para concretizar o plano operacional Intruso.

Alguns meses depois, eu estava em uma sala de reuniões com oficiais de alta patente da Marinha, representantes da CIA e uma pessoa da NSA. Depois das habituais trocas de cumprimentos e tapinhas nas costas, mostramos os vídeos.

A sala ficou em silêncio quando rodamos o GIMBAL. O que o tornava tão espantoso era o fato de o objeto não perder altitude na guinada de noventa graus. Como mágica, permanecia imóvel no lugar. Se uma aeronave de fabricação humana fizesse isso, perderia altitude imediatamente, pois o balanço entre as asas ficaria desproporcional. Nesse episódio, porém, o objeto parecia pairar a uma altitude de 20 mil pés e permanecer estranhamente parado. Os céticos mais tarde diriam que o objeto era um balão, mas com certeza não é o caso.

Uma das pessoas presentes fez uma brincadeira incômoda, comentando que a coisa parecia estar mostrando do que era capaz, zombando de nós como se dissesse: "Olha só o que eu sei fazer!".

Obviamente, temos dispositivos capazes de planar, mas não dessa forma, nem nessa altitude, e não com esse vento. Fosse o que fosse aquilo, não era uma tecnologia convencional, nem nossa. Era algo diferente. Para ser bem claro: nenhum dos presentes na sala considerou que o UAP fosse de fabricação humana.

Era o tipo de coisa que deixava nossos especialistas em aviação e óptica assustados, espantados e preocupados. Seria algum tipo de avanço tecnológico? Um adversário nosso descobrira algo que não sabíamos? Apesar dos bilhões de dólares que gastamos em serviço de inteligência todos os anos, alguém conseguira passar sem ser detectado por nossa arquitetura multidisciplinar de espionagem e desenvolveu uma tecnologia completamente no escuro? Era uma possibilidade bem incômoda para todos os presentes na reunião.

O objeto no GIMBAL manobrava de uma forma que me lembrava o velho módulo lunar da Apollo 11, que tinha mais ou menos a capacidade aerodinâmica de uma lava-louças. E não precisava ser diferente, pois operava no quase vácuo do espaço, onde não encontrava nenhuma resistência do vento. Portanto, não precisava de asas. Mas, nas imagens antigas da NASA disponíveis na internet, é possível ver manobras de pouso. À medida que o módulo se aproxima do orbitador lunar para fazer o "encaixe", começa a se ajeitar e se colocar em posição, fazendo pequenos ajustes com seus propulsores enquanto chega mais perto. Se você comparar essa manobra à forma como o objeto rotaciona no vídeo, vai encontrar uma semelhança inquietante. Isso *pode* sugerir que o UAP no vídeo *também* está operando no vácuo, criando uma bolha em torno de si para anular os efeitos da resistência atmosférica. Seria por isso que se nota uma pequena aura ao redor do objeto? Seria uma bolha de proteção? Poderia ser um artefato da unidade de propulsão?

Em nossa reunião, vi um representante da CIA sacudir a cabeça e começar a soltar especulações meia-boca a respeito das possibilidades.

— A única forma que vejo de isso ser remotamente possível é como um… balão híbrido de algum tipo com uma espécie de ventilador de fluxo guiado no centro — disse ele, parecendo não acreditar nas próprias palavras.

— Talvez seja uma espécie de bola de futebol de Mylar com seu próprio sistema de navegação e propulsão.

Fiquei de boca fechada, só para ver no que aquilo ia dar.

Ele até entortou os olhos enquanto tentava seguir sua tortuosa lógica, uma ginástica mental hercúlea.

Balões. Ventiladores. Bola de futebol. Certo.

— Mas e quanto ao combustível e à autonomia? Essa coisa está no meio do nada — rebati.

Sua resposta foi ainda mais cômica:

— Hã… talvez estejam usando algum tipo de cabo ou raio de energia para a propulsão, sabe? Tipo, de uma plataforma flutuante ali perto.

Aquela coisa estava sobrevoando o oceano. O objeto em si aparecia como muito quente, era o ar em volta que estava muito frio. Não fazia o menor sentido.

Ele soltou uma risadinha sem graça e um olhar constrangido. Fiquei me sentindo mal por ele, porque todo mundo já viveu uma situação assim alguma vez na vida. O GIMBAL era um grande e flagrante mistério. Na escala de observáveis, era claramente um dispositivo antigravidade. E tudo o que o vídeo mostrava foi corroborado pelo testemunho dos pilotos.

Quando a reunião foi encerrada e cada um seguiu seu caminho, pude ver as imagens de novo, quadro a quadro. Meus olhos quase sempre se fixavam naquela pequena bolha. Seria algum tipo de ilusão ou efeito causado pela câmera? Segundo a CIA, não. Não era por causa de algum recurso da câmera ou reflexo na lente. O que quer que fosse, era real.

Era inevitável perguntar: se a aura era um elemento ainda não detectado, seria uma possível pista sobre o sistema de propulsão do UAP? Para chegar à verdade, precisaríamos furar essa bolha. E isso aconteceu mais cedo do que eu imaginava.

CAPÍTULO 16

O MOMENTO "A-HA"

Eu tinha acabado de voltar de uma viagem internacional a trabalho quando soube que nosso amigo Hal estava na cidade, em visita ao Pentágono. Ele trazia notícias, e estava a nossa espera em uma SCIF.

Quando cheguei, encontrei os membros da equipe com os olhos voltados para Hal, que estava diante de um quadro branco, anotando uma das equações matemáticas mais longas que eu já tinha visto na vida. A equação já ocupava dois quadros brancos, e ainda não estava terminada. O cheiro forte da tinta da caneta tomava conta da sala.

Finalmente, Hal terminou a equação e anotou as observáveis embaixo, para ler em voz alta enquanto assinalava cada uma.

Velocidades hipersônicas? *Confere*. Aceleração instantânea? *Confere*. Baixa observabilidade? *Confere*. Deslocamento transmeios? *Confere*. Antigravidade? *Confere*. Efeitos biológicos? *Confere*.

Ele sorriu orgulhosamente e disse:

— Um único avanço tecnológico poderia ser responsável por isso. Por tudo. E talvez eu tenha entendido como funciona.

Todos nos inclinamos para a frente… sem palavras.

Até aquele momento, o governo havia despendido uma quantidade insana de esforços ao longo de muitos anos para tentar identificar que tipo

O MOMENTO "A-HA"

de tecnologia exótica poderia explicar cada um dos observáveis. Na verdade, boa parte dos estudos acadêmicos encomendados pela DIA, que resultaram nos Documentos de Pesquisa de Inteligência de Defesa (DIRDs), se concentrava em tecnologias individuais que tentavam explorar e explicar as características de desempenho dos UAPs. Ao que parecia, Hal tinha conseguido encontrar uma espécie de teoria unificadora. Em momento algum tínhamos pensado na pergunta óbvia: os observáveis seriam o produto de uma única tecnologia?

A resposta parecia ser um retumbante sim.

— Se tivéssemos a tecnologia certa, poderíamos produzir uma dobra no espaço e no tempo em uma área localizada, criando uma "bolha" localizada ao redor da nave — explicou Hal.

Dentro da bolha, o espaço seria percebido de forma diferente em relação a quem está de fora... como um sino de mergulho, que protege o mergulhador da imensa pressão das profundezas ao redor.

Como essa bolha é criada?

— Em teoria, só existem duas maneiras de criar uma dobra no espaço-tempo: muita massa ou uma quantidade absurda de energia. — Um sorrisinho surgiu em seu rosto. Ele acrescentou: — Uma quantidade obscena de energia.

Massa e energia têm uma relação muito especial. Sabemos disso graças à teoria da relatividade de Einstein: $E = mc^2$. É preciso pensar em massa e energia como basicamente a mesma coisa, porém em estados diferentes, como o gelo e o vapor: ambos são feitos de água, mas estão em estados energéticos diferentes.

Obviamente, os UAPs não estão usando grandes quantidades de massa para criar dobras no espaço-tempo — nesse caso, precisariam trazer para cá algo maior que a Terra. As consequências seriam catastróficas, do tipo um buraco negro aparecer perto do planeta... e teríamos reparado nisso.

IMINENTE

Assim, só nos resta a segunda hipótese: energia. Com energia suficiente, em tese, é possível criar uma bolha e produzir uma dobra no espaço-tempo ao redor da nave.

— Se alguém tivesse tecnologia para criar uma dobra espaço-temporal ao redor de um veículo, poderia atravessar o universo muito mais depressa do que com qualquer outra tecnologia — afirmou ele. — A velocidade da luz sempre foi considerada o limite de velocidade universal. Mas teoricamente é possível que, com a quantidade certa de energia, um veículo comprima o espaço à sua frente enquanto o expande atrás. Se tiver tecnologia para fazer isso, você pode atingir, ou começar a atingir, um deslocamento acima da velocidade da luz. Esses observáveis que você me passou? Cada um deles está de acordo com a teoria de Einstein. Com a relatividade geral. Cabe como uma luva. Não é mágica, Lue. É física.

Isso me fez lembrar de uma frase de Arthur C. Clarke: "Qualquer tecnologia suficientemente avançada é indiscernível da magia."

— Não é mais um desafio teórico; é um desafio tecnológico — afirmou Hal.

A equação era a chave para essa conclusão.

Os astrônomos costumam considerar a velocidade da luz como uma constante universal. Mas e se o espaço em que a luz viaja pudesse ser comprimido ou expandido? Sabemos que o espaço-tempo é flexível, e em alguns casos extremos, como o de um buraco negro cósmico, pode ser inimaginavelmente espremido e distorcido. O espaço e o tempo estão conectados; é impossível haver um sem o outro. Os dois são inseparáveis como um casal de velhinhos, mas também flexíveis. À medida que a densidade da matéria aumenta, o mesmo ocorre com as forças gravitacionais. Quando isso acontece, ocorre a dobra no espaço e no tempo.

Os militares conhecem bem as leves flutuações, ou "deriva atômica", dos relógios de celso radioativo localizados a bordo dos satélites. Com o tempo, eles passam a marcar tempos ligeiramente diferentes dos relógios

O MOMENTO "A-HA"

das estações da Força Aérea em terra. Periodicamente, os relógios precisam ser recalibrados.

O que Einstein nos ensinou foi que o tempo desacelera à medida que você viaja na direção de uma fonte de gravidade. O mesmo vale para quando você se aproxima da velocidade da luz. A Terra é nossa fonte de gravidade — é como um ímã que nos puxa para *baixo*.

Os pássaros no céu "experienciam" o tempo infinitesimalmente mais depressa do que você, que está no chão, porque estão mais distantes da superfície do planeta do que nós. É uma diferença minúscula, mas existe. O mesmo se aplica se você estiver em um trem-bala em alta velocidade. Em teoria, caso se locomova depressa o suficiente por tempo suficiente, pode ganhar um ou dois segundos de vida. Perto de um buraco negro, onde a massa é milhões de vezes maior, o tempo desacelera de tal forma que você pode viver milhares de anos além de sua expectativa de vida. Infelizmente, os efeitos arrasadores do buraco negro transformariam você em espaguete antes disso. E, se sobreviver, você não vai ter com quem conversar, porque todo mundo que conhecia estará morto.

Agora imagine que você fosse capaz de modificar o espaço de acordo com suas necessidades. Imagine que pudesse envolver sua nave em uma bolha que a tornasse imune aos efeitos da gravidade. Você poderia voar sem asas, pois não haveria necessidade de impulso. E não precisaria de turbinas ou propulsores, porque não seria preciso gerar velocidade através do ar. A maneira como vivenciamos a Terra poderia deixar de ser relevante, pois você se isolaria do tempo e da gravidade do planeta.

Eu me lembrei de que uma bolha ao redor da nave foi *exatamente* o que vi no vídeo GIMBAL... e em outros.

Conforme Hal explicou, com essa bolha, de repente o efeito da relatividade seria alterado. O ser humano no chão e o ocupante do cockpit de um UAP perceberiam o tempo de forma ligeiramente diferente.

Os seres (ou o que quer que sejam) que pilotam a nave percebem o tempo que é normal para *eles*. O UAP voa a uma velocidade que parece normal para seu ocupante. Na verdade, se os pilotos dos UAPs olhassem para fora da nave, veriam a Terra se movendo em câmera lenta em relação a si mesmos.

No chão, por outro lado, o tempo é mais lento para mim e para você, porque a força da gravidade é maior. Olhamos para cima e vemos aquele disco luminoso voando a uma velocidade impossível, miraculosa. Quando a nave dá uma guinada, seu efeito parece gigantesco para observadores humanos. Dentro da nave, porém, é só uma curva ou mudança de elevação normal. O corpo do piloto não sente o impacto da força g porque percebe o espaço-tempo de maneira diferente em sua bolha. Alguns cientistas podem dizer que a dobra no espaço-tempo pela massa da Terra é minúscula, e, portanto, o tempo não é tão diferente assim dentro da bolha — a não ser que a bolha seja a que Alcubierre descreveu.

Vamos nos lembrar do comandante Dave Fravor pilotando seu F/A-18 Hornet enquanto fazia a volta para perseguir o Tic Tac ao largo da costa de San Diego. O Tic Tac flutuou por cima do nariz do Hornet e desapareceu. Por pouco não houve uma colisão? Será mesmo? Para o Tic Tac, o Hornet de Fravor se movia na velocidade de uma lesma. O losango voador tinha tempo *de sobra* para desviar.

Quero deixar uma coisa bem clara: o que estou descrevendo não é uma ilusão de óptica. Não estou dizendo que o UAP apenas *parece* voar a uma velocidade impossível. A nave está *certamente* voando muito depressa em *nosso* espaço-tempo.

Duas realidades no mesmo lugar, ao mesmo tempo.

Como isso é possível?

Mas como relacionar isso à baixa observabilidade, um de nossos observáveis? Toda luz está sujeita à gravidade. Quando a luz de uma estrela distante atravessa uma extensa galáxia a caminho da Terra, a luz é curvada através de um processo chamado lente gravitacional.

Hal nos ofereceu a seguinte analogia:

— Se você já viu uma carpa em um tanque em um ambiente externo, a água entorta a luz do Sol, causando uma distorção do que você vê. A carpa

O MOMENTO "A-HA"

fica distorcida e ondulada. Sabemos que ela não é assim, mas é como ela parece ser. Se você tentar pegar o peixe com uma rede, vai descobrir que não está onde você imaginava. Quando a água ou a luz ficam de um determinado jeito, o peixe pode desaparecer totalmente.

A bolha ao redor do UAP distorce a maneira como luz e outras emanações eletromagnéticas interagem com o objeto em seu interior. A frequência da luz que entra na bolha não é a mesma da que é refletida para o observador externo. O espaço-tempo dentro da bolha não é igual ao de fora, como na analogia da carpa no tanque, mas, em vez da água, é uma bolha de dobra espacial, e não é só uma refração, a frequência da luz também muda. O UAP nesse caso *é* o peixe na água. Portanto, não é de surpreender que, toda vez que alguém tenta tirar uma foto de um UAP, a imagem sai borrada e obscura, porque é como tentar fotografar através de uma barreira, como capturar a imagem de um peixe estando fora da água.

É por isso que a radiação eletromagnética, como a dos radares, muitas vezes tem dificuldade para rastrear esses UAPs. Se alguém de fora da bolha apontar um radar lá para dentro, a radiação que entra não está necessariamente na mesma frequência da que se reflete para o operador.

A luz se comporta de maneiras diferentes a depender da quantidade de gravidade e energia pela qual precisa se deslocar. A luz do Sol sozinha não é capaz de incendiar os móveis de sua área externa quando você está se bronzeando. Mas, se pegar uma lupa e concentrar um raio de Sol naquela madeira, de repente a fumaça começa a subir. A madeira vai pegar fogo. Se uma formiga passar sob esse raio de Sol, vai ser incinerada. Por quê? Porque você *modificou* a luz solar com a lupa. Na prática, a pobre formiga passou de uma realidade (o Sol não pode me ferir) para outra em que a energia é concentrada (ai!).

Os cientistas modificam todo tipo de luzes e seus níveis de radiação dentro de uma escala conhecida como espectro eletromagnético. O arco-íris é um exemplo útil para visualizar essa escala — há um lado vermelho do espectro e um lado azul.

IMINENTE

Quando a luz passa por uma lente de aumento, concentra-se em um ponto fixo, aumentando sua intensidade. As luzes ultravioleta e infravermelha limitam as luzes visíveis dentro do espectro. O comprimento de onda da luz também pode ser esticado e comprimido, nos proporcionando as cores do arco-íris.

Quando a luz de uma estrela *se afasta* da Terra, seu comprimento de onda é alongado, em um processo conhecido como desvio para o vermelho através do efeito Doppler. Quando a distância para a Terra *diminui*, a onda é submetida a uma compressão conhecida como desvio para o azul. Na maioria dos casos, os desvios podem ser medidos, auxiliando nossa capacidade de determinar o ritmo em que o universo está se expandindo ou contraindo.

Os paradigmas da lente gravitacional e o desvio para o vermelho/azul podem explicar por que objetos em uma bolha parecem estranhos e difíceis de descrever.

Até bem pouco tempo, a maioria dos cientistas afirmava que a gravidade era um campo ou força imutável. Atualmente, alguns sugerem que a gravidade é, na verdade, uma onda. Se isso for verdade, talvez a gravidade possa ser manipulada como outras ondas, como os raios X, as micro-ondas ou as ondas de rádio. Hal estava propondo que nossos amigos de fora da cidade tinham decodificado o mistério da gravidade e criado uma dobra espacial. A nave gera uma bolha. A bolha encapsula a nave, isolando-a do espaço-tempo ao redor. O resultado, todos os seis observáveis.

Aceleração instantânea: a bolha permite à nave fazer manobras que parecem impossíveis. Dentro da bolha, a força g é mínima, porque o espaço e o tempo não são os mesmos percebidos do lado de fora.

Velocidade hipersônica: a bolha permite à nave se deslocar a velocidades impressionantes para o observador externo, porém, em seu interior, as velocidades podem não diferir muito de uma leve caminhada. O tempo passa mais depressa para a nave dentro da bolha do que para quem a observa de fora.

O MOMENTO "A-HA"

EFEITO DOPPLER

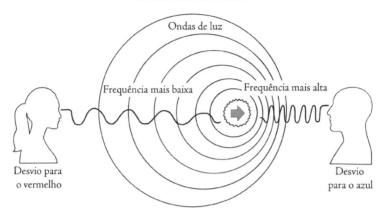

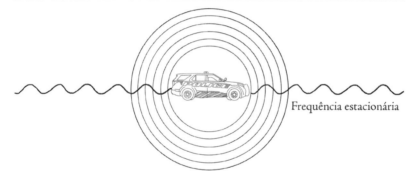

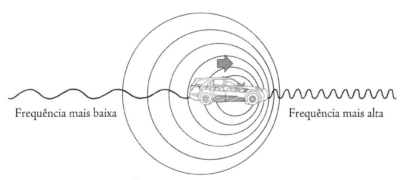

Baixa observabilidade: a bolha distorce a luz e outras ondas eletro--ópticas que tentam penetrar seu perímetro, aumentando a distorção e criando um efeito lente gravitacional, funcionando como uma barreira entre dois ambientes distintos de espaço-tempo e eliminando ou ocultando a maioria das assinaturas de tecnologia conhecidas.

Deslocamento transmeios: a bolha elimina qualquer fricção ou resistência da atmosfera em que a nave está se deslocando. O mesmo se aplica à água e ao espaço. A nave em si está sempre se movendo dentro da própria bolha de espaço-tempo. O ambiente em que viaja, portanto, é irrelevante para a nave dentro da bolha, assim como em um sino de mergulho, em que o ambiente dentro do dispositivo é protegido da pressão externa.

Antigravidade: a gravidade da Terra deixa de ter efeito sobre a nave dentro da bolha, e é esse o motivo por que o veículo não precisa de motor, asas ou qualquer outra tecnologia para "voar".

E quanto aos efeitos biológicos? Por que as testemunhas sofrem efeitos adversos quando se aproximam ou tocam a nave? É exatamente a mesma coisa com a lupa e a formiga. Quando você passa de uma banda do espectro para outra, aumenta o potencial para radiação prejudicial. Nessa situação, o mais provável é que as ondas de luz normais dentro da bolha, através de um desvio para o azul, passem para a banda de raios X moles fora da bolha. Os ocupantes da bolha estão seguros, mas quem está do lado de fora pode correr perigo.

Na prática, qualquer forma de radiação, como calor, luz infravermelha, ou luzes normais, passa para uma frequência muito mais alta ao se deslocar ou sair da bolha. O desvio para o azul poderia explicar por que os UAPs são altamente luminosos. A luz infravermelha ou o calor, que são invisíveis, passariam por um desvio para o azul para se enquadrarem no espectro de luzes visíveis, tornando o UAP luminoso.

Esse processo também geraria uma onda altamente energizada que causaria uma queimadura séria, em alguns casos danificando tecidos e órgãos. Para uma base de comparação, pense nos raios gama.

O MOMENTO "A-HA"

É preciso deixar bem claro que os efeitos biológicos não são necessariamente intencionais. Seria o equivalente a sofrer um acidente por estar atrás da turbina de um jato durante a decolagem.

Quando em funcionamento, o sistema de propulsão de um UAP operaria como uma imensa usina nuclear. O desvio para o azul da luz visível ao seu redor a tornaria perigosa para tecidos vivos. As testemunhas seriam bombardeadas por raios ultravioleta, raios X moles e possivelmente raios gama.

Os raios gama são os mais perigosos. São como projéteis minúsculos e superenergizados que atravessam a carne, destroem o sangue e as células e alteram o código genético do DNA.

A teoria de Hal explicava por que algumas pessoas relatavam ter perdido a noção do tempo. Ao se aproximar de uma nave assim, você começa a perceber o tempo de forma mais parecida com o tempo tal como percebido dentro da bolha. Isso também poderia alterar a percepção da testemunha quanto ao tamanho da nave. Uma nave que parece pequena à distância pode ser bem grande de perto.

DISTÂNCIA E EFEITOS

| 150' | 100' | 50' |
| I | II | III |

- Queimaduras superficiais na pele, como queimaduras de sol
- Danos a órgãos internos
- Alterações cerebrais
- Percepção de dilatação temporal

MAIS PERTO DA NAVE →

Nossa conversa naturalmente se voltou para a possibilidade de construção dessa tecnologia. Seria necessária muita energia para criar e sustentar a bolha (algo na casa de 3,2 ou 5,6 terahertz). Se você for gerar esse tanto de energia, vai querer usá-la da forma mais inteligente possível.

Isso nos levou a mais reflexões...

Acontece que essa bolha, em teoria, só pode ser tão grande graças à imensa quantidade de energia necessária para criá-la.

Portanto, o que você põe lá dentro precisa se encaixar bem no meio, ou seja, o centro deve estar à mesma distância do perímetro de todas as direções. Como não podem existir dois espaço-tempos diferentes simultaneamente, você não iria querer uma parte de sua nave *dentro* da bolha enquanto a outra ficasse *fora*. A bolha precisa cercar igualmente a nave toda, de todos os lados, para evitar consequências catastróficas.

Apenas uma forma geométrica permite proteção igual por todos os lados: uma esfera. Como em nossa analogia do sino de mergulho, uma nave esférica não seria muito prática quando a bolha fosse desligada. O objeto sairia rolando por aí.

O MOMENTO "A-HA"

Uma solução alternativa seria comprimir a esfera, criando um... Disco.

A função vem antes da forma. O estereótipo do disco voador tem esse formato porque *precisa* se encaixar dentro da bolha e permanecer protegido por todos os lados.

E para mais discos viajarem juntos? Afinal, a bolha tem suas limitações de tamanho. Ora, se você quiser ter uma nave maior que a bolha, poderia fazer vários discos voarem juntos, para que as respectivas bolhas se sobrepusessem.

Ou poderia criar um disco alongado, como uma nave em forma de charuto ou bastão, com uma bolha em cada ponto. Avistamentos dessas naves com formato de charuto foram relatados amplamente ao longo da história.

E, se você precisasse de algo ainda maior, existe outra forma geométrica que permite maximizar a área de superfície minimizando o número de propulsores, ou "fazedores de bolhas". Fundindo duas bolhas, é possível encaixar um triângulo equilátero no centro, outra forma comum de UAPs observados.

O que algumas testemunhas relatam como luzes em cada um dos vértices dessas naves triangulares talvez não sejam realmente luzes, e sim unidades de propulsão, ou fazedores de bolhas. A luz vista em cada canto pode ser o resultado do efeito Doppler. Algumas pessoas reportaram uma quarta luz no meio dos triângulos maiores. Mais um fazedor de bolhas?

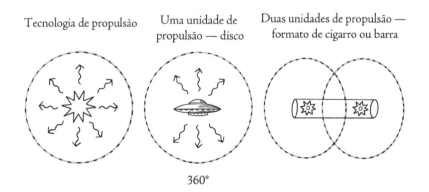

Três unidades de propulsão — triângulo

Quatro unidades de propulsão quádrupla — triângulos maiores

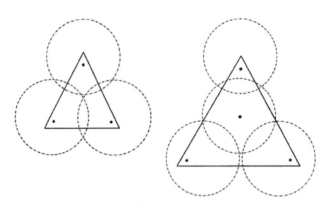

Algumas testemunhas citaram bumerangues grandes e volumosos, com uma série de luzes abaixo. Se você precisar de uma nave maior que um triângulo, não existe outra forma na geometria para maximizar o tamanho minimizando o número de unidades de propulsão. Nesse caso, você pode simplesmente criar um veículo que tenha uma longa linha de unidades de propulsão enfileiradas.

Cinco ou mais unidades de propulsão — bumerangue gigante

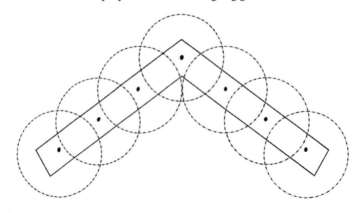

O MOMENTO "A-HA"

Hal tinha em sua posse um material supostamente resgatado do incidente em Roswell. Era uma peça frágil e intricada, com múltiplas camadas microscópicas de bismuto e magnésio entrelaçados, com o que parecia ser uma borda chanfrada. Isso seria parte do segredo dos UAPs? Hal e outros cientistas teorizavam que as unidades de propulsão não poderiam gerar a bolha por si sós. Precisaria ser uma questão de combinar a energia com sua interação com a camada externa da nave — ou seja, como se a lataria de um carro fizesse parte do motor.

Mas onde eles obtinham toda aquela energia? Sentados naquela sala, tentamos imaginar o santo graal dos combustíveis, um motor dos sonhos, que queimasse sem criar uma energia térmica gigantesca e fornecesse uma fonte inexaurível de energia.

Hal explicou que, para obter o nível de energia necessário para criar uma dobra no espaço-tempo, o ponto de partida seria a forma de energia mais básica que conhecemos — a das flutuações quânticas do espaço vazio, chamada de flutuação quântica de vácuo. Essa hipótese especulativa, ainda a ser comprovada na prática, se baseava no hoje bem estudado fenômeno conhecido como energia de ponto zero. Mas hipóteses alternativas também foram levadas em conta.

Eu me lembrei de uma conversa que tive anos antes com outro cientista. Sua especulação era que o átomo de hidrogênio — ou, mais especificamente, o próton de um átomo de hidrogênio — poderia ser coletado e usado para criar energia da mesma forma que fazemos hoje nas usinas nucleares. A única coisa que faltava era uma tecnologia eficiente para quebrar o próton de uma forma útil e controlada para liberar sua energia potencial. Com isso, seria possível desbloquear a energia inimaginável escondida no interior do núcleo. Embora o hidrogênio seja o elemento mais abundante do universo, está presente geralmente na forma de gás. No entanto, o hidrogênio também é abundante em uma forma bastante densa que conhecemos como água, ou H_2O.

Na época, já tínhamos dados suficientes para afirmar que os UAPs eram encontrados com frequência perto de corpos d'água e, em alguns casos, pareciam interagir com eles. A água líquida parecia ser um ponto em comum indiscutível, e alguns dados sugeriam inclusive que os UAPs levavam água a bordo.

Se isso fosse verdade, só o que seria preciso fazer era descobrir como remover o oxigênio da molécula de hidrogênio de H_2O e pronto! Você teria um suprimento quase ilimitado de prótons para abrir e liberar a energia escondida em seu interior.

Peguei-me pensando: então nosso planeta seria apenas uma estação de reabastecimento? Nós, humanos, já fomos à guerra muitas vezes para proteger nossos recursos naturais. Os UAPs estariam preocupados com seu posto de combustível planetário? Seríamos nós apenas uma bomba de gasolina galáctica? Recentemente, nossos cientistas identificaram planetas onde havia água. Certamente uma espécie assim tão avançada é capaz de fazer o mesmo.

Pensar nisso me provocou calafrios. Muitos dos mistérios de longa data passaram a fazer sentido para mim.

Os avistamentos no *Nimitz* e no *Roosevelt* ocorreram em alto-mar. No Congo Belga, em 1952, o UAP fugiu das minas de urânio na direção do Tanganyka, o segundo maior lago de água doce do mundo. E no incidente com o UAP em 1988 no lago Erie, investigadores da Guarda Costeira observaram que "o gelo estava rachando e se movendo anormalmente enquanto o objeto descia". Eu me lembrei do Tic Tac provocando um redemoinho borbulhante no Pacífico em 2004. Será que, quando a água ou o gelo se agitam, as naves conseguem coletar os átomos de hidrogênio com mais facilidade?

A teoria do hidrogênio como combustível não saía de minha cabeça. Fiquei pensando nas maneiras como os humanos geraram energia ao longo da história. Em menos de dois mil anos, fomos da queima de madeira como única fonte energética à aniquilação de cidades inteiras. Do uso do vapor à bomba atômica e nuclear, passando pelo uso da pólvora e dinamite. O tempo entre cada um dos marcos de extração de energia

O MOMENTO "A-HA"

só diminui a cada salto tecnológico. Quanto menor a matéria, maior a quantidade de energia liberada.

Um exemplo: Heron, o antigo inventor que escreveu o primeiro relato sobre um motor a vapor, chamado eolípila, provou que a expansão da água líquida em vapor poderia ser usada para fazer um trabalho mecânico. Separando as moléculas de água umas das outras, era possível usar vapor como força. Então veio a invenção da pólvora, da dinamite e do motor a combustão interna, que aumentou ainda mais nossa capacidade para executar trabalho mecânico, separando as ligações químicas dentro de cada molécula. Mais tarde, o Projeto Manhattan revelou os segredos do átomo, com um efeito devastador e miraculoso. Quebrando o átomo, ainda mais energia foi liberada. Apenas cinquenta anos depois de construir a bomba A e os reatores nucleares, os humanos estavam prestes a criar uma dobra no espaço e no tempo, e provavelmente criando microburacos negros, no Grande Colisor de Hádrons no CERN, na Europa.

Apesar de todo meu entusiasmo, Hal não endossava a hipótese do H_2O, mas a considerava intrigante o suficiente para não a descartar por completo. Mais tarde, Hal apresentaria uma hipótese alternativa relacionada ao H_2O. Sua sugestão foi que, além do hidrogênio e do oxigênio, a água líquida tem pequenas quantidades de um isótopo do hidrogênio, o deutério, na forma de D_2O, um ingrediente importante para a geração de energia através de fusão nuclear. E há também a "água deuterada", HDO, que é bem mais abundante na água normal do que o D_2O. E se os UAPs estivessem minerando a água em busca de uma forma de propulsão ainda não identificada?

Até esse ponto, o interesse dos UAPs em água líquida ainda permanecia um mistério.

Estávamos na SCIF fazia várias horas. Hal tinha explicado como os principais observáveis eram possíveis, e até mesmo os motivos para o tamanho e o formato das diversas naves vistas ao longo dos anos, em termos de teorias de propulsão.

IMINENTE

- As duas maneiras que conhecemos para produzir dobras no espaço-tempo é com muita massa e muita energia!
- Quando quebramos as ligações entre massas cada vez menores, mais energia é liberada!

$E = mc^2$

Neste nível de energia, é teoricamente possível produzir uma dobra no espaço-tempo

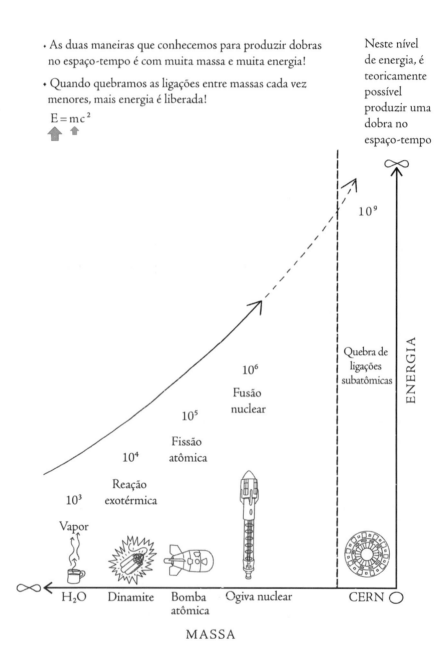

O MOMENTO "A-HA"

De uma forma realmente inteligente, uma lista de pontos em comum dos encontros com UAPs foi discutida. Durante o que pareceu ser uma aula de faculdade dentro da SCIF, nos demos conta do que isso também parecia sugerir: a explicação para haver tanta atividade de UAPs ao redor de instalações e tecnologias nucleares.

Em termos técnicos, evoluímos mais nos últimos oitenta anos do que nos duzentos anos anteriores. E o aumento de atividades relacionadas a UAPs cresceu em proporção a nossos avanços energéticos.

Nós nos demos conta de que estamos a caminho de explorar os níveis de energia necessários para produzir dobras no espaço-tempo, e os UAPs vêm observando (na prática, conduzindo procedimentos de ISR) com preocupação nosso progresso.

Por exemplo, se você fosse de uma espécie cuja evolução permitiu a descoberta do conhecimento de grandes viagens pelo cosmos, certamente repararia quando seus vizinhos intergalácticos começassem a fazer o mesmo. O sinal indicativo de que seu vizinho está chegando lá seriam as assinaturas de uma explosão atômica.

Se você fosse de uma espécie avançada, talvez começasse a se preocupar, principalmente se seu vizinho intergaláctico tiver um longo histórico de violência.

Hal tinha levado esse problema do campo teórico para os meandros da engenharia. E se os humanos em tese conseguissem fazer o que os UAPs vinham fazendo por milhares ou até milhões de anos?

E então?

Poderíamos viajar pelo universo. Explorar novos mundos.

Mas seria a primeira coisa que faríamos?

Possivelmente não. Se tivéssemos o poder de fazer o mesmo que os UAPs, o mais provável seria que essa tecnologia fosse usada em primeiro lugar para a guerra. Afinal, temos um longo histórico de violência e aniquilação de qualquer coisa percebida como ameaça.

Assim, seríamos vistos como uma ameaça potencial a *eles*.

IMINENTE

Décadas de investigações e teorias que não se concretizaram nos levaram àquele momento histórico ao redor daquela mesa, com aquele pequeno grupo de pessoas. Todos nos demos conta imediatamente de que poderíamos ter desvendado alguns dos maiores mistérios de todos os tempos.

Embora Hal tenha alertado que tudo ali era apenas teórico, a lógica era inegável e óbvia — ofuscantemente óbvia.

Nós tínhamos uma hipótese funcional para o motivo das visitas. O motivo de estarmos sendo observados. O motivo de nossa tecnologia estar sendo testada. Tínhamos ideias boas e sólidas sobre como a tecnologia deles funciona, sobre o motivo para suas naves terem essa aparência e desempenho, sobre como sua tecnologia afeta nosso ambiente, e sobre o motivo para terem interesse em nosso planeta. E tínhamos chegado à preocupante verdade de que a humanidade está rapidamente se aproximando de um momento de perigo. De um ponto sem retorno.

Por muito tempo, eles vinham coletando água e nos observando, talvez para ver que perigo poderíamos oferecer. Para avaliar nosso nível de ameaça.

Uma analogia.

Imagine que você esteja em um zoológico estudando um gorila que vem adquirindo novas habilidades dia após dia durante décadas. Como cientista, você não tem a menor intenção de ferir aquela criatura majestosa.

Então, um dia, a equipe de segurança conta que o gorila escapou da jaula e destruiu seu hábitat de exibição.

— Vamos ficar de olho nisso — você diz para sua equipe.

Dias depois, o gorila consegue entrar na sala dos seguranças, brincar com a arma de tranquilizantes e voltar para a jaula.

O gorila está evoluindo rumo a um ponto em que pode se tornar um problema para todos no zoológico.

E então, em uma bela manhã de domingo, você e sua família saem de casa e encontram o gorila no jardim com uma espingarda roubada da sala dos seguranças. Você nunca quis ferir o animal, mas agora sua família está em perigo. A criatura majestosa que você estudou e amou agora é

O MOMENTO "A-HA"

um gorila macho dominante de 350 kg indo na direção de sua varanda com uma arma carregada.

Você tem duas escolhas: aprender a se comunicar com o gorila imediatamente ou abatê-lo a tiros.

As vozes na SCIF ficaram em silêncio — e assim continuaram.

Todos estavam imersos nos próprios pensamentos. E entendiam as implicações. Todos percebemos que *nós* poderíamos ser o gorila que está prestes a aparecer na casa do cientista com uma espingarda, e temos um longo histórico de violência. A humanidade está avançando rumo a uma nova realidade como um trem-bala que não pode ser detido. Diante de nós há um cruzamento, e assim que chegarmos ao jardim da casa do cientista uma decisão precisará ser tomada.

Uma decisão que pode definir o futuro da humanidade.

Há quem acredite que o interesse dos UAPs por nossas instalações nucleares é apenas a preocupação de uma espécie mais avançada com uma humanidade que pode arruinar seu planeta. Trata-se de um pensamento agradável e positivo, mas não há nada em nossa história que comprove isso. Eu realmente espero que a intenção deles seja nos ajudar, mas também acredito que devemos estar preparados para qualquer coisa.

A humanidade age como se não houvesse ninguém olhando, como se estivéssemos sozinhos. Mas é provável que uma vida inteligente mais avançada esteja nos observando. Precisamos ter mais consciência de nosso lugar no universo e das possíveis consequências de nossos atos.

Independentemente da motivação deles, se essa tecnologia for desvendada por um Estado-nação mal-intencionado, representará uma ameaça existencial para os Estados Unidos e o planeta como um todo.

Essas são preocupações urgentes em termos de segurança nacional e para a humanidade em geral.

Alguns dos governantes anteriores foram informados de tudo, e é por isso que essa questão está sendo levada mais a sério do que nunca.

Quer o governo revele as descobertas ou não, a minha convicção é de que a população tem o direito de saber.

CAPÍTULO 17
E AGORA?

O trânsito para sair de DC é sempre uma loucura. Os carros ficam colados uns aos outros, e você sente a pressão arterial subir a cada lento centímetro de avanço. Nas vezes que decolei de avião de Washington à noite, fiquei impressionado com a fila de faróis de carros que é possível ver sobrevoando a cidade. Uma aglomeração infindável de luzes brancas em uma direção, e outra de luzes vermelhas na outra. A sensação inevitável é a de que a cidade está sendo espremida e sufocada lentamente, como uma anaconda gigante que se enrola em todos os 16 quilômetros do perímetro da cidade, comprimindo-a a cada fôlego.

Era assim que eu me sentia naquela tarde ao volante de meu Cadillac. A playlist de música clássica que eu costumava ouvir a caminho de casa não estava ajudando a aliviar o estresse dessa vez. As veias do pescoço pulsavam sob o colarinho da camisa. Eu estava me sentindo conscientíssimo, perplexo e apavorado. Em certo sentido, me lembrou da sensação que as pessoas deviam vivenciar a caminho da guilhotina. O silêncio era total, e tudo parecia se mover em câmera lenta, não só o trânsito. As cores também pareciam mais vibrantes, por alguma razão.

Apenas algumas poucas pessoas sabiam que a humanidade poderia estar diante de uma extinção provocada por nós mesmos, por não levar

E AGORA?

a ameaça a sério. Do lado de fora das janelas do carro, para onde quer que eu olhasse, milhares de pessoas estavam presas em pequenas caixas de metal, imersas em sua própria realidade. Três pistas de carros à minha direita e duas à minha esquerda... cheias de gente pensando em reuniões escolares, partidas de beisebol dos filhos, aulas de balé. Alguns ouviam rádio, enquanto outros ruminavam sobre como esconder dos cônjuges seu caso extraconjugal no trabalho.

Era uma sensação profunda. Parecia que eu estava na superfície da Lua. Nada parecia importar. Eu tinha tomado a pílula vermelha, e não gostei do que vi. O que vi foi uma espécie que não estava pronta. Uma realidade que nada tinha de real.

Olhando para as outras pistas engarrafadas, me senti entorpecido, isolado e traído. Aquelas pessoas não faziam ideia de nada. Essa vida toda é uma grande mentira. Enganamos a nós mesmos dizendo que estamos no topo da cadeia alimentar, mas na verdade somos minúsculos.

O trânsito ficou um pouco mais leve na rodovia US 50 a caminho da ilha Kent. Em meu estado de consciência aguçado, percebi coisas que normalmente não via. Placas na estrada. Um policial parando alguém por desrespeitar a faixa de carona solidária. Os anúncios minúsculos na traseira de carretas enormes.

O impacto foi como uma tijolada: somos uma espécie simplória. Precisamos que nos digam o que fazer e como nos comportar, porque não sabemos fazer isso por iniciativa própria. De limites de velocidade e restrições de tráfego ao que devemos comer, estamos sempre ouvindo orientações sobre como nos conduzir. A humanidade está mesmo pronta para a verdade? A maioria de nós só quer ouvir aquilo que se encaixa sem esforço em nossas velhas narrativas de sempre. Quando somos forçados a encarar a verdade, acabamos a suprimindo para nos sentirmos melhores.

De repente, todas as histórias sobre UAPs espalhadas pela literatura especializada ganharam um novo aspecto.

IMINENTE

Acontecimentos como os de Roswell não eram mais um enigma, e sim um quebra-cabeça facílimo. *Claro* que aqueles dois discos voadores caíram naquele dia em 1947. Nosso dispositivo primitivo de pulsos eletromagnéticos de alguma forma afetou a bolha de propulsão, tornando os UAPs vulneráveis. É o que aconteceria se um 757 perdesse toda a potência das turbinas. Assim, bastou um raio para o UAP conhecer de forma dolorosa a realidade do deserto do Novo México.

E quanto ao caso em Socorro, também no Novo México, em 1964? O policial Lonnie Zamora, sem saber, testemunhou duas formas de propulsão de UAPs naquele dia. Quando a nave em formato oval levantou voo do chão do deserto, fez isso com um grande rugido e o brilho de uma chama azul. Foi tão alto que Zamora correu morro acima com todas as forças para fugir, com medo de que a nave explodisse. Então, assim que o objeto chegou à determinada altura do chão, saiu voando *em silêncio*. Deve ter usado uma tecnologia de força bruta para sair do chão, mas, quando sua bolha antigravidade foi acionada, seguiu adiante sem esforço. Talvez esse modelo híbrido dê conta de explicar por que as testemunhas faziam relatos variados sobre os sons e níveis de calor que emanavam das naves.

Eu me perguntei sobre a natureza desses chamados visitantes, nossos amigos de fora da cidade, assim como tinha feito quando tentávamos entender seu interesse por nossas instalações nucleares. Qual seria sua motivação? Eu só conseguia pensar em três possibilidades:

1. Os visitantes são benevolentes e não querem interferir em nossa existência. Só querem continuar usando a Terra como estação intergaláctica de recursos energéticos. Ou podem ser tão benevolentes que esperam poder nos salvar de nós mesmos.
2. Eles são malévolos; estão aqui para tomar o que temos e aparecerão em grande número no futuro.
3. Eles são neutros. Como os humanos, podem ser bons ou maus, e pretendem nos observar e aprender conosco.

E AGORA?

Se forem bem-intencionados, não estão fazendo um trabalho muito bom em sua agenda benevolente. Não desceram como anjos no céu nos anos 1940 para impedir a detonação das bombas atômicas em Hiroshima e Nagasaki. Também não impediram epidemias de fome, guerras e genocídios. Não detiveram a proliferação nuclear nem o desenvolvimento de mísseis nucleares. Portanto, essa teoria sobre sua índole parece falsa. Por outro lado, também é possível que sua definição de benevolência seja nos deixar cuidar de nossa própria vida.

Se forem neutros em relação a nós, deveríamos pensar em termos diplomáticos e políticos. O que eles querem, e o que nós queremos? Não podemos aprender uns com os outros? Existe alguma possibilidade de negociação entre nós? Eles vão favorecer um de nossos governos nacionais em detrimento de outros?

A pior das hipóteses para nós é que eles sejam maus. Se forem, podem estar conduzindo o que os militares chamam de IPB — operação de Preparação Inicial para a Batalha. E quer saber? Na visão de alguém habituado à guerra, tudo o que vimos até agora é *bastante* semelhante a uma IPB.

Eles vêm fazendo visitas incessantes a nosso plano de existência desde a Antiguidade, e aumentaram a frequência desde o início do século XX. Eles vêm medindo forças contra nossas aeronaves. Interferiram em nossos mísseis balísticos, ligando-os e desligando-os por iniciativa própria. Em Colares, implementaram intencionalmente um programa hostil contra os seres humanos. Embora muitos pesquisadores sérios sejam relutantes em relação a esse aspecto dos fenômenos, não faltam relatos de abduções, implantes subcutâneos e mutilações de cabeças de gado. Temos evidências que apontam fortemente para um interesse em nosso poderio militar e tecnologia nuclear.

Tudo o que mencionei é o que uma cultura superior consideraria fazer se estivesse conduzindo uma missão de reconhecimento a distância. Avaliar o poderio militar, a reação e a capacidade do inimigo. Tentar neutralizar suas melhores armas sem detecção. Entender sua fisiologia,

IMINENTE

as defesas imunológicas de seu corpo, e talvez suas fontes de alimento, animal e vegetal. Organizar uma série de missões tendo como alvo um pequeno segmento da população, só para ver como se sairia.

Tudo isso que vimos no século XX *pode* ser um prelúdio para uma invasão. É uma possibilidade que não deve ser ignorada.

Se é nisso que eu acredito? Minha opinião não importa. O que interessa é o que pode estar acontecendo.

Vamos avaliar a terceira probabilidade.

Uma palavra que ouvimos com frequência quando pesquisamos a abdução é *indiferença*. Os que afirmam terem sido abduzidos e examinados clinicamente por visitantes dizem que seus captores tomavam a precaução de minimizar sua dor e sofrimento. Em alguns casos, os captores garantiram aos abduzidos que eles não se lembrariam de boa parte do que aconteceu. No fim, os abduzidos relatam que esses seres não estavam nem um pouco preocupados em saber se eles sobreviveriam ou não ao procedimento. Muitos experienciadores contaram ter se sentido vulneráveis, indefesos e temerosos.

Como ex-agente especial, se alguém me relata que foi levado a algum lugar contra sua vontade, eu consideraria isso um sequestro, um crime federal. E, se a vítima dissesse que foi tocada contra sua vontade, consideraria uma agressão, que também é crime entre os humanos. Será que ficamos tão confortáveis nos limitando aos contornos de nossa realidade projetada que nos recusamos a olhar ao redor para ver o que pode estar de fato acontecendo?

Quando os humanos se confrontam com outra espécie, *sempre* colocam os *próprios* interesses em primeiro lugar. Agimos com indiferença em relação ao outro. Precisamos estar preparados para a possibilidade de os ocupantes dos UAPs fazerem a mesma coisa quando nos tornarmos um incômodo.

Uma pergunta irresistível para mim: será que desde o começo isso foi uma operação de IPB, que agora estende-se por milhares de anos

E AGORA?

da existência humana? Ou nos colocamos em perigo conforme fomos evoluindo, a ponto de nos tornarmos uma ameaça? Depois do que conversamos na SCIF, eu acreditava na segunda possibilidade. Mas não tinha como provar. Não que fizesse diferença. Se houvesse a mínima chance de que eles fossem malignos, precisaríamos estar preparados. Do ponto de vista da segurança nacional, não podíamos correr riscos.

A noite me envolveu. As luzes piscavam do outro lado da Chesapeake Bay Bridge. A loucura da região metropolitana tinha ficado para trás, e eu vi as boias acesas na baía.

Estava me sentindo mais sozinho. Mais inseguro. Porém, pelo menos estava indo para casa.

Não era bom ter essas informações borbulhando na mente. Era uma coisa muito grande. Grande demais. Por direito, todos os seres humanos do planeta deveriam saber o que eu sabia. Se todo mundo soubesse, talvez pudéssemos pelo menos uma vez nos unir como espécie.

Meu trabalho não me permitia compartilhar esse tipo de informação. Nem uma fração que fosse. O que eu faria com esse conhecimento? Hal, Jay, eu e todos os nossos colegas deveríamos nos recolher a nosso cantinho no Pentágono com esse fardo gigantesco sobre os ombros? Ignorar, ser bons funcionários e fingir que a burocracia estava acima de tudo? Se a pior hipótese for verdadeira, não sobraria burocracia alguma para contar a história. Como eu explicaria isso para o resto da cadeia de comando? Como as pessoas lidariam com a situação?

Eu não sabia nenhuma dessas respostas. Mas precisava descobrir — e depressa.

Não consegui dormir muito nessa noite. Para não atrapalhar o descanso de Jenn, saí silenciosamente do quarto. Paris, nossa pastora-alemã, bocejou, deu uma olhada para mim e voltou para as cobertas ao pé da cama. Ainda passei para ver as crianças antes de ir para a escuridão da sala de estar.

Estava sendo consumido pela ideia de que precisava fazer tudo o que pudesse para mantê-las em segurança. Jenn sabia que meu trabalho estava sendo estressante nos últimos tempos. Não fazia ideia do motivo, e não tinha conhecimento algum sobre as informações que foram acrescentadas à minha cabeça nesse dia. Nós dois vínhamos conversando mais uma vez sobre maneiras de inserir mais tempo em família em nossa rotina, mais relaxamento, mais tempo de folga. Porém, sinceramente, isso nos fazia parecer dois gatunos que achavam que o roubo seguinte mudaria de vez suas vidas. Não havia como sairmos de Washington e largar nossos empregos na região metropolitana. Não estávamos em condições de fazer isso. Não por ora.

Como todo mundo que trabalha no governo, eu vivia flertando com a possibilidade de migrar para a iniciativa privada. Mas também queria que minha carreira no Pentágono terminasse em bons termos.

Dois olhos brilhantes apareceram na escuridão. Boo, nossa gata preta, entrou na sala, parando para me olhar. Com certeza eu devia estar atordoado. De alguma forma, os gatos sempre sabem quando os donos estão sofrendo. Ela inclinou a cabeça, olhando para mim no sofá e me encarando por um tempo. Durante o dia, interagia com a família como uma gata de estimação domesticada. À noite, se tornava a predadora que seu DNA a programou para ser. O escuro nunca incomodava Boo. Na verdade, ela preferia.

Sentado com as luzes apagadas, voltei a me dar conta: meu objetivo na vida sempre foi descobrir e defender a verdade. Eu me lembrei do lema bíblico de uma das agências da comunidade de inteligência: "E a verdade vos libertará". Eu precisava encontrar uma forma de conduzir os outros para essa nova verdade. Mas conseguiria fazer isso sem violar meu juramento ou perder meu emprego? O Pentágono era minha vida. Meus colegas eram minha vida. Minha família era minha vida. Mas a raça humana necessitava de transparência e informação. Eu precisava encontrar uma forma de divulgar o que sabia para quem quisesse ouvir. Mas como? Um homem seria capaz de contestar os governos, as religiões e a ciência e mudar as perspectivas de todos? Eu sou apenas um,

E AGORA?

e não tenho nada de herói. Servi ao lado de muitos, e não chego nem aos pés deles.

Ponderei tudo o que estava a meu favor. Eu sabia que os fenômenos eram reais? Sem dúvida alguma, sim. Havia outros que sabiam? Sim. Eu confiava neles? Inquestionavelmente. Homens como Hal, Will, Jay e outros colegas eram bem mais inteligentes que eu. Claro que confiava neles. E também no ponto de vista de nossos consultores. Se todos achavam que a tecnologia dos UAPs que observávamos era diferente de qualquer outra no planeta, eu estava disposto a acreditar neles, em nossas testemunhas e nas evidências.

Mas…

Eu também sabia que todo profissional tem seus pontos cegos. Quando trabalhadores atuam isoladamente, em contato apenas com os membros de sua equipe, sua visão acabava se tornando limitada. Isso não era exclusividade do governo. Era uma tendência global. Acadêmicos, cientistas, políticos e especialistas em geral cometiam o mesmo erro.

Eu tinha saído de meu mundinho confinado e investigado evidências que iam além do material que nosso time coletava? Eu achava que sim. Estudei os relatórios do governo. Fiz um mergulho profundo no Projeto Livro Azul e seus antecessores, o Sign e o Grudge. Li os relatos de aviadores que testemunharam interferências em nossos sistemas de mísseis nucleares por entidades desconhecidas. Uma empresa aeroespacial deu indício de seu desejo de participar. Ainda não sabíamos se essa aparente mudança de posição era sincera ou não. Eram companhias que haviam passado décadas mantendo os materiais escondidos e então, por algum motivo, uma delas resolveu compartilhá-los conosco.

Mais recentemente, Nolan e Vallée tinham estudado a composição do agregado metálico encontrado em Iowa em 1977 e revelaram outro mistério a ser resolvido. A princípio, as amostras continham elementos que podem ser encontrados em qualquer lugar de nosso sistema solar: sódio, magnésio, alumínio, silício, ferro e manganês. No entanto, alguns

IMINENTE

foram modificados como isótopos do elemento original. Por que alguém fabricaria três isótopos *diferentes* de magnésio e quatro isótopos de ferro? Em nível atômico, os isótopos tinham sido combinados de forma altamente organizada e estruturada. Nossos especialistas não sabiam como replicar um trabalho desse tipo. Além disso, havia indícios de propriedades fractais associadas ao material, uma repetição infinita de padrões dentro da matriz física que parecia aleatória e uniforme ao mesmo tempo. Curiosamente, os materiais pareciam poder transmitir múltiplas frequências. Como Hal me explicou, normalmente as antenas devem ter pelo menos metade do tamanho da forma da onda para funcionar. Esse material, porém, aparentava ser capaz de transmitir frequências de amplitude muito maior do que deveria. Hal especulou que aquele material poderia transmitir vastas quantidades de dados. Mas nenhum especialista em materiais que analisou esses isótopos sabia criá-los.

As palavras de Hal ecoaram em minha mente: *Agora é um desafio tecnológico.*

Precisávamos das grandes mentes do mundo dedicadas a essa questão, e imediatamente. Se os governos revelassem a verdade, talvez as grandes mentes se unissem para usar essa tecnologia para salvar nosso planeta e nossa espécie de todos os problemas que temos pela frente. A boa ciência, do tipo que é praticada em universidades e institutos do mundo inteiro, era bem-sucedida porque era transparente. Os gênios trabalhavam em seus laboratórios, escreviam suas descobertas e publicavam para o mundo inteiro ver. Outros pesquisadores partiam daquele ponto e iam além, até que se chegasse a um consenso.

Não havia consenso sobre a questão dos UAPs, porque o trabalho estava relegado às sombras. Eu tinha passado a vida toda protegendo segredos, e agora sentia no fundo do coração que guardar segredos apenas em nome do sigilo era uma ideia sem futuro, que causaria mais mal do que bem.

E AGORA?

Não me entenda mal, eu sempre protegi informações confidenciais de nossos inimigos. Mas, como país, estávamos escondendo a realidade sobre os UAPs do próprio povo americano. Ora essa, estávamos escondendo a verdade de nossos próprios governantes. Era uma violação flagrante imposta a nós, os portadores desses segredos.

Tonto de sono, enquanto voltava para o quarto, olhei para minhas duas filhas, uma por vez. Não fazia ideia de como seria o futuro delas, que mal tinham descoberto quem eram. Mas, se algum dia quisessem desvendar os segredos do universo, não tinham o direito de saber a verdade? E elas e seus colegas de escola não mereciam saber que não estamos sozinhos no universo?

Eu estava em condições de começar essa conversa, mas as consequências poderiam não ser das melhores para mim e para minha família. Como eu costumava ouvir: "A história não trata bem quem tenta apressá-la".

Entrei no quarto e escutei Paris soltar um longo suspiro, quase como se soubesse de meu dilema. Voltei para debaixo das cobertas e tomei um gole de água. A lua iluminava o copo. Ali estava algo precioso para nossa espécie, que tratávamos como se fosse a coisa mais comum do mundo. Como nos sentiríamos se soubéssemos que outras formas de vida viajaram bilhões ou até trilhões de quilômetros em busca de um simples copo d'água?

No dia seguinte, embiquei o Cadillac na direção da cidade, determinado a começar a fazer a coisa acontecer. Estava esperançoso. Tinha visto o que acontecia quando evidências concretas de UAPs são apresentadas para pessoas inteligentes. Elas abriam os olhos. E suas primeiras palavras após assimilar a informação eram: "Certo, então é real. E agora?". Mais dados sólidos abririam mais olhos.

Depois de uma noite em claro, dois cursos de ação estavam nítidos em minha mente.

1. Sabíamos que nossos amigos de fora da cidade eram atraídos pelo mar e por nossos equipamentos nucleares. Nosso OPLAN

IMINENTE

Intruso ainda estava sendo avaliado pelo Estado-Maior Conjunto das Forças Armadas. Estávamos sem notícias havia meses, e precisávamos começar a abordar as pessoas certas. O documento tinha um raciocínio elegante, e todos os ingredientes necessários — data, local, circunstâncias e um apêndice com todas as atividades relacionadas a UAPs dos três meses anteriores. Quem quer que lesse entenderia a urgência da situação.

2. Precisávamos chegar ao secretário de Defesa, o homem a que todos no Pentágono se referiam como SECDEF. Se tivéssemos permissão para falar diretamente com ele, eu sabia que nossas informações seriam compreendidas.

Existem apenas cinco pessoas no planeta que me fariam colocar uma farda e ir para a guerra hoje mesmo. Um desses indivíduos é o à época secretário de Defesa James "Mad Dog" Mattis, ou, como seus amigos o chamavam, "Caos".

No Pentágono, as pessoas falavam a seu respeito aos sussurros. Ele era um pensador, um leitor inveterado e um erudito. Um verdadeiro monge guerreiro. Eu o conheci em 2001 em Kandahar, no Afeganistão. Pouco depois, apresentei Mattis a meu amigo John Robert, que se tornaria um dos homens de confiança de Mattis na linha de frente.

Antes mesmo que o posto tivesse sido criado, eu fui o primeiro coordenador de contrainteligência no Afeganistão, e me tornei um dos conselheiros informais de inteligência de Mattis, que tinha o poder de salvar e tirar vidas. Meu trabalho, com a ajuda de John, era garantir que ele tivesse as informações certas para tomar a decisão certa.

Um de meus primeiros momentos de proximidade com ele foi quando o abordei com informações militares urgentes.

— Senhor, vai haver um ataque com foguetes contra nós em mais ou menos dez minutos, bem aqui no campo de pouso — informei. — Vamos precisar de apoio.

E AGORA?

Ele se virou para um de seus subordinados e começou a gritar:

— Todos os helicópteros no ar *agora*! Metralhadoras em todos os perímetros. Quero todos esses filhos da p*** mortos!

Quando as coordenadas foram passadas, ele se virou para mim com uma risadinha:

— Espero que você esteja certo, Lue.

Esse era Mattis: um comandante sem meias palavras, endurecido pelo campo de batalha, mas que também mostrava abertamente seu lado humano.

Em outra ocasião, alguns de seus homens estavam cercados em uma troca de tiros pesada no perímetro do campo de pouso. Com a munição chegando ao fim, eles pediram apoio pelo rádio, mas não havia ninguém por perto que pudesse ajudar. Por acaso, um pequeno comboio de Veículos Blindados Leves (LAVs) anfíbios estava passando pelas redondezas. Mattis liderava o comboio. Quando ouviu o chamado, como um personagem de um filme de John Wayne, ele ordenou uma mudança de rota:

— Vamos lá buscar nossos rapazes.

A caravana foi às pressas para o novo local e destroçou os inimigos. O som de uma metralhadora Bushmaster 25 mm era sinal de que os inimigos teriam um péssimo dia. Um veículo anfíbio surgiu no alto de uma elevação e aterrissou no chão com um estrondo. A escotilha no teto se abriu, e lá estava Mattis.

— O comitê de boas-vindas chegou, rapazes! — gritou ele.

Nossos rapazes estavam salvos. Os elementos hostis fugiram assim que viram a magnitude do poder de fogo que Mattis tinha trazido consigo. Histórias como essas e muitas outras eram vividas todos os dias por Mattis, e tive o privilégio de testemunhar algumas pessoalmente. Ele tem o mérito de ter salvado muitas vidas, inclusive a minha.

Nossa, eu adorava aquele cara, e ainda adoro.

Mais de uma década depois, eu estava trabalhando no Pentágono com o próprio Mad Dog, que havia aceitado o cargo de secretário de Defesa no início do governo Trump. O problema era que havia umas vinte mil pessoas entre nós dois.

Informei Jay sobre meus objetivos. Tentaria uma reunião com o secretário. Queria a autorização do SECDEF antes de começar a fazer incursões em questões delicadas de segurança. Queria uma carta para garantir meu acesso aos materiais relacionados a UAPs do Programa Legacy. Queria muito mais, porém precisava de uma abertura para poder expor meu caso. Para isso, comecei uma dança elaborada ao redor de todos os que estavam na órbita do secretário.

Alguém poderia perguntar por que não liguei para Mattis e marquei uma reunião, já que ele me conhecia e confiava em mim. É um questionamento justo. E a resposta é: estávamos no Pentágono. A maioria entre os funcionários era de civis, mas trabalhávamos para as Forças Armadas. Sob nenhuma circunstância eu poderia atropelar a cadeia de comando e usar meu histórico com o general para conseguir uma audiência pessoal com ele. É importante entender que Mattis fez questão de fortalecer a autoridade e valorizar a cadeia de comando durante o governo Trump, e eu não poderia minar seus esforços ignorando a devida hierarquia, por mais importantes que fossem minhas preocupações.

Eu precisaria passar pelos devidos canais, mesmo não podendo confiar nos canais internos do OUSD(I). Apesar de meus esforços, nem eu nem Jay conseguimos superar a barreira da burocracia. Peguei o telefone e contei para todo mundo que poderia nos ajudar que tínhamos um problemão nas mãos.

Minha preocupação era com o recente aumento de atividades envolvendo UAPs, a começar pelos incidentes com o *Roosevelt* e em outras áreas militares restritas. Nossos homens e mulheres de uniforme precisavam de orientação sobre esse assunto, e para mim a única forma de emitir uma diretiva seria recorrendo a instâncias superiores. Cheguei a cobrar alguns favores com base no capital político que acumulei ajudando ao longo dos anos.

E AGORA?

Não houve jeito. Eu estava em um beco sem saída. A margem de manobra era curta; era preciso tomar cuidado com o quanto revelar sobre nossos esforços. Se eu falasse demais, ninguém acreditaria. Assim como na história da Cachinhos Dourados, o mingau precisava estar perfeito. Mas cada indivíduo na cadeia de comando queria seu mingau em uma temperatura diferente dos demais.

Nessa época, Hal também estabeleceu algumas conexões. Um de seus contatos era um homem inteligentíssimo chamado Jim Semivan, um agente sênior da CIA, com uma carreira longa e bem-sucedida. Só para fazer um rápido retrato: nascido e criado em Ohio, Jim estudou na Universidade do Estado de Ohio, entrou na CIA em 1982 e se aposentou em 2007, após uma carreira de 23 anos. Na época da aposentadoria, era membro do Serviço de Inteligência Sênior da CIA. Tinha servido em várias missões no país e no exterior, e ocupou cargos de chefia na sede da agência. Recebeu a Medalha de Carreira na Inteligência da CIA, e diversos Prêmios de Performance Meritória e Citações de Unidade Meritória. Operou no mundo inteiro recrutando colaboradores de alto nível. Seu histórico era o oposto do meu. Eu recrutava desordeiros, insurgentes e fabricantes de bombas. Jim recrutava adidos e embaixadores estrangeiros. Depois da aposentadoria, Jim passou a ser colaborador externo da CIA, mas ainda estava "por dentro".

Hal sugeriu a Jay que fizéssemos uma reunião com Jim no Pentágono. Era a primeira vez que trazíamos alguém de fora para o centro da operação. Confiar em Jim representava um grande risco. Nenhum de nós o conhecia, mas Hal garantiu que ele era de confiança.

Jim conversou comigo, Jay e mais um colega em uma sala silenciosa nas entranhas do Pentágono. Para a primeira reunião, concordamos em não revelar para Jim o que fazíamos. Quando entrei, vi um homem baixo, de cabelos grisalhos e paletó esportivo azul. Com um sorrisão no rosto, ele se levantou e estendeu a mão. Estava claramente contente em nos ver. A primeira reunião ocorreu sem incidentes, como um bom primeiro encontro deve ser. Ninguém falou muito nem se prontificou a fazer nada. Foi só uma primeira conversa para nos conhecermos e, como bons espiões, avaliarmos as motivações, a experiência e o treinamento uns dos outros. Não podíamos comprometer nossos esforços, então falamos de uma forma um tanto constrangida e cifrada, torcendo para que a outra parte entendesse o que estávamos querendo dizer mesmo sem falar nada.

Jim entrou em contato para marcar outra conversa em algumas semanas, e combinamos a data. Fiz um pouco mais de pesquisa a seu respeito. Na verdade, ele ainda participava de esforços importantes para a CIA. Ele nos agradeceu profusamente por termos concordado em revê-lo. Dessa vez, Jim mencionou que estava trabalhando com alguns colegas, uma equipe variada com alguns militares reformados e agentes de inteligência aposentados e um roqueiro famoso.

Roqueiro famoso?, eu me perguntei. *Que p**** um roqueiro famoso poderia estar fazendo nesse grupo?* Jim citou agentes e cargos, todos verdadeiros, mencionando inclusive as credenciais de segurança e o histórico profissional. Então contou que o roqueiro era Tom DeLonge.

Ele percebeu meu olhar de confusão.

— O vocalista do Blink-182, sabe? — disse ele.

Nesse momento, me deu o estalo. De repente me lembrei de onde conhecia o nome. Minhas filhas eram fãs da banda. Jim foi mais franco dessa vez. Ele e sua equipe estavam trabalhando para conduzir o debate sobre os UAPs para fora das entranhas do governo e entregá-lo ao público. Ele tinha ouvido falar que havia um programa desse tipo sendo conduzido no Pentágono, então estava contente por finalmente ter nos encontrado.

— Veja bem, Jim — falei, em tom de aviso. — Ainda não contamos nada para você. Só estamos conversando porque Hal recomendou, e você tem credenciais de segurança para assuntos confidenciais. Você não pode falar para *ninguém* que estamos aqui.

— Eu entendo perfeitamente, Lue. Você tem minha palavra.

E AGORA?

— Para isso dar certo, precisamos ter confiança — continuei. — O que estamos fazendo aqui é um passo nessa direção, mas precisamos proteger o programa a qualquer custo.

Era a primeira vez que sequer mencionávamos o AATIP para alguém de fora da equipe. Jim finalmente recebeu a confirmação que queria. Para amenizar meus medos, ele corajosamente revelou uma experiência bastante pessoal com UAPs quando ainda era um agente da CIA na ativa. Era uma troca, uma forma de dizer: "Ei, veja só... eu também estou arriscando minha pele aqui, e tenho muito a perder compartilhando essa informação. Mas aqui está minha demonstração de confiança". Eu apreciei bastante esse gesto, e os detalhes de seu incidente eram bem parecidos com os de outros que eu conhecia.

Jim se tornou um aliado. Em breve, conheceríamos outro colaborador fundamental, que se tornaria um colega de equipe de valor inestimável.

CAPÍTULO 18

O GORILA DE 350 KG

Um de meus colegas de equipe bateu à porta da SCIF e avisou:

— Senhor, um funcionário *do alto escalão* do DoD está aqui para falar com você.

Eles tinham verificado as credenciais do visitante, que tinha a permissão necessária do Gabinete de Inteligência Naval (ONI) para estar no prédio e entrar em uma SCIF comigo. Fiquei curiosíssimo para saber o que ele queria.

Instantes depois, junto com Jay e outro colega, entrei na SCIF para a reunião e vi um homem alto, em boa forma física, bem-vestido e com uma capanga de couro sob o braço esquerdo.

— Olá! Sou Chris Mellon — apresentou-se ele.

Chris nos falou com bastante humildade sobre sua experiência profissional no Departamento de Defesa.

A manchete, por assim dizer, era: CHRIS TINHA SIDO ASSESSOR ADJUNTO DO SECRETÁRIO DE DEFESA PARA INTELIGÊNCIA.

Nesse cargo, ele estava apenas um nível abaixo do secretário de Defesa. Supervisionava todas as atividades do Departamento de Defesa e dos Programas de Acesso Especial (SAPs). Quando era senador, William Cohen tinha Chris Mellon como seu conselheiro mais próximo na

Colina do Capitólio. Mais tarde, quando se tornou secretário de Defesa, levou Chris com ele para ser um dos chefes de seu novo estafe. Foi uma excelente decisão, se quer saber minha opinião.

Meu colega de equipe tinha subestimado quem estava à minha porta quando se referiu a ele como um funcionário *do alto escalão*. Fiquei ainda mais curioso para nossa conversa.

A ajuda de alguém com esse nível de autoridade era o empurrão de que precisávamos. Por outro lado, ele poderia estar lá para nos causar problema e virar um pedregulho em nosso sapato.

Chris expressou interesse em nos ajudar. Ficou satisfeito em saber que nosso programa existia, e até sabia que nos chamávamos AATIP. Foi uma surpresa descobrir isso, já que trabalhávamos em sigilo. Então Chris perguntou:

— Como faço para me inteirar do programa?

Uau, que pergunta pretensiosa, pensei. Na prática, inteirar alguém do programa queria dizer que a pessoa estava sendo aceita no grupo e seria informada sobre absolutamente tudo a respeito. Eu não sabia se ele era mesmo de confiança, então resolvi ganhar tempo e submetê-lo a uma espécie de teste. Eu me lembro de olhar por cima do ombro, dar um sorrisinho malicioso para um colega, depois me virar para Chris e dizer:

— Bom, se você quiser informações, eu posso dar, mas antes de qualquer outra coisa vai precisar de uns ingressos específicos. As regras são as seguintes…

Mencionei uma longa lista de permissões: A, B, C, D, E, F, G e assim por diante. Em nosso mundo, *ingressos* eram permissões de segurança — as credenciais e seus respectivos acessos.

Chris anotou tudo e falou:

— Tudo bem, sem problemas. — Ele baixou a caneta e completou: — Se eu conseguir os ingressos, você conversa comigo?

— Claro — respondi.

Chris nos agradeceu por tê-lo recebido, nos cumprimentou com apertos de mão e prometeu que voltaria.

Eu sabia que às vezes é preciso mais de um ano para ser devidamente *avaliado* e receber alguns desses ingressos. Portanto, pensei que houvesse alguma chance de nunca mais ouvirmos falar dele; e, se ele conseguisse mesmo os ingressos e voltasse, depois veríamos o que fazer. Talvez ele voltasse um dia para trocar informações e contasse o que sabia a respeito de antigos programas sobre UAPs do tempo em que supervisionou os SAPs.

Quando Chris foi embora, Jim Semivan entrou em contato, confessando que tinha contado a Chris sobre o AATIP e dito onde nos encontrar. Ele garantiu que era alguém em quem podíamos confiar e mencionou casualmente que, além da passagem por escalões altíssimos do governo, Chris fazia parte de uma família poderosa. Sua família estava à frente de negócios como Carnegie Mellon, Gulf Oil e Mellon Bank, para citar apenas alguns. Ele era rico, independentemente do trabalho, herdeiro de algumas das dinastias financeiras e industriais mais antigas dos Estados Unidos. Seu avô literalmente tinha ajudado a construir o país. Eu me lembrei que Chris não citou nada disso para nós, nem mesmo de forma sutil, e meu respeito por ele só aumentou. Sua humildade era genuína.

Uma semana mais tarde, os advogados de defesa dos terroristas do 11 de Setembro apresentaram uma petição me pintando como a própria encarnação do diabo, alegando que eu estava impedindo que seus clientes detidos tivessem um julgamento justo. Enquanto eu escrevia uma resposta para nosso advogado, houve uma batida à porta.

— Senhor, Chris Mellon está aqui de novo — avisou minha assistente.

— Ora, o que ele quer? — perguntei. — Já avisei que não posso falar nada sem os ingressos.

— Hã, Lue, ele já tem os ingressos — contou minha assistente.

P****, sem chance, pensei. *Ele conseguiu todos os ingressos em uma semana?*

Quando folheei os documentos que ele tinha trazido, de fato estavam todos lá. Cada um deles. Só por precaução, fiz uma ligação rápida para verificar os ingressos. Todos eram autênticos. Isso me deixou mais do que impressionado. Claramente, Chris era um operador do mais alto nível. Eu nunca tinha visto alguém conseguir credenciais de tamanha complexidade em tão pouco tempo.

Conduzi Chris para uma sala de reuniões dentro de outra SCIF. Ao longo das três horas seguintes, compartilhei com ele relatórios, fotografias, imagens e os dados e informações que reunimos dos arquivos de iniciativas anteriores. Chris ficou petrificado na frente do grande monitor enquanto os vídeos e os áudios dos pilotos eram reproduzidos.

No fim de nossa reunião, ele parecia frustrado, para dizer o mínimo. Tinha passado anos supervisionando todos os SAPs do DoD e admitiu que não tivera acesso a nada relacionado a UAPs. Trocando em miúdos, ele deveria ter sido informado e não foi. Por isso estava irritado e motivado a ser parte da solução do que admitia ser um problema sério. Depois de pôr para fora parte de sua frustração, ele garantiu sua lealdade a nossos esforços e se tornou um membro de confiança da equipe. Olhando para trás, foi uma das melhores e mais importantes decisões que tomei.

CAPÍTULO 19

F****-SE VOCÊS

Antes do fim de 2016, fiquei sabendo por Jay que o Estado-Maior Conjunto das Forças Armadas tinha negado nosso OPLAN Intruso, nosso plano para atrair UAPs para águas abertas, a designação ACCM. Aquilo que eu considerava uma iniciativa ousada para compreender o que nossos militares testemunhavam nos céus, para o alto comando era uma esquisitice que não tinha nada a ver com suas atribuições cotidianas. Eles não queriam ser associados ao estigma histórico em torno dos óvnis. Mas e se fosse um adversário? E se a China ou a Rússia tivesse nos ultrapassado tecnologicamente? Ou se fosse mesmo um adversário não humano? Não deveríamos fazer algo a respeito?

Esse estigma que ainda enfrentávamos me deixava indignado. É o mesmo pensamento que já havia nos prejudicado diversas vezes antes. Não aprenderíamos nunca? Ninguém se lembra do 11 de Setembro? Ninguém precisa se preocupar com surpresas estratégicas?

No início, para tornar essa conversa mais fácil, Jay teve a ideia de chamar esses objetos de fenômenos aéreos não identificados, UAPs, em vez de óvnis.

Na verdade, eu considerava isso um imenso lapso em nossa segurança nacional. Se disséssemos às pessoas que analisavam vídeos que conhecíamos a origem da "aeronave", elas colaboravam de bom grado. Mas, se disséssemos que era um óvni, virávamos motivo de piada no prédio inteiro. A denominação UAP era bem mais palatável. E me lembrava um filme da Disney a que eu costumava assistir com minha filha, *WALL-E*, a história de um humilde robô que inocentemente cria o caos ao entrar no mundo estéril de robôs não terrestres a bordo de uma espaçonave. Os robôs da nave estão tão acostumados com sua rotina habitual que não conseguem, ou não querem, reconhecer nada que não seja sua atribuição específica. Eficientes em seu trabalho, sim; capazes de pensar fora da caixinha, não, nem de longe.

A operação Intruso podia não estar oficialmente morta, mas era como se estivesse. Eu não tinha esperança de que fosse acontecer em nenhum momento no futuro próximo, já que não era prioridade para ninguém além de nós. Essa decisão doeu. Jay e eu tínhamos passado um tempo considerável coordenando esse trabalho. Conversamos de novo e elaboramos outro plano. E se Jim Semivan estivesse certo? E se precisássemos encontrar uma forma de levar esse assunto para "as pessoas"?

Eu não estava me referindo a *todo mundo*, claro, e sim a um pequeno círculo de confiança. Nossos amigos e parceiros do setor de defesa não tinham experiência em transitar no vasto labirinto do Pentágono. Queríamos ampliar o número de especialistas que podiam analisar vídeos menos comprometedores e dar seu parecer a respeito. Em vez de submetê-los ao processo de credenciamento e forçá-los a ver as imagens trancados em uma SCIF conosco, pensei em retirar o sigilo de alguns vídeos e disponibilizá-los através de um servidor seguro do governo. Compartilharíamos a senha apenas com alguns poucos colegas, e os deixaríamos ver os vídeos como quisessem. O AAWSAP tinha usado a mesma abordagem, e com grande sucesso, para compartilhar 37 das 38 pesquisas acadêmicas que Hal havia encomendado a diversos cientistas. Por que reinventar a roda nesse caso?

IMINENTE

Eu tinha plena consciência do que estávamos fazendo ao submeter para autorização dos canais competentes algo que queríamos compartilhar publicamente, mesmo que o material não fosse sigiloso ou tivesse sido classificado como permitido apenas para uso oficial (FOUO). Sabia que precisaríamos escolher três vídeos não sigilosos para compartilhar. Mesmo ciente de que seriam os menos úteis, não tive escolha. Eu não podia soltar um vídeo confidencial e continuar dormindo tranquilo à noite. Quando os três vídeos fossem selecionados, seria preciso preencher toda a papelada e aguardar a decisão.

Mas quais vídeos escolher? Eu considerava o vídeo feito pelo Departamento de Segurança Interna (DHS) em Aguadilla, Porto Rico, um caso delicado demais, por ter como origem outra agência. Mesmo já tendo vazado na internet, eu não estava disposto a confirmar que era mesmo um vídeo do governo americano sem a autorização do DHS. Em vez disso, escolhi três vídeos que mostravam características comuns de UAPs. Achava que a baixa resolução seria um trunfo para apressar o processo de aprovação. Escolhi o vídeo feito com FLIR (o do Tic Tac de 2004) e os vídeos GoFast e GIMBAL de 2015. Descrevi todos em um formulário 1910, usado no DoD para solicitar a retirada do sigilo de qualquer coisa, de documentos a conteúdo multimídia.

No espaço destinado a informar o motivo para publicação, datilografei apenas: "Não se aplica. Não é para publicação. Uso APENAS para pesquisa, análise e compartilhamento com outros parceiros do governo e do setor de defesa para fins de desenvolver banco de dados que ajudará a identificar, analisar e, em último caso, derrotar ameaças [de sistemas aéreos incomuns]". Decidi afirmar que "Não se aplica" pelo fato de que se pode *publicar* um livro; um vídeo, porém, é *disponibilizado*, e não *publicado*. Eu sempre me orgulhei de minha precisão vocabular na comunicação.

Alguns dias depois, recebi um e-mail do Gabinete de Pré-Publicação e Avaliação de Segurança do Departamento de Defesa (DoDOPSR), o órgão governamental que recebe essas requisições. O DoDOPSR

F****-SE VOCÊS

compreendeu que nossa intenção era tornar os vídeos disponíveis a nossos parceiros no setor de defesa, ou seja, pessoas com quem já trabalhávamos na indústria aeroespacial e nas universidades. O DoDOPSR explicou que não havia como retirar o sigilo desse tipo de mídia apenas para divulgação a um público restrito. Eles nos sugeriram mudar os termos do requerimento e solicitar a disponibilização irrestrita, para tornar os vídeos públicos.

Por essa eu não esperava. Parecia um presente de aniversário antecipado. Isso nos daria flexibilidade suficiente para decidirmos quem seriam nossos parceiros.

Na prática, estavam dizendo que poderíamos fazer o que quiséssemos com o material.

Pouco depois, a aprovação chegou a minha caixa de entrada. O DoDOPSR tinha carimbado oficialmente meu formulário 1910 com as palavras: DISTRIBUIÇÃO ILIMITADA.

CAPÍTULO 20
AS TRÊS CABEÇAS DE CÉRBERO

Ficamos perdidos. Tínhamos investigado diversos casos, conduzido análises, consultado cientistas de primeira linha e obtido avanços históricos para o governo americano. Por que era tão difícil informar as pessoas da cadeia de comando a respeito? Eu me sentia de certa forma como o operador de radar poucos minutos antes de Pearl Harbor. Por que ninguém se preocupava com o que *nós* estávamos vendo?

Mas então meu telefone tocou, e o identificador de chamadas mostrou que era alguém da equipe do secretário de Defesa, exatamente o gabinete onde eu precisava chegar.

Uma semana antes, eu tinha dado permissão a Chris Mellon para que citasse meu nome para gente do alto escalão que conhecia e poderia ajudar Jay e eu a chegarmos até Mattis pelos canais apropriados.

Ora essa, pensei. *Chris fez a coisa acontecer!*

Eu não devia ter me empolgado. Sabia como aquele lugar funcionava. A apresentação de Chris foi só o início do que acabou se tornando meses de reuniões com indivíduos com cargos importantes no Pentágono. O funcionário do alto escalão com que eu estava lidando — com acesso ao SECDEF — anotou o que falei e prometeu (de novo) entrar em contato. Eu entendia a hesitação. Ele não compreendeu ao certo a dimensão do assunto e logo repassou a incumbência a dois colegas, um conselheiro sênior da Casa Branca chamado Brad Byers e um contato na CIA que chamarei aqui de Shari Smith. Eles solicitaram pilhas de dados. Pediram para falar com os pilotos. Nós trouxemos Fravor, Dietrich e um operador de radar. Depois, queriam os relatórios, as fotos e todo o resto.

Mas, no fim, nada chegou a Mattis. Seus três intermediários queriam entregar ao secretário uma solução, e não um problema. Também ouvi dizer que Brad estava hesitante em informar Mattis antes que meu gabinete, o OUSD(I), tivesse um chefe permanente. Desde a saída de Michael Vickers, o USD(I) estava sendo gerido de forma "interina" ou temporária. Era um cargo que exigia uma sabatina no Senado, por isso o Pentágono ainda estava procurando a pessoa certa. Com alguém alocado em caráter permanente no USD(I), poderíamos manter todo mundo informado. Na época eu não concordei, mas, olhando em retrospectiva, provavelmente era a coisa certa a fazer. Brad era um bom sujeito, e leal a Mattis, assim como eu. Em uma conversa, eu falei sem meias palavras:

— Estamos correndo contra o tempo. Precisamos agir. Alguém precisa informar o secretário.

Em seguida, fiz uma pausa, me acalmei e pedi desculpas. Então contei sobre meu trabalho na Operação Liberdade Duradoura no Afeganistão, o que não esperava nem desejava fazer a não ser que o destino me obrigasse.

— Eu estive em Kandahar com o secretário quando ele era o comandante da Unidade Expedicionária dos Fuzileiros Navais. Não posso dizer que sei como ele pensa, mas se tem uma coisa que aprendi com essa experiência foi que ele é um homem que sempre quer mais informações, e não menos.

Mattis ainda era novo no cargo; a imprensa seguia de perto cada movimento seu. Meus principais contatos, Sharon e Brad, não queriam colocá-lo em uma posição insustentável. Se os jornalistas ouvissem falar dessas reuniões, poderiam perguntar em uma coletiva: "Sr. secretário,

IMINENTE

é verdade que o senhor foi recentemente informado que os UAPs são uma realidade e representam perigo para nossos pilotos?"

Daí em diante, imagino que a coisa só pioraria: "Sr. secretário, o senhor acredita em ETs?"; "Sr. secretário, estamos nos preparando para uma invasão alienígena?".

Estávamos dando passos na direção certa, mas os grandes questionamentos permaneciam. Como contornar o estigma e o medo de que o assunto fosse motivo de galhofa para podermos repassar nossas informações? Como desfazer oitenta anos, ou até mais, de negativas oficiais?

Eu elaborei meus próprios planos. Em minha sala, fiz uma pergunta para ███.

— Qual é a única coisa, a *única*, que sempre nos impediu de fazer acontecer?

Sem piscar, ███ respondeu:

— Autoridade. Nós não temos autoridade suficiente para fazer o que precisamos.

— BINGO! E como podemos conseguir mais autoridade? — perguntei.

— Subindo na hierarquia — respondeu ele.

Era como se estivéssemos em um *game show* improvisado.

— CORRETO! Mas não podemos dar uma promoção para nós mesmos...

— Não precisamos, porque temos amigos que já estão lá.

Não muito tempo depois, ███ e eu fomos à sala de Neill Tipton, meu antigo chefe. Como sempre, ele foi simpático e bem-humorado.

— Vindo de você, Lue... nada mais me surpreende — respondeu ele, aos risos.

Explicamos nosso plano. Neill se juntaria ao AATIP e ajudaria em nossos esforços. Compartilharíamos dados, e a equipe do secretário forneceria cobertura e proteção. (Brad e Shari concordaram com isso.) Neill tinha o entusiasmo necessário pelo assunto. Ele havia colaborado conosco antes, quando investigamos o vídeo do Predator, e tomara a iniciativa de nos informar sobre o desdobramento do caso por e-mail. A essa altura, ele era um dos funcionários de patente mais alta do OUSD(I), o equivalente a um general de três estrelas.

Só precisávamos de seu sim.

Neill se recostou na cadeira atrás de sua nova mesa de carvalho maciço.

— Com uma condição — disse ele. — Você precisa continuar como conselheiro e…

— Eu não vou a lugar nenhum — garanti.

Neill exigiu ser informado sobre tudo e pediu alguns documentos também. Dias depois, voltei à sala dele, passei as informações solicitadas e entreguei uma pasta com cópias impressas dos relatórios sobre UAPs, com vários centímetros de espessura. Também lhe dei acesso à nossa pasta compartilhada em nosso diretório de material confidencial no OUSD(I). Agora só precisava que a equipe do SECDEF assinasse um memorando transferindo a responsabilidade pelo AATIP para Neill.

Após alguns dias, tive uma reunião com Neill, Brad e Shari, confiante de que estávamos quase lá. Todos concordavam que Neill seria o novo czar dos UAPs no DoD. Nessa tarde, redigi um memorando de nível não sigiloso e mandei uma cópia para Neill e ███ revisarem. Era curto e simpático, mas bastava para que Neill pudesse assumir sua nova função.

Neill leu e aceitou os termos, mas adiou a assinatura para quando voltasse de uma TDY — uma viagem oficial. De novo, o secretário da Defesa não foi informado. Mais uma vez, a burocracia e o estigma estavam dificultando as coisas.

Enquanto isso, algo mudou dentro de mim. Concluí que tínhamos feito tudo o que podíamos. A coleta de evidências. A luta para levar a informação adiante. Eu estava exausto.

Nos longos trajetos para casa, eu analisava minhas opções e ruminava minhas inquietações.

IMINENTE

Tinha me dedicado altruisticamente ao DoD, o que me deu um caminho a seguir e alimentou minha carreira. O Pentágono era minha força vital. Minha identidade.

Mas era impossível ignorar a sensação de que estava nadando em uma piscina de cimento que secava rápido. Eles se recusaram a dar o sinal verde para a operação Intruso. Tinham barrado minha reunião com o secretário. Era do interesse do Pentágono manter o *status quo*, rodear o assunto com um falatório interminável sem nunca pôr a mão na massa. Enquanto isso, tínhamos as ameaças reais à segurança nacional representadas pelos UAPs. Eu sabia que, se o assunto não recebesse atenção, tudo poderia acabar com uma falha de segurança pior que o 11 de Setembro. Durante todo esse tempo, o Programa Legacy tinha funcionado nas sombras, de posse de tecnologia avançada criada por uma inteligência não humana, e nenhuma autoridade eleita ou qualquer outra pessoa no Pentágono sabia. E havia o simples fato de que a natureza de nossa realidade — o fato de que não estamos sozinhos no universo — estava sendo escondida do povo americano e da humanidade como um todo. Pode falar… isso é insano e errado.

Eu me sentia como em um episódio de *Além da imaginação*.

Precisava haver uma saída melhor.

Enquanto traçava estratégias com Jay e Chris Mellon, percebemos que a única maneira de fazer o Pentágono mudar a forma como estava lidando com o assunto seria envolvendo o Congresso. E, como Mellon nos lembrou, a forma de chamar a atenção do Congresso seria fazer o assunto circular fora do governo e atrair a imprensa.

Mas, como funcionários públicos, não podíamos conversar com a imprensa.

De meu ponto de vista, isso na prática só me deixava duas escolhas: (1) me resignar com o silêncio e continuar sentado em cima do maior segredo da humanidade, deixando o povo americano e o restante das pessoas no escuro e ignorando uma ameaça seríssima à segurança nacional;

AS TRÊS CABEÇAS DE CÉRBERO

ou (2) pedir exoneração da carreira que amava para servir aos interesses do povo americano e fazer a coisa certa, indo a público e dizendo a verdade sobre os UAPs. Afinal, como servidores públicos, trabalhamos para o povo. A maioria dos funcionários do governo não pensa assim, e não saberia fazer isso. Fomos treinados para aceitar que o governo não era apenas um meio, mas também um fim. Muitos de nós sonhávamos em sair para a iniciativa privada, mas isso em geral significava um emprego bem remunerado em uma empresa parceira das Forças Armadas. Ninguém saía do Pentágono para falar publicamente sobre assuntos sigilosos.

Eu não podia pedir a nenhum colega que sacrificasse sua carreira. Teria que ser eu, que era o funcionário de patente mais alta da equipe àquela altura.

A verdade precisava ser contada e encarada de alguma forma. Uma citação do grande patriota Samuel Adams me veio à mente: "Para os verdadeiros patriotas, ficar em silêncio é perigoso". Jamais, nem em um milhão de anos, eu violaria meu juramento de segurança. O estrago causado por pessoas como Chelsea Manning e, mais tarde, Edward Snowden provavelmente trouxe mais malefícios do que benefícios. Sim, a verdade foi revelada, mas pessoas perderam a vida, e parte do trabalho de inteligência foi comprometida no processo.

Como fazer o Congresso, o secretário de Defesa e o povo se conscientizarem de uma questão sem revelar informações confidenciais? Se eu pudesse trabalhar com informações não sigilosas que fossem suficientes para abrir os olhos das pessoas, e fizessem barulho o bastante na imprensa para atrair a atenção do Congresso, Jay poderia usar essa movimentação para fazer as coisas andarem dentro do governo. Seria o maior desafio que eu era capaz de imaginar. Não havia precedentes para o que queríamos fazer.

Pesando mentalmente o que era legal ou ilegal, fiquei confiante que poderia falar sobre nossas investigações e sobre a ameaça dos UAPs à segurança nacional respeitando os termos dos incontáveis acordos de confidencialidade (NDA) que assinei quando entrei no Pentágono.

IMINENTE

Trabalhei em programas confidenciais por boa parte de minha carreira, e sabia o que podia ou não dizer.

Quando você tem um emprego que envolve lidar com informações de altíssima confidencialidade e permissões de segurança, logo aprende a compartimentalizar a mente, como se fosse um disco rígido, dado que a maioria de nós convive entre pessoas que não têm as mesmas credenciais. No mundo em que eu habitava, tudo era rotulado como CONFIDENCIAL ou NÃO CONFIDENCIAL. Se abordasse apenas o material não confidencial, eu teria uma chance de sobreviver ao tiroteio inicial.

Eu me preocupava com a guerra assimétrica que provavelmente se seguiria. Esperava uma campanha de desinformação, questionando minha integridade, meu estado mental, minha competência e minha ética profissional. Se isso não funcionasse, meus inimigos podiam jogar ainda mais sujo. Eu tinha passado a vida toda protegendo meus compatriotas americanos, minha família e nosso futuro. E estava colocando tudo isso em risco. Perderia minha fonte de renda e a capacidade de sustentar minha família. Minha pensão também me seria negada.

Outra citação me veio à mente. Thomas Paine certa vez afirmou: "O dever de um verdadeiro patriota é proteger seu país do governo".

Ciente de que o impacto atingiria não somente a mim, mas também minha mulher e minhas filhas, precisaria conversar com elas sobre a situação. Comecei por Jennifer, claro.

— Óvnis, Luis? — questionou ela. — Sério mesmo?

— Bom, UAPs.

Ela ficou bem mais do que um pouco irritada. De todas as causas do mundo, por que eu tinha que escolher a que parecia a mais maluca?

Comecei a listar minhas razões. Estava fazendo aquilo por mim, por nós, por nossas filhas, por todas as pessoas do mundo, e por todas as crianças ainda por nascer. Como poderia ignorar, se sabia a verdade?

Os minutos se transformaram em horas com Jennifer me fazendo uma pergunta atrás da outra. Quando vimos, estávamos discutindo os segredos do universo e como, digamos, a questão dos UAPs se relacionava com nossas concepções sobre Deus.

Jenn ainda estava furiosa, mas alguma coisa tinha mudado em nosso relacionamento, e nenhum dos dois percebeu isso na época. Depois de duas décadas sem poder falar sobre meu trabalho em casa, de repente criamos um novo vínculo. Era uma coisa difícil, mas também muito bonita. Meu antigo emprego nos separava. Sair de lá era uma forma de nos aproximar muito mais.

— Mas o que vamos fazer? — questionou Jenn. — Precisamos do seu salário.

Foi assim que começou um dos fins de semana mais tortuosos de nosso casamento.

Eu entendia a preocupação de Jenn. Ela tinha um emprego que adorava, na gerência da controladoria da Divisão de Tecnologia da Informação de Maryland, que trabalhou anos para conseguir, mas o que ganhava não bastava para pagar todas as contas. Taylor e Alex iriam para a faculdade em pouco tempo, e as despesas subiriam ainda mais. Desde o acidente, Jenn estava se concentrando mais do que nunca na família. Manter as aparências de um estilo de vida de classe média não tinha nenhum atrativo para ela nem para mim, mas ainda vivíamos nas proximidades de uma das cidades mais caras dos Estados Unidos, e tínhamos contas a pagar.

De forma tranquila e racional, ela fez um milhão de perguntas.

— Por que não conseguir um bom emprego e *depois* sair?

— Não posso ficar. Não mais.

— Se você *se demitir* do Pentágono, não vai poder encostar no seu fundo de pensão antes dos 62 anos — lembrou ela. — Se esperar, se aguentar firme, pode se preparar para sair quando tiver 57.

Eu ainda estava na casa dos 40.

— A questão não é dinheiro.

— Mas, Lue, quem larga um emprego de funcionário público com estabilidade depois de vinte anos sem ter nada em vista primeiro?

IMINENTE

— Um homem que não vai conseguir se olhar no espelho se ficar.

— Você quer mesmo fazer isso, Luis?

— Eu não quero. Preciso.

Compartilhamos a notícia com as meninas durante o jantar. Expliquei que sair do Pentágono era uma decisão difícil, mas eu sabia que era a coisa certa a fazer.

— Mas você está se aposentando ou *se demitindo*? — foi a pergunta.

Expliquei que estava me demitindo. Mas era só um emprego. Com certeza haveria outros, já que eu tinha apenas 40 e poucos anos. Acrescentei que as coisas poderiam ficar um pouco difíceis no começo, mas não pelo motivo que elas poderiam esperar.

— Existe a chance de começarem a me difamar — contei com franqueza. — Mas nós vamos superar isso. Vamos ficar bem.

Porém, no fundo do meu coração, eu sabia a verdade. Não ficaria tudo bem, e eu estava me colocando em uma situação bem precária. Estava disposto a fazer o que fosse preciso para manter as contas em dia se viesse a público. Faria entrevistas na região metropolitana de DC para encontrar um bom emprego administrativo. Até que alguma coisa aparecesse, poderia trabalhar no comércio, se fosse preciso. Ou como mecânico. Ou no setor de construção civil. Minhas mãos nunca encontraram um motor que não conseguissem reconstruir, nem uma casa que não fossem capazes de reformar. Eletricista, mecânico, encanador, motores de barco… eu poderia fazer qualquer uma dessas coisas de bom grado, e faria o que fosse preciso para sustentar minha família. Quantas vezes na vida já não tinha visto meu pai ressurgir das cinzas e reconstruir sua vida e suas finanças? Era difícil, mas viável.

Depois do divórcio de meus pais, passei um fim de semana prolongado com meu pai em Immokalee, na Flórida, onde ele dirigia caminhões de frutas para Miami. Era bem diferente dos pratos finos que servia para a alta sociedade de Sarasota quando ele e minha mãe tinham o restaurante. Após um longo dia sacudindo na carreta de cinco eixos, dormíamos no chão de seu trailer em uma granja de porcos. O trailer não tinha quarto, nem cozinha, só uma cafeteira equilibrada sobre um latão de tinta. Era uma carcaça oca de aço iluminada por uma única lâmpada de 40 watts. À noite, eu via o focinho dos porcos se enfiando pelos buracos do assoalho enquanto eles se refestelavam com as baratas.

A situação de meu pai era horrorizante para mim, mas ele não se deixava abalar nem um pouco.

— Filho, eu já passei pelas prisões de Fidel Castro — disse ele. — Isto aqui é um *luxo* para muita gente. Você não está acostumado porque sempre te dei casa e comida. Seu valor como pessoa não está nas coisas ao seu redor, e sim no que está *dentro* de você. Um dia você vai aprender isso. Vá dormir, e saiba que esta situação não vai durar para sempre.

Ele tinha razão. Meu pai juntou dinheiro, investiu em imóveis e um dia reconstruiria seu patrimônio a ponto de poder morar em um iate.

As meninas estavam preocupadas, claro, mas me encheram de amor e carinho. Foram extremamente solidárias. Acho que homem nenhum poderia ter mais sorte do que eu.

A escolha estava clara — sustentada pela crença de que o povo americano merecia saber a verdade e era capaz de lidar com ela. A revelação ao público era o único caminho a seguir, a única forma de promover uma mudança positiva. O que estava em jogo era importante demais. Eu precisava pedir demissão de meu emprego como forma de protesto e revelar os fatos com a maior visibilidade possível, apesar de saber o que isso acarretaria para minha reputação, credibilidade e capacidade de ganhar a vida, ciente de que quem não queria que eu viesse a público me atiraria pedras e tentaria minar minha reputação. Era a coisa certa a fazer.

Na segunda-feira de manhã, Jenn parou na porta quando eu estava saindo para o trabalho. Ela me puxou e me abraçou com força.

— Tem certeza? — perguntou.

— Se eu não fizer isso, você vai saber que está casada com um farsante todos os dias de sua vida, e eu também.

Ela assentiu para mostrar que compreendia a profundidade de minhas palavras e se aproximou para um beijo de despedida.

— Eu te amo, Luis. Não importa o que aconteça, vamos dar um jeito de sobreviver.

Naquela manhã, dei uma carona para meu velho amigo John Robert.

Fui para o trabalho com ele em meu Cadillac com dezoito anos de uso, que havia comprado porque ainda tinha muita lenha para queimar e porque achava que, como ficaria tanto tempo no carro no trajeto de ida e volta, merecia um veículo confortável, ainda que barato. Comprido, preto e reluzente, o carro era confundido com uma limusine o tempo todo na cidade. Meus colegas se divertiam com isso.

Esperei pelo momento certo para dizer:

— Preciso contar uma coisa para você. Vou me demitir.

Ele deu risada.

— Vai nada.

— É sério.

— Espera... não é brincadeira?

— Não.

— Por quê?

Resumi a situação rapidamente. Como ele conhecia em detalhes o AATIP, pude falar mais abertamente do que com minha esposa. Quando terminei, dei de ombros e perguntei:

— O que você acha?

— Isso... isso não é nada bom — comentou ele. — Acho que você tem menos que 5% de chance de sucesso. Principalmente se contar sobre o AATIP. Aí você está frito.

Permaneci em silêncio.

— Mas, se há alguém capaz de fazer isso, é você, Lue.

Como era de seu feitio, ele falou em detalhes sobre as pedras espalhadas no caminho. Eu apreciei sua honestidade sobre a jornada difícil que estava prestes a começar, e sua fé em mim. Eu tinha planejado inúmeras operações de inteligência por todo o mundo, mas nunca havia me arriscado no turbilhão da mídia, do governo e da opinião pública americana. E ninguém como eu havia alguma vez se voltado contra aqueles que esconderam a verdade do mundo por oitenta anos.

Eu me lembro de, quando criança, me encolher todo na cama enquanto meus pais discutiam aos gritos no quarto ao lado. Arremessando coisas. Era o mais puro caos. Na época, eu não tinha nada além de meu campo de força imaginário. Mas agora era adulto, e não precisava mais dos artifícios da infância. Tinha algo melhor: treinamento e disciplina e anos de resiliência construída no campo de batalha. A coisa que eu mais detestava era a adversidade, mas parecia crescer nesses momentos.

Quando criança, aprendi que há um ponto em que, independentemente do que aconteça, você provavelmente vai se dar mal de qualquer forma. É nesse momento que perdemos o medo e nos sentimos libertados; a partir de então, conseguimos lutar com confiança. No fundo de meu coração, eu esperava *não* ter que enfrentar o DoD. Afinal, estava tentando fazer uma coisa boa para o departamento. Queria poupar o DoD de cometer um erro terrível. Queria salvar Mattis. Queria salvar a reputação do Departamento. Queria salvar o DoD de si mesmo. Mas, se eu partisse para a ofensiva, haveria uma contraofensiva — e seria pesada.

Só torcia para que John estivesse certo: se havia alguém que podia fazer isso, era eu. Estava determinado. Enquanto acelerava o carro, senti que estava prestes a adotar um dos lemas de minha mulher: *Vamos para cima!*

Depois de alguns momentos de silêncio pensativo, John mudou de ideia e me deu 1% de chance de sucesso. Como um verdadeiro amigo, era brutalmente sincero. Ele sabia o que eu estava prestes a enfrentar.

No trabalho, Jay Stratton e eu traçamos um plano que contrariava todas as probabilidades. Um plano de divulgação. Eu me demitiria e iria a público com a missão de atrair o máximo possível de atenção e de credibilidade ao tema. Jay permaneceria no governo e usaria a tração a ser ganha com o interesse do público para fazer o assunto avançar dentro do Pentágono e informar aqueles na cadeia de comando que sem dúvida iriam querer saber mais. Eles precisavam saber a verdade, e Jay estaria a postos para passar as informações em nível confidencial e para liderar a versão do AATIP que viria a seguir, fosse qual fosse. Eu ajudaria a informar o Congresso e a facilitar o contato dos legisladores com membros confiáveis das Forças Armadas e dos serviços de inteligência que tiveram contato com UAPs. Continuaríamos a trabalhar juntos, mas cada um de um lado do muro, pela transparência e pelos melhores interesses do povo americano e da humanidade em geral.

Como dizem por aí: "Sonho que se sonha junto é realidade".

Alguns dias depois, Chris Mellon foi até um estacionamento na região metropolitana de DC para encontrar um jornalista que conhecia. A conversa foi breve, porque tudo o que havia para ser dito já tinha sido conversado por celular. Mellon entregou um envelope cheio de CDs. Ele tinha usado seus contatos no Pentágono para obter cópias dos três vídeos que tiveram o sigilo retirado. Todos os passos da divulgação estavam dentro da legalidade, mas certamente alguém tentaria pintar um quadro diferente. Pela letra da lei, os vídeos foram liberados para o povo americano no momento em que o Pentágono aprovou minha requisição no formulário 1910. Os anos de serviço de Mellon na comunidade de inteligência faziam com que ele soubesse exatamente onde os vídeos estavam armazenados e como extraí-los.

O futuro era incerto, mas os planos estavam em andamento — para todos nós.

CAPÍTULO 21
DO LADO DE FORA

Meu pedido de exoneração era o segredo mais aberto da história do Pentágono. As pessoas com quem eu trabalhava — os membros de minha equipe, meus colegas e todos os meus colaboradores externos — sabiam o que estava prestes a acontecer. Muitos estavam comigo naquele dia na cantina do Pentágono. Tomamos um café da manhã prolongado — pago por mim, como um gesto de agradecimento — e fizemos nossas despedidas. Vários colaboradores derramaram lágrimas. Eu ainda tinha uma última lição a ensinar: como sair de cabeça erguida.

Admito que foi tudo um tanto surreal. Eu me sentia prestes a passar por uma eclusa de ar e sair para a vastidão e o vazio do desconhecido para nunca mais voltar, deixando para trás tudo pelo qual havia trabalhado, tudo o que sabia e apreciava.

Escrevi duas cartas de demissão, uma para a cadeia de comando e outra para o próprio secretário. A primeira carta foi apenas para cumprir uma exigência burocrática. Meus superiores diretos não sabiam da existência de nosso programa, então mencionei apenas o mínimo e informei sobre minha intenção de deixar o emprego. Eu não queria ser responsabilizado por uma divulgação não autorizada. A segunda era endereçada diretamente

IMINENTE

a Mattis e continha mais detalhes. Achei que, como sua equipe conhecia o AATIP, ele saberia do que se tratava também.

Naquela tarde, apresentei minha carta formal de demissão — deixando uma cópia impressa em um envelope para um colega entregar no gabinete do secretário. O texto era incisivo, mas não excessivamente, em minha opinião. Meu alvo foi a longa tradição de silêncio e segredo que eu tinha passado a detestar.

> Sr. secretário,
>
> Foi sinceramente uma honra e um prazer ter servido ao lado de alguns dos melhores homens e mulheres do país em tempos de paz e de guerra. Por mais de 22 anos, fui abençoado com a possibilidade de aprender e de trabalhar com líderes de altíssimo calibre, entre os quais o senhor foi sem dúvida um dos melhores.
>
> Mesmo assim, os desafios burocráticos e as mentalidades inflexíveis continuam a vitimar o Departamento em todos os níveis. Isso é particularmente verdadeiro em relação ao controverso tópico das ameaças aeroespaciais anômalas. O Departamento continua rigidamente contrário a dar prosseguimento a pesquisas sobre algo que pode se revelar uma ameaça tática a nossos pilotos, marinheiros e soldados, e talvez até uma ameaça existencial a nossa segurança nacional. Em muitos casos, parece haver uma correlação direta desses fenômenos com nosso poderio nuclear e militar. O Departamento deve levar a sério os diversos relatos da Marinha e de outros Serviços sobre sistemas aéreos incomuns que interferem em plataformas de armas militares e demonstram capacidade superior à da nova geração de nossas tecnologias de ponta. Subestimar ou ignorar essas potenciais ameaças não é do interesse do Departamento, seja qual for o nível de resistência política. Permanece sendo uma necessidade fundamental determinar o poderio e o intento desses fenômenos, para o benefício das Forças Armadas e do país.

DO LADO DE FORA

Por esta razão, com validade imediata a partir de 4 de outubro de 2017, humildemente submeto meu pedido de demissão, na esperança de incentivá-lo a fazer as difíceis perguntas: "Quem mais sabe?"; "Qual é o poderio deles?"; e "Por que não estamos dedicando mais tempo e esforço a esse assunto?". Enquanto faço a transição para um novo capítulo de minha vida, saiba que foi uma honra e um privilégio servir com o senhor. Tenha a certeza de que, não importa onde o caminho de minha vida me leve, sempre terei os melhores interesses do Departamento e do povo americano como minha principal diretriz.

Entreguei minhas credenciais e fui embora para sempre da edificação monolítica que moldou minha carreira por mais de 22 anos. Não havia utilidade de passar mais tempo por lá, nem para mim, nem para ninguém. Eu tinha um compromisso no centro de compras e entretenimento Pentagon Row naquela tarde, portanto, me restava um tempinho para matar. Fui direto para o shopping, ao lado do Pentágono, para espairecer.

Cerca de uma hora depois, recebi o telefonema. Do outro lado da linha estava a voz sóbria de John Garrity, meu superior imediato no portfólio de Guantánamo.

— Oi, Lue — disse ele. — Garry Reid quer falar com você imediatamente.

Eu havia mantido Garry Reid, nosso chefe, no escuro sobre tudo o que dizia respeito ao AATIP, por razões já mencionadas.

Senti um aperto no peito. Quando sua assistente transferiu a ligação, Reid perguntou sem rodeios:

— O que você quer que eu faça com essa carta, Lue?

Eu havia endereçado minha carta ao secretário Mattis, para que ninguém no Pentágono pudesse escondê-la de seu conhecimento.

— Sugiro que seja entregue a quem foi endereçada, senhor.

— E dizer *o quê*?! O que exatamente você quer que eu fale?

IMINENTE

— Senhor, o que vai fazer com a carta é escolha sua. Eu fiz o que tinha que fazer, e você faça o que tem que fazer. Mas espero que entregue minha carta a quem foi endereçada.

Furioso, Reid me repreendeu por ter pedido demissão. Fui obrigado a presumir que a raiva vinha do fato de que ele não queria ter que contar a Mattis o que estava acontecendo.

— Você precisa vir aqui falar comigo agora mesmo — ordenou ele.

— Senhor, eu respeito sua posição, mas não sei se é o melhor a fazer no momento.

Eu sabia que era uma armadilha. Se eu voltasse a pisar no Pentágono, ele poderia tentar mandar me deterem, só para me atormentar. Reid era o responsável pela segurança e policiamento no DoD. Eu seria jogado como um brinquedinho para os lobos.

Quando viu que não mordi a isca, ele disse:

— Lue, você sabe que, se fizer mesmo isso, não vou ter opção a não ser dizer às pessoas que você enlouqueceu. Você não vai querer ter essa mancha em suas credenciais de segurança, não é? Ainda vai querer trabalhar em outro lugar, não?

Reid também tinha controle sobre todas as credenciais de segurança dentro do DoD, inclusive as minhas. Fosse ou não um conselho amigável, interpretei isso como uma ameaça a minha reputação, minha carreira e minha possibilidade de conseguir qualquer outro emprego que exigisse uma credencial de segurança.

— Senhor, com todo o respeito, eu não sou louco, mas, se acha que deve agir assim, sem dúvida tem autoridade para isso. Eu não quero briga com ninguém. Estou em busca de uma solução.

Ele desligou, insistindo que eu falasse com sua assistente para marcar um horário para uma reunião.

Eu não aceitaria o convite. Não trabalhava mais para ele; era um civil. Não devia nada a Reid. Se eu voltasse a pisar naquele prédio, com certeza ele encontraria uma forma de arrancar uma informação que mais tarde poderia ser usada contra mim. Eu não entraria no jogo de Reid. Tinha peixes maiores para pescar.

Várias pessoas leais a mim que ainda estavam no OUSD(I) me disseram que Reid planejou a instauração de um inquérito criminal no Gabinete de Investigações Especiais da Força Aérea (AFOSI). Dentro do Pentágono, o AFOSI investiga questões internas relativas à contrainteligência.

Reid já tinha confiscado meus computadores e arquivos e interrogado cada um de meus subordinados. Como isso não rendeu muitos frutos, lançou uma rede mais ampla, interrogando meus amigos e colegas. Uma amiga me ligou para contar que tinha sido encurralada por um subalterno dele, que avisou: "Nós vamos acabar com o Lue". Reid tinha partido para uma política de terra arrasada.

Eu ainda tinha mais uma tarefa a cumprir, e estava totalmente no modo "Vamos para cima!". Chris Mellon e Jim Semivan me esperavam no saguão de um hotel não muito longe do Pentágono. Hal Puthoff chegou logo depois, assim como a pessoa que todos estávamos lá para encontrar: uma jornalista investigativa independente chamada Leslie Kean, com quem Chris havia marcado uma conversa.

Leslie tinha experiência como repórter de grandes jornais da região metropolitana de DC, e tinha interesse pelo tema dos UAPs. Anos antes, havia escrito um livro sobre encontros de militares com UAPs e conseguido uma vitória judicial contra a NASA em um processo envolvendo a publicação de documentos relacionados a um incidente em 1965 em Kecksburg, na Pensilvânia. Ela conhecia Hal havia tempos; ele fez um comentário elogioso para ajudar na divulgação de seu livro.

Eu estava apavorado. Sempre tinha sido orientado a evitar a mídia, nunca conversar com a imprensa sobre nada. Inclusive, tinha passado os anos anteriores me valendo dessa diretriz mais do que nunca, por causa do portfólio da baía de Guantánamo. Agora estava prestes a conversar com uma repórter sobre meu "outro trabalho". Eu só torcia para ela não perguntar nada com desdobramentos muito sérios. Já tinha estipulado os limites em minha mente.

Em circunstância alguma eu falaria sobre algo que fosse confidencial. E em momento algum citaria o nome de alguém sem sua permissão prévia, a não ser que fossem pessoas públicas.

A conversa com Kean durou exaustivas quatro horas. Ouvir Mellon, Puthoff e Semivan falarem sobre seu desejo de derrubar aquela barreira de segredos e mentiras foi revigorante, mas eu ainda estava preocupadíssimo com a viabilidade disso.

Com certeza foi a primeira vez que Kean ouviu falar da existência do AATIP. Isso imediatamente fazia de mim "o homem que saiu do Pentágono por causa dos óvnis". A jornalista foi insistente em seus questionamentos, mas respeitosa. Respondi às perguntas que não iam além dos meus limites, e me recusei educadamente a falar sobre as que iam longe demais.

Kean ficou fascinada com o fato de tantos funcionários do alto escalão do governo estarem dispostos a falar. Ela especulou que poderia ser o início de uma nova era de abertura a respeito do tema.

Não conte com isso, amiga, pensei. *Vai ser um processo longo e arrastado, como arrancar dentes de um jacaré faminto.* Mas falei que estava disposto a dialogar com o público, e que só precisávamos das plataformas certas para isso. Eu me lembro de ter visto um brilho em seus olhos quando as coisas foram se encaixando em sua mente.

Na semana de minha demissão, tive várias conversas com amigos sobre empregos que eu poderia pegar para pagar as contas enquanto conduzia a campanha de divulgação para o público. Muita gente sugeriu empresas de segurança e fornecedoras das Forças Armadas na região que gostariam de falar comigo.

Chris Mellon, Hal e Semivan me aconselharam a pensar em outro caminho. Se eu queria me comunicar com o povo americano sobre esse tema, eles me avisaram, era melhor me aproximar da mídia. Eles tinham uma ideia de trabalho que poderia me dar renda e uma plataforma

DO LADO DE FORA

para informar o público. Estavam envolvidos com a organização que o músico Tom DeLonge e Jim Semivan tinham criado, chamada To The Stars Academy (TTSA), e planejavam usar um triplo procedimento de divulgação para o tema dos UAPs: novas abordagens relativas à ciência e engenharia dos UAPs, informações instrutivas para leigos e jornalistas, e conteúdo de vídeo, tevê e publicações sobre o fenômeno, com base em histórias verídicas, para educar o público e pôr um fim ao estigma. Isso me interessou. Precisávamos de um debate público sério sobre o tema, tanto quanto possível. Os legisladores só se interessariam pela questão se fossem pressionados pela população. Jim falou que a TTSA poderia usar meus conhecimentos sobre UAPs e contar com minha experiência em esquemas de segurança, e sugeriu que eu conhecesse Tom.

Fui para casa, servi duas taças de vinho e tive uma longa conversa com Jenn. Quando estávamos a sós, sem as meninas, contei que havia um novo emprego em que estava interessado.

— Você se lembra da banda Blink-182?

Ela pareceu confusa.

— Você quer virar *roadie*?

Eu dei risada e expliquei sobre a oportunidade na TTSA.

Alguns dias depois, peguei o Cadillac e fui até um Hilton na frente do Pentágono. Enquanto atravessava o saguão, meu potencial empregador se levantou e estendeu a mão.

Tom DeLonge, vocalista do Blink-182, era só alguns anos mais novo que eu, mas parecia décadas mais jovem, com seus cabelos escuros e aparência de garoto. Altíssimo, não parecia muito à vontade de terno. Era o tipo de cara que se sentia mais confortável com uma camiseta amarrotada e calça jeans. Tinha vindo da Califórnia para me conhecer.

Eu sinceramente não fazia ideia de onde aquilo ia dar. De todas as possibilidades que imaginei para esse estágio de minha vida, conversar com um roqueiro empreendedor em um hotel cinco estrelas certamente não era uma delas.

265

IMINENTE

Tom era um artista e, sempre que aplicava seus instintos criativos a um projeto, acertava em cheio. Desde que abandonara a cena musical, em 2015, tinha voltado sua atenção para uma paixão que o obcecava desde a infância. Ele acreditava que a Terra vinha sendo visitada regularmente por UAPs, e queria usar sua fama para expor essa verdade ao mundo.

Como todos os entendidos em UAPs, ele achava que o governo sabia mais do que deixava transparecer. E estava certo, claro. Para lidar com esse problema, ele havia recrutado ex-funcionários públicos bem informados para sua causa, criando o melhor grupo de estudos de UAPs da iniciativa privada de todos os tempos. Sua organização era uma corporação de interesse público, estruturada exatamente como exigia a Comissão de Valores Mobiliários dos Estados Unidos (SEC). Os investidores podiam injetar dinheiro para ações de entretenimento/publicações, que, se bem-sucedidas, serviriam para financiar as pesquisas. Só para deixar claro, eu nunca fiz parte da diretoria, portanto nunca tive acesso total aos detalhes do planejamento corporativo. Eu era apenas um empregado da companhia.

Anteriormente, Tom havia atravessado o país em uma turnê de aprendizado, em que se encontrou com vários ex-funcionários do governo. Além de Hal, Mellon e Semivan, John Podesta, que foi chefe de gabinete do presidente Clinton, conselheiro do presidente Obama e coordenador de campanha de Hillary Clinton, também estava envolvido. Podesta já havia declarado fazia tempo que um de seus arrependimentos era não ter insistido na divulgação de evidências relacionadas a UAPs quando estava na Casa Branca. O conselho consultivo de DeLonge também contava com Steve Justice, um engenheiro aeroespecial respeitadíssimo que trabalhou 31 anos na altamente secreta divisão Skunk Works, da Lockheed Martin; meu amigo e colega dr. Garry Nolan, da Universidade Stanford; e o dr. Norm Kahn, um ex-CIA especialista em armas biológicas.

Tom era entusiasmado, convicto, simpático e sincero. Tudo o que dizia era música para meus ouvidos. Sua operação parecia a caixa de ressonância perfeita para as pessoas que não sabiam que os UAPs realmente existiam, e me ofereceu uma posição como chefe de segurança e de programas especiais da TTSA. Com as pessoas que havia por lá, a TTSA sem dúvida criaria tecnologias que precisariam ser protegidas — algo que eu obviamente já tinha feito antes. E, claro, eu trabalharia com ele para levar a discussão sobre os UAPs para o público. O salário proposto era muito menos do que eu ganhava no Pentágono. E Tom insistiu que eu precisaria me mudar para a Califórnia. Ele tinha uma coletiva de imprensa já marcada para anunciar a equipe, então a resposta precisaria ser rápida.

Eu refleti a respeito. Passei a gastar as manhãs buscando outras ofertas de emprego. Eu não tinha muito tempo para conseguir algo, porque nossas economias, minhas e de Jenn, eram limitadas. Era preciso obter uma renda para nos mantermos enquanto eu elaborava meu plano de vir a público. No fim, concluí que trabalhar para a TTSA era a melhor maneira de alcançar meu objetivo e ter um salário ao mesmo tempo.

Quando Jenn chegou em casa, servi duas taças de vinho para dar a notícia:

— Quanto eles pagam?

Eu falei o valor. Tom também tinha oferecido ações da companhia. Jenn me lembrou que nossas despesas subiriam quando as meninas entrassem para a faculdade.

— Você realmente precisa ir para a Califórnia?

— É uma prerrogativa do emprego.

— Em que região?

DeLonge era um filho orgulhoso de Poway, San Diego. O local previsto para a sede da TTSA era Encinitas, cerca de trinta minutos a norte da cidade, no litoral.

Nunca é fácil pedir à pessoa amada que faça um sacrifício por você. Mas foi exatamente isso o que fiz. Jenn e eu ficaríamos juntos. Eu não iria sozinho. Se aceitasse o emprego, Jenn precisaria desistir do seu para... o quê, exatamente? Meu sonho de transparência e disseminação de informação? Essa "causa" era minha, e não dela. Por vinte e tantos

IMINENTE

anos, nunca conversamos sobre trabalho, apenas sobre os benefícios que os salários trariam a nossa família. Com seu apoio amoroso de sempre, aceitei o emprego e, pouco depois, a TTSA anunciou oficialmente minha contratação.

Mais tarde naquele mês, fiz uma rápida viagem à Filadélfia para me encontrar novamente com Leslie Kean, dessa vez com seu colega e amigo de longa data Ralph Blumenthal. Depois de nossa conversa em DC, Kean dedicara duas de suas colunas no *The Huffington Post* aos UAPs, com foco especialmente no avanço "extraordinário" representado pela TTSA.

Era chegada a hora para a principal história que eu tinha a contar. Depois de nosso primeiro encontro de quatro horas, ela imediatamente entrou em contato com Blumenthal, colaborador e ex-repórter fixo do *The New York Times*, para saber se ele estava interessado. Ralph era um jornalista veterano que tinha curiosidade sobre o tema. Por vários anos, vinha trabalhando silenciosamente em uma biografia do falecido dr. John Mack, um psiquiatra de Harvard que tratou e entrevistou extensivamente experienciadores de UAPs, muitas vezes pessoas traumatizadas que afirmavam ter sido abduzidas por alienígenas, ou tido qualquer contato mínimo com eles.

Os dois repórteres me entrevistaram detalhadamente sobre UAPs (que ainda chamavam de óvnis na época) e sobre o AATIP para uma reportagem no *The New York Times*. Seria uma oportunidade inédita e histórica para informar o público.

Grandes veículos de massa como o *NYT* evitavam obstinadamente as histórias sobre UAPs. Enquanto o estigma ainda fizesse cientistas e especialistas "de verdade" considerarem os UAPs um domínio dos malucos, o tema continuaria sendo assunto apenas para publicações como o *National Enquirer*. Que o *The New York Times* levasse essa questão a sério era uma mudança de imensas proporções.

Encontrei Leslie em um bar na frente da estação de trem, e depois fomos juntos até onde estava Ralph. Percebi a presença de dois indivíduos

DO LADO DE FORA

com corte de cabelo militar em diferentes partes da rua enquanto caminhávamos. Com certeza, eu estava sendo observado. Eles tinham a aparência clássica. Provavelmente eram da equipe de vigilância do AFOSI, e não investigadores de primeira linha.

Depois de mais alguns despistes (que aprendi nos cursos de contrainteligência), passamos pelo saguão de um hotel com uma janela grande com vista para a rua.

— Vamos entrar aqui — sugeri.

Um dos militares entrou também, mas deu de cara conosco, e Leslie tirou uma foto sua. Ele foi embora às pressas.

Ralph e Leslie agora sabiam que tinha alguém do Pentágono de olho em mim. Durante todo o mês, recebi telefonemas de amigos avisando que alguém havia lançado uma campanha para minar minha credibilidade dentro e fora do Pentágono. Um de meus colegas me ligou para contar:

— Lue, estão dizendo que você mentiu sobre sua designação *nesta* e *naquela* unidade. Precisei lembrá-los que eu estava aqui e servi junto com você!

Felizmente, eu tinha amigos honestos e fiéis.

Ao longo dos meses seguintes, a mudança para a Costa Oeste consumiu a atenção da minha família. Taylor ficaria, por conta da faculdade. Alex faria o último ano do ensino médio em uma nova escola, na Califórnia. Estávamos ocupados, preocupados, empolgados e um pouco apreensivos.

Depois da festa de Natal do Pentágono daquele ano, me disseram que durante o evento alguns auxiliares puxaram o secretário Jim Mattis de canto para dar uma notícia preocupante. Segundo o que me relataram, a conversa foi a seguinte:

— Senhor, o *The New York Times* vai soltar uma matéria de primeira página no domingo dizendo que temos um programa secreto de investigação de UAPs. Querem saber por que Lue pediu demissão.

— Como assim, Lue pediu demissão? — questionou Mattis.

— Lue não trabalha mais no DoD, senhor.

IMINENTE

Mattis ficou abismado.

— Quando Lue pediu demissão?

— Hã... dois meses atrás, senhor.

Aparentemente, Garry Reid tinha escondido minha carta de demissão embaixo do tapete, torcendo para não ter que revelar minha saída para Mattis.

Mattis ficou possesso. Certamente era a última dor de cabeça de que ele precisava. Para ser sincero, me sinto culpado até hoje por ele ter precisado saber de minha partida dessa maneira.

O ano estava quase acabando e, toda vez que eu conversava com Leslie Kean, ela garantia que a matéria no NYT sairia "em breve". Ouvi essas palavras tantas vezes que passei a temer que os editores tivessem sido intimidados por alguém. Então uma de suas colegas, a repórter Helene Cooper, me ligou e contou que tinha falado com o agora ex-senador Harry Reid, que corroborou o envolvimento dele e dos colegas no financiamento do programa original que deu origem ao AATIP e minha posição de liderança na iniciativa. Foi um doce momento de desforra para mim. Eu estava indo a público, e com o apoio de Harry Reid.

Um repórter chamado Bryan Bender também estava apurando uma matéria sobre o tema para o *Politico*. Chris Mellon era o responsável por essa iniciativa. Encontrei Bryan uma ou duas vezes em um café em Annapolis. Era um jornalista bem relacionado, que conhecia melhor as entranhas do Pentágono do que a maioria das pessoas que trabalhavam lá dentro. Tinha um número imenso de fontes, mas nunca me revelou nenhuma. Enquanto Leslie e companhia pareciam mais interessados na questão dos UAPs, Bryan se concentrava mais no aspecto da segurança nacional e potenciais ameaças. O jornalista fazia sempre as perguntas certas, que às vezes eram bem difíceis. Em alguns casos, tive que me recusar educadamente a responder. De uma forma um tanto estranha, Bryan parecia já saber as respostas para o que estava me perguntando. Ele me lembrava um agente de contrainteligência conduzindo um interrogatório

DO LADO DE FORA

sem grandes implicações, mas pelo menos teve a decência de me pagar um capuccino. Bryan não me pareceu alguém que "queria acreditar" em UAPs. Parecia mais interessado no fato de o Pentágono manter um programa com a intenção de nunca o revelar ao público ou ao Congresso, mas eu poderia estar errado.

Na manhã de 16 de dezembro de 2017, um sábado, levei Jenn para tomar café da manhã no bastante frequentado Double T Diner, em Annapolis. Quando olhei para meu prato — três ovos com gema mole, bacon e batata *hash brown* —, tirei um momentinho para refletir.

Pensei no que o dia seguinte traria. Mais cedo naquela manhã, um passarinho me contara que no domingo as duas matérias seriam publicadas. Eu me senti como se estivesse na Última Ceia. Mas, enquanto tinha pelo menos uma ideia do que viria, Jenn nem desconfiava.

— Aproveite — falei.

— O café da manhã?

— Não, *isto*. Nosso anonimato. Hoje é o último dia da vida que tivemos até aqui.

— Você não acha que está sendo um pouco dramático?

— Não — respondi.

A notícia explodiu naquela tarde. O *The New York Times* soltou a manchete na internet, e segundos depois o *Politico* fez o mesmo, seguido pelo *The Washington Post*. Todas as plataformas de notícias do mundo aparentemente foram atrás.

A cobertura completa do *NYT* saiu no dia seguinte, na primeira página da edição de domingo. Eram duas matérias, escritas por Leslie Kean, Ralph Blumenthal e Helene Cooper. A da capa do jornal revelava a existência do AATIP — ou seja, um programa secreto que investigava UAPs — e meu envolvimento na iniciativa. Mais adiante, uma segunda matéria trazia uma entrevista com Dave Fravor e Jim Slaight e revelava detalhes do incidente com o Tic Tac em 2004. O material publicado na internet incluía links para os dois vídeos de UAPs que tiveram seu sigilo retirado e que foram postados no canal da TTSA no YouTube: o FLIR (também conhecido como Tic Tac) e o GIMBAL. (O GoFast seria disponibilizado alguns meses depois.)

Isso mesmo, o *The New York Times* divulgou vídeos de UAPs legítimos em uma reportagem de capa.

As matérias citavam Chris Mellon, Hal Puthoff, eu e mais algumas pessoas do Pentágono. Todas as reportagens revelavam meu envolvimento com o AATIP. O texto do *Politico*, em especial, trazia uma declaração de Dana White, a porta-voz do Pentágono, confirmando meu papel no programa. Minha carta de demissão também era mencionada. Os repórteres rastrearam o histórico de investigações sobre UAPs e revelaram descrições de naves incomuns avistadas por pilotos militares.

Meu telefone tocava sem parar, com ligações da CBS, ABC, NBC, CNN, PBS, Fox, MSNBC etc. Jennifer ficou chocada quando a imprensa descobriu o número de seu celular, que nunca havia sido divulgado em lugar nenhum. Até nossa filha Alex começou a receber telefonemas de repórteres querendo falar comigo. Então foi a vez dos jornalistas estrangeiros. A casa da família Elizondo virou um caos.

Uma quantidade realmente sem precedentes de informações sobre UAPs tinha caído no colo do mundo em um único dia. Milhões de pessoas viram os vídeos.

Dito isso, as reportagens também tinham seus problemas. Nenhuma trazia uma explicação sobre o AAWSAP/AATIP, o que seria motivo de confusão durante anos. Além disso, os veículos que as publicaram também procuraram se resguardar, até com certo exagero. Por exemplo, na matéria sobre Dave Fravor e o Tic Tac, o texto do *The New York Times* começava com um aviso: "Especialistas alertam que muitas vezes existem explicações naturais para esses incidentes, e que o fato de não serem conhecidas não significa que o acontecimento tenha origem interestelar". Meus colegas e eu achamos isso um absurdo. O principal alerta deveria ter sido: "Não estamos sozinhos!".

DO LADO DE FORA

Eu esperava que as manchetes se concentrassem na ameaça: "UAPs são ameaças reais e imediatas à segurança nacional". Em vez disso, os editores dos veículos de imprensa enfatizavam o indigesto fato de que o governo dos Estados Unidos vinha estudando secretamente os UAPs através do AATIP. Dizer que esconderam o lide era um eufemismo.

Eu me convenci de que, quando você tem uma mensagem para transmitir ao mundo, qualquer divulgação era positiva. Com certeza meus inimigos no Pentágono estavam torcendo para que a notícia morresse, e me levasse junto. Mas, na semana seguinte, o assunto ganhou força, e plataformas de notícias do mundo todo seguiram divulgando a história.

Enquanto esperávamos em um camarim da CNN para uma entrevista, Jenn e eu fomos abordados por meu antigo chefe, o lendário general James Clapper, ex-subsecretário de Defesa para Inteligência, ex-comandante de Inteligência da Força Aérea dos Estados Unidos e ex-diretor do Setor Nacional de Inteligência. Ele estava lá para comentar a notícia. Clapper tinha sido um de meus supervisores no alto comando, naquela que foi considerada a era de ouro do OUSD(I), quando as pessoas trabalhavam felizes e com foco na missão. Eu sentia muita falta de Jim e sua liderança.

Ele nos cumprimentou efusivamente e contou que ficou surpreso quando o Pentágono admitiu que tinha um programa sobre UAPs, e que estava orgulhoso de mim. Sinceramente, só o fato de Jim Clapper saber da existência de meu trabalho era motivo de orgulho para *mim*.

A atenção da imprensa é uma faca de dois gumes, e logo isso ficaria claro para nós. O chefe de Jenn perguntou se eu era de sua família, e comecei a me sentir "notado" em todo lugar a que ia. Para um ex-agente de inteligência, é a pior sensação possível.

Em reação à ofensiva de imprensa, Garry Reid abriu um inquérito através do AFOSI para apurar como os vídeos de UAPs tinham sido disponibilizados. A investigação se estendeu até meados do ano seguinte. No fim, eles não encontraram nenhuma conduta inapropriada de minha parte.

Nosso plano estava funcionando. Minha ida a público atraiu a atenção do Congresso, e Jay começou a receber pedidos de informação de congressistas que antes jamais poderiam se inteirar sobre os fatos, por causa do estigma e da burocracia do processo. O Congresso finalmente estava se envolvendo. Jay, Chris e eu indicamos para os legisladores diversos militares e agentes de inteligência confiáveis que eram bem informados sobre os UAPs. Os encontros dos pilotos com UAPs, e os dados que corroboravam o que diziam, foram o que criou o maior impacto a princípio. Quando você tem um Top Gun com anos de experiência, um observador treinado, alguém com credibilidade para conduzir um avião de 80 milhões de dólares pelo espaço aéreo americano com armas carregadas, relatando ao Congresso ter encontrado tecnologia não humana contra a qual não temos como nos defender, isso provoca um impacto.

Por outro lado, Neill desistiu de me substituir no AATIP — uma atitude que eu não esperava — e começou a recuar, dizendo às pessoas que não sabia nada sobre o programa, seu escopo ou meu envolvimento. Ouvi isso de várias fontes de dentro do Pentágono. Talvez Neill tenha sentido no ar um clima de retaliação ao AATIP e simplesmente não quis entrar no fogo cruzado. Ou, como tinha acabado de ser promovido, sentiu que precisava adotar uma estratégia mais segura e não chamar atenção. De todo modo, fiquei decepcionado com o fato de meu amigo ter feito o que fez, ainda mais sabendo que havia diversos e-mails e testemunhas que sabiam que Neill assumiria o AATIP depois de minha saída. Mas Jay estava lá para coordenar tudo e levar a coisa adiante no governo. Como a história mostra, não poderia haver ninguém melhor que ele para fazer isso.

Pouco tempo depois, alguém no OUSD(I) supostamente autorizou o apagamento completo de todas as minhas pastas, arquivos eletrônicos e e-mails, com a justificativa de que não tinham "nenhum valor histórico". Ou pelo menos foi essa a resposta do Pentágono quando interpelado nos termos da Lei de Liberdade de Informação (FOIA). Se isso for verdade, é um tanto problemático, porque meus arquivos tinham sido alvo de uma

DO LADO DE FORA

ordem judicial de preservação, não por causa dos UAPs, mas pelo trabalho que fiz na baía de Guantánamo. Essa medida protetiva estava vigente havia algum tempo, e fora assinada por um juiz. Meus e-mails e arquivos foram assinalados como provas no indiciamento criminal dos acusados pelo 11 de Setembro. Todos sabiam que meus arquivos precisavam ser protegidos a qualquer custo. Se foram mesmo destruídos, eles deviam ter tanto medo do que continham que estavam dispostos a infringir a lei e a pôr em risco o julgamento do 11 de Setembro para evitar que o público tomasse conhecimento do que sabíamos sobre UAPs.

Em janeiro de 2018, Jenn e eu fomos com nossas filhas à Califórnia em busca de um lugar para morar temporariamente. Na volta a Maryland, enquanto eu cuidava do envio de nossos pertences, não conseguia tirar da mente a sensação de que algo novo, desafiador e diferente estava diante de nós.

Estava ansioso para cair na estrada de novo. Na juventude, Jenn e eu vivemos a vida nômade dos militares, viajando para qualquer lugar do mundo onde eu fosse alocado. Meu emprego no Pentágono marcou o início de um período de estabilidade incomum para nós. Como pais de duas filhas, não poderíamos ter encontrado um lugar melhor para viver do que a ilha Kent. E esperávamos que nossa mudança para a Califórnia trouxesse coisas boas.

CAPÍTULO 22

*ALL THE SMALL THINGS**

Durante o tempo todo, Chris Mellon e eu planejávamos levar a batalha pela transparência ao Congresso, mas sabíamos que isso levaria tempo, e que havia mais trabalho a fazer quanto a informar o público americano. E então ganhamos uma plataforma e tanto para isso.

O History Channel queria fazer um programa com a equipe da TTSA que mostrasse investigadores experientes em campo entrevistando militares sobre encontros com UAPs. Talvez, se déssemos sorte, poderíamos informar milhares de pessoas sobre o fenômeno.

Chris e eu estipulamos uma única condição para participar do programa: precisava ser autêntico. Nada de dramatizações ou teorias conspiratórias, nada de roteiros, apenas testemunhas que estavam ou um dia estiveram nas fileiras do governo. O objetivo não poderia ser *entretenimento*. A meta teria que ser compartilhar testemunhos com credibilidade para o público.

Filmar *Óvnis: investigação secreta* foi surreal para mim. Menos de um ano depois de eu ter saído do Pentágono, tínhamos um programa de tevê sobre UAPs. Uma reviravolta absolutamente insana.

---

* *Todas as pequenas coisas*, em tradução literal. O título do capítulo faz referência a uma das músicas de maior sucesso da banda Blink-182. [N. E.]

O programa estreou em maio de 2019, e foi bem recebido. Certamente abriu muitas mentes, mas não demorou para eu ser tragado de volta para os dramas de minha antiga vida. Amigos me ligaram para avisar sobre novas tentativas de difamar meu nome por parte de meus detratores. Repórteres me procuraram para perguntar por que os porta-vozes do Pentágono não podiam, ou não queriam, confirmar algum pequeno detalhe sobre meu histórico como funcionário. Toda vez que isso acontecia, fazia parecer que eu era um mentiroso com algo a esconder. Estava claro que o Pentágono estava voltando atrás em suas afirmações sobre mim e o AATIP, e tentando a qualquer custo recuperar o controle perdido.

Certo dia, recebi um telefonema da Agência de Segurança e Contrainteligência da Defesa (DCSA), supervisionada por Garry Reid. A agente citou alegações de que eu havia retirado indevidamente o sigilo dos vídeos dos UAPs. Tive que lembrar a jovem agente de que um duplo indiciamento pela mesma suposta infração era ilegal, e que o AFOSI tinha investigado o caso e dado seu parecer a meu favor. Encaminhei o relatório da investigação do AFOSI para ela ler. Vários dias depois, ela voltou a ligar.

— Sr. Elizondo, a questão agora diz respeito à divulgação desses três vídeos.

Foi um dos poucos momentos em que me permiti perder a paciência.

— Senhora, o que vou dizer aqui não é para você, e sim para quem vai revisar meu caso ou ouvir esta gravação. Vou ser bem claro: eu sei exatamente de quem e de onde vem tudo isso. E aproveito para lembrar que eu também sei algumas coisinhas sobre investigações, sobre a lei, e sobre meus direitos constitucionais. Eu já fui inocentado dessas acusações. Se continuar o que está fazendo, vou ter que tomar medidas judiciais e revelar para quem quiser ouvir na mídia o que está acontecendo aqui. Eu já fui à guerra para defender a Constituição, e faço isso de novo se for preciso.

Os telefonemas pararam. Esse tipo de bullying, que chamamos de terrorismo administrativo, acontece o tempo todo. A maioria das pessoas não conhece seus direitos, e acaba cedendo.

IMINENTE

Logo depois, registrei uma queixa oficial na Inspetoria-geral (IG) do Departamento de Defesa. Fiquei perplexo quando representantes do gabinete da IG entraram em contato logo depois para avisar que eu poderia ser convocado como testemunha no futuro para depor sobre uma questão totalmente não relacionada. Mais tarde naquele mês, percebi um pequeno drone sobrevoando minha casa. Eu morava no meio do nada, mas alguém estava claramente querendo saber mais a meu respeito. O tempo passou, e outras pessoas com quem trabalhei foram assediadas e espionadas com o mesmo drone.

Havia demorado um bocado para a queixa de uma funcionária do DoD percorrer os devidos canais de apuração, mas agora a IG estava investigando Garry Reid por uma série de questões que se tornariam públicas mais tarde. Quando vieram me fazer perguntas, eu falei a verdade.

Porém, pouco depois, uma notícia falsa bastante específica surgiu na internet, afirmando que "não existe nenhuma evidência verificável de que Luis Elizondo tenha trabalhado para um programa governamental sobre UAPs". Obviamente não era verdade, mas quem afirmou isso para a imprensa sabia que sua declaração iria ao ar mesmo sendo falsa. O momento de publicação da matéria parecia calculado para prejudicar o lançamento do programa do History Channel, e tinha toda a cara de ser obra de Garry Reid.

Dana White, a porta-voz do Pentágono que confirmara meu papel de liderança no AATIP para a matéria do *Politico*, não trabalhava mais lá. O porta-voz do Pentágono na ocasião, Christopher Sherwood, de repente começou a negar meu envolvimento no programa. Havia meses que eu ouvia de amigos lá dentro os boatos de ataques contra mim, e o aparecimento da matéria concretizou isso. Em nome do Pentágono, Sherwood declarou à imprensa: "O sr. Elizondo não tinha nenhuma responsabilidade relacionada ao programa AATIP".

Jay recebeu um e-mail do departamento de relações públicas do Pentágono comunicando a intenção de declarar à imprensa que eu nunca fiz parte do AATIP. Ele respondeu que seria errado fazer isso, e que não era verdade, mas eles foram em frente com a declaração falsa e desabonadora mesmo assim.

Liguei para Sherwood diretamente em seu ramal no Pentágono. Quanto mais conversávamos, mais transparente ele se tornava. Expliquei meu problema: não importava que o Pentágono tivesse corroborado minha declaração em 2017; enquanto eu estivesse sob o escrutínio da opinião pública, os jornalistas voltariam a verificar meu histórico e, entre outras coisas, ele tinha dito à imprensa que os três vídeos de UAPs haviam sido liberados apenas para fins de pesquisa, e *não* de divulgação pública.

Embora não tenha se desculpado, Sherwood deu a entender que não estava contente com a maneira como minha situação estava sendo tratada dentro do DoD. Admitiu que sabia muito bem qual era meu papel no AATIP, mas que forças internas o instruíram a não reconhecer isso. Para deixar claro, eu não culpo Sherwood por essas ações. Desconfio de que estivesse apenas cumprindo ordens.

Mais tarde eu soube que até mesmo Brad Byers, da equipe do SECDEF, tinha ligado para Sherwood e exposto sua preocupação com a história contada pelo Pentágono. Byers avisou Sherwood de que muita gente em cargos importantes sabia de minha participação no AATIP, e que o Pentágono estava dando corda para se enforcar.

Mattis renunciou ao cargo em janeiro de 2019 por discordâncias com o governo Trump, e ainda sofreu a ignomínia de ser ridicularizado pelo presidente nas redes sociais. Sem Mattis, a narrativa sobre o AATIP foi reformulada para me retratar como um falsário. Assim, o Pentágono continuou a mentir quando questionado sobre meu histórico profissional.

Quando uma fonte oficial declara a alguém da imprensa que você nunca ocupou o cargo em que você afirma ter trabalhado, o jornalista vai pensar que descobriu um furo, em vez de se perguntar se está engolindo um papo furado sem nem ao menos chegar à informação.

IMINENTE

O público estava recebendo notícias falsas de jornalistas que sem saber estavam espalhando mentiras; até mesmo sites de informações de referência estavam sendo manipulados. Pouco depois, me disseram para olhar minha página na Wikipédia, que havia recebido uma atualização errada. O perfil tinha omissões e muitas afirmações incorretas listadas como fatos. Eu me lembro de pensar: *Isso é um absurdo, mas eu mesmo posso corrigir.* Afinal, é a Wikipédia. No entanto, alguém tinha bloqueado a página, e ninguém poderia fazer modificações. E, claro, todas aquelas mentiras foram espalhadas pelas redes sociais, e os poderosos aproveitaram para jogar mais lenha na fogueira.

Infelizmente, não é preciso procurar muito para encontrar evidências de que o Pentágono transmite informações falsas para a mídia e o público de forma intencional. Como alguém que serviu o país, era decepcionante, para dizer o mínimo, saber que gente do Pentágono estava agindo de má-fé contra mim só porque eu estava dizendo a verdade.

Com tudo o que estava acontecendo, eu precisava me defender. Chris Mellon e eu tínhamos começado a recrutar gente na Colina do Capitólio em um esforço para promover mudanças no Congresso. Para isso, eu não podia ter pessoas mentindo sobre meu histórico para deputados e senadores. Em um mundo ideal, eu contrataria um advogado para levar minha defesa aos tribunais, mas não tinha dinheiro para isso.

A Califórnia nunca vai ganhar prêmios por ser um lugar financeiramente acessível. Meses depois de nossa mudança para o Oeste, liguei para Tom e disse que tinha encontrado uma casa que queríamos comprar, mas que os preços na Califórnia eram altíssimos:

— Por isso, falando com sinceridade, antes de despejar a maior parte de minhas economias em um imóvel, eu preciso saber se minha fonte de renda ainda está garantida.

Tom nem me deixou terminar de falar. Ele jurou que meu salário estava assegurado. Nós compramos a casa e, poucos meses depois, sem nenhum aviso, a TTSA cortou meu pagamento pela metade. Disseram que era temporário, em razão de uma "reestruturação corporativa", mas a questão não era essa. Eu e Jenn estávamos no vermelho, recorrendo cada vez mais a nossas economias para pagar a faculdade de nossa filha e ter um teto para morar. Que diabos eu tinha feito? Por causa de uma sensação de revolta e injustiça, abandonara um emprego estável de longa data para lutar pela causa da transparência em relação aos UAPs. Sentia que estava fazendo uma coisa importante, mas minha família e eu acabamos em uma situação delicada por isso.

Para deixar bem claro, eu não culpo Tom pelo que aconteceu. Acredito que ele foi forçado a tomar decisões financeiras difíceis por motivos que provavelmente estavam fora de seu controle.

Pensamos em vender o novo imóvel com urgência e mudar para um lugar menor, mas tínhamos a expectativa de que meu salário na TTSA fosse voltar ao patamar anterior, então alugamos a casa imediatamente e fomos morar em nosso *motorhome* com as duas cachorras. Alex, nossa filha mais nova, voltou a Maryland para terminar o ano letivo entre amigos. Estacionamos o *motorhome* em outro local — uma propriedade rural cujos donos tinham um pequeno celeiro e um galpão sem uso. Tínhamos água de poço com ferrugem para beber, eletricidade de um fio ligado no poste e cavamos nossa própria fossa séptica. Eu pensei: *Uau, sério que minha vida virou isso mesmo?*

Jenn conseguiu um emprego em uma loja Target como repositora, para trazer uma renda complementar. O estresse e o esforço físico agravaram os problemas neurológicos e a síndrome do desfiladeiro torácico que ficaram como sequelas de seu atropelamento quase uma década antes. Os movimentos repetitivos logo tornaram o trabalho doloroso. Ela passou por vários médicos, testando vários medicamentos, mas em vão. As despesas com saúde também só aumentavam.

Quando começou a pandemia de covid, a sede da TTSA fechou, e eu fiquei trabalhando do conforto de nosso *motorhome*. Todo fim de tarde,

IMINENTE

eu tinha que guardar todas as minhas coisas para podermos usar a mesa da cozinha para o jantar.

Em julho de 2020, depois de meses nessa loucura, Jenn perguntou:

— Você vai voltar para o escritório?

— Não enquanto a pandemia não terminar.

— Então por que ainda estamos morando neste lugar?

Era uma boa pergunta. Em todo o mundo, milhões de pessoas estavam revendo suas opções. Por que não nós?

Joguei as mãos para cima, apontando para o *motorhome* lotado e nossas coisas do lado de fora.

— E vamos fazer o que com todas essas coisas?

Ela se inclinou sobre a mesinha de jantar.

— Luis, nossa casa tem rodas.

Nós abrimos um mapa de campings espalhados pelo país e começamos a estudá-los. Fizemos uma lista de possíveis estados, orientados pelos seguintes parâmetros: nada de imposto de renda estadual, custo de vida mais acessível, baixa densidade populacional e nada de cidade grande. Decidimos usar o fim de semana para viajar por um dos estados das Montanhas Rochosas. No caminho, paramos em uma cidadezinha linda no pé da serra para abastecer.

— É aqui! — dissemos ao mesmo tempo.

Tínhamos encontrado nosso novo lar. Pouco depois, estávamos instalados com nosso *motorhome* em um belo *camping*, com um sistema de fossas de verdade e água limpa. A covid fez os preços dos imóveis na Califórnia dispararem, então ficamos contentes por não termos vendido nossa casa ainda. Vendê-la naquele momento viria muito a calhar. Recuperaríamos todo nosso dinheiro e um pouco mais, e depois compraríamos um lugar mais barato. Ficamos empolgados, mas então soubemos que não poderíamos desalojar nossos inquilinos no meio de uma pandemia.

Logo depois, ganhei um presente de grego no Natal. Poucos dias antes das festas de fim de ano, recebi um telefonema de Tom. Ele foi simpático, mas sem meias palavras. Nossa relação profissional estava encerrada. Apesar de nossos sucessos, o negócio não tinha trazido o dinheiro que ele esperava ou precisava. Tom e eu fizemos um belíssimo trabalho juntos. A segunda temporada de *Óvnis: investigação secreta* tinha sido transmitida e tão bem recebida quanto a primeira. O programa serviu para promover um debate mais amplo sobre os UAPs.

Eu gostaria que as coisas tivessem sido diferentes, mas reconheço o valor do trabalho de Tom no movimento pela transparência. Nossa conversa terminou com um misto de tristeza e animação. Era mais um capítulo encerrado.

Quando pedi demissão do Pentágono, em 2017, abracei a oportunidade representada pela TTSA por achar que precisava de uma plataforma para espalhar minha mensagem e voltar a me juntar a Hal, Jim e Chris. Alguns dias depois, me dei conta de que o trabalho que fizemos nos permitia que nossos nomes fossem nossa plataforma. Além disso, eu ainda tinha bons contatos no governo, e passei a prestar consultoria para uma pequena empresa do setor aeroespacial para ter uma renda.

Enquanto isso, Chris Mellon fazia contatos no Capitólio e estava preparando o terreno para nossa iniciativa seguinte, dando continuação à batalha pela transparência. Chris, Hal e Steve Justice também saíram da TTSA logo depois.

Certo dia, recebi uma ligação de DC que pôs meu próximo capítulo em movimento.

— Eu trabalho para o congressista ███████ — disseram do outro lado da linha. — Nós temos muito respeito por seu trabalho. Quando você pode voltar a DC?

CAPÍTULO 23
O PLANO DE GUERRA

Eu estava na entrada no Longworth House Office Building, em Washington DC, uma estrutura reluzente de mármore e calcário um pouco ao sul do Capitólio. Desde que deixara o Pentágono, essas viagens de volta eram inebriantes, estimulantes e um tanto enervantes.

Estava prestes a me encontrar com a assessoria parlamentar de um representante do Congresso. Ao longo dos anos, eu tinha conversado com autoridades eleitas, claro, como nosso defensor de longa data, o senador Harry Reid, mas dessa vez a sensação era diferente. Eu estava lá para falar sobre UAPs a convite *deles*.

Seria impossível ter chegado tão longe sem Chris Mellon. Ele conhecia como ninguém aqueles prédios administrativos onde ficavam os gabinetes dos legisladores.

Mellon e eu permanecemos próximos desde o dia em que o coloquei a par de nosso trabalho pela primeira vez. Ele era a personificação da palavra *comprometimento*. Desde que soube a verdade, Chris se sentiu na obrigação de prosseguir na causa até o fim.

A possibilidade de vida extraterrestre sempre o fascinou, em razão de uma experiência pessoal que raramente compartilhava. Depois de ter se tornado profissional de inteligência, sempre precisou esconder cuidadosamente esse maravilhamento e encanto. Mas agora estava se sentindo recompensado por descobrir que os jovens que trabalhavam no Capitólio compartilhavam desse seu fascínio. Quanto mais assessores parlamentares ele conhecia, mais gente extremamente interessada no assunto encontrava.

Chris reconhecia o papel fundamental do Congresso para o avanço da questão dos UAPs, então nós e Jay elaboramos uma estratégia plurianual, uma espécie de plano de guerra, para informar os congressistas e mais tarde enfrentar, com base na lei, os obstáculos à transparência.

O primeiro passo seria envolver servidores de carreira do Comitê Selecionado de Inteligência do Senado (SSCI) e do Comitê de Serviços Armados do Senado (SASC), além dos congressistas. Em razão do estigma e dos riscos políticos envolvidos para os legisladores, decidimos nos concentrar no crescente risco que os UAPs representavam para a aviação, além da histórica falta de transparência do poder executivo, que datava da década de 1940. Se o Congresso e seus altos funcionários fossem informados dos fatos, talvez se motivassem a promover uma mudança duradoura através de novas leis e supervisão mais abrangente.

Como ex-diretor adjunto de gabinete do Comitê de Inteligência do Senado, Chris compreendia perfeitamente o valor de uma estratégia legislativa e da supervisão do Congresso. Infelizmente, pouca gente no Congresso tinha qualquer compreensão prévia real sobre a questão dos UAPs, em geral vistos como uma estranha "distração" para malucos, um assunto politicamente arriscado.

Podíamos buscar apoiadores de ambos os lados do Congresso, mas a princípio ganhamos mais tração com os assessores dos membros dos comitês.

Com a ajuda de nossa base de apoio cada vez maior, fomos conseguindo avançar o debate sobre UAPs no Congresso. Trabalhamos incansavelmente para encontrar testemunhas com credibilidade, que convidávamos para compartilhar seus relatos com senadores, deputados e vários comitês parlamentares. Para cada testemunha que trazíamos, havia várias outras que não podiam depor perante o Congresso em razão de acordos de confidencialidade assinados com agências de inteligências e braços das Forças Armadas. Aqueles que queriam manter os UAPs escondidos do público desde os anos 1940 fizeram um ótimo trabalho abusando do dispositivo da confidencialidade para tornar sigilosas coisas que não deveriam e obrigar testemunhas a assinar documentos intimidadores. As testemunhas que não quiseram depor realmente tinham medo de serem presas ou mortas.

Também precisaríamos do DoD e de outros departamentos e agências para nos fornecer mais dados e análises. A mídia, que pode ser bastante temperamental e volúvel, teria que continuar firmemente comprometida. De alguma forma, precisaríamos também conquistar a cooperação de países estrangeiros, que contavam com uma vasta quantidade de dados. Por fim, mas não menos importante, teríamos que engajar o público e trazer pessoas conscientes e bem informadas para o debate. Sem apoio popular, nem a imprensa nem o Congresso se motivariam a fazer muita coisa.

Batizamos nosso plano como Cinco Pilares de Engajamento.

Identificamos figuras-chave na mídia que cobriam questões de segurança nacional e estavam abertas a conversar sobre os UAPs e entender melhor a ameaça que representavam.

Enquanto isso, Jay e eu acionávamos nossa rede de amigos nas Forças Armadas, no FBI, na CIA e até no Departamento de Energia.

À medida que fazíamos progressos dentro e fora do governo, a chefia do serviço de inteligência da Marinha, que compreendia as ameaças à segurança nacional relacionadas a UAPs e sentia a pressão pública e legislativa para fazer algo a respeito, encarregou Jay de criar silenciosamente uma força-tarefa envolvendo todo o governo, um programa com mais autoridades do que o AATIP jamais sonhou em ter. Assim, Jay se pôs ao trabalho, escolhendo a dedo membros e representantes de todos os serviços de inteligência e agências civis, do FBI ao Escritório Nacional de Reconhecimento (NRO), da NASA à Administração Federal de Aviação (FAA). Depois de montado, o grupo se tornaria a primeira força-tarefa

O PLANO DE GUERRA

para UAPs no Pentágono. Com Jay bem posicionado para alavancar e ampliar o debate dessa maneira, não poderíamos estar em situação melhor. O plano estava funcionando.

Jay precisava de um representante da Força Espacial (USSF), mas a agência ainda estava sendo montada na época e não tinha um programa para UAPs, então tivemos uma discussão para contornar esse obstáculo. Nossa solução foi tentar me colocar como consultor da USSF, para ajudar a criar uma iniciativa sobre UAPs e participar da força-tarefa que Jay estava montando. Quando alguns amigos me colocaram em contato com a liderança da USSF, a agência expressou preocupação e interesse com os UAPs, mas não estava em condições de levar isso a público. Pouco depois, comecei a trabalhar como consultor externo da USSF para UAPs, conseguindo seu apoio extraoficial para atuar nos bastidores em minha iniciativa pública, além de contribuir para a força-tarefa de Jay.

Após alguns anos com Jay costurando o grupo nos bastidores, o secretário de Defesa anunciou a Força-Tarefa dos UAPs e o nomeou como seu primeiro diretor.

Foi um momento de grande orgulho. Eu não conseguia acreditar que nosso plano estava sendo tão bem-sucedido, mas estávamos só começando, e a cada vitória havia uma reação.

A partir do momento em que a Força-Tarefa dos UAPs se tornou oficial, o Programa Legacy começou a atuar silenciosamente por baixo dos panos para prejudicar Jay, criando um obstáculo burocrático atrás do outro para ele, os membros do grupo e todos os envolvidos.

Chris acionou a longa lista de amigos com quem trabalhou quando era assessor sênior do senador Bill Cohen. Muitos anos antes, quando fazia parte da equipe de assessoria de Cohen, Chris foi responsável por redigir e propor uma legislação. Na época, ele foi um dos autores e primeiros defensores do projeto de lei do SOCOM, que estabelecia o Comando Especial de Operações dos Estados Unidos, encarregado de implementar aspectos fundamentais para as missões das Forças Armadas americanas.

IMINENTE

Todos no Pentágono e no Capitólio aprovam a ideia *hoje*, mas na época Chris precisou enfrentar uma luta longa e árdua contra os opositores da proposta. Alguns comandantes achavam que tinham tudo sob controle, e não receberam bem essa interferência do *status quo*. "Não precisamos de outro Comando Combatente, está tudo bem", era a mensagem deles.

A realidade, porém, mostrava algo bem distante disso. Chris e alguns outros apoiadores da iniciativa sabiam que o sistema estava falido. Nos piores momentos, Chris foi chamado de traidor por fazer uma proposta como aquela, e houve esforços para mobilizar a imprensa contra ele. Mas Chris estava certo, claro, e saiu vencedor. Essas experiências lhe ensinaram a navegar pelos corredores do Capitólio como um operador de PABX, fazendo novas conexões a cada momento.

Antes de partirmos para essa primeira viagem a DC, ele me instruiu sobre alguns fundamentos. Nós *não* éramos lobistas. Quem fazia lobby cultivava relacionamentos políticos para obter vantagens para seu setor econômico.

Nós, por outro lado, não estávamos pedindo nada. Como Chris me lembrou, nós tínhamos uma plateia cativa e sedenta por informações. Eu vinha bebendo direto da fonte havia anos, mas a maioria das pessoas vivia em um deserto de informações. Meu trabalho era informá-las, deixá-las fazer as perguntas e responder com honestidade e clareza, tanto quanto possível.

Depois disso, começamos a falar sem parar.

Quando fazíamos nossas apresentações, as pessoas respondiam:

— Isso é importante demais! O que podemos fazer para mudar a situação?

— Bem, ter mais transparência no DoD ajudaria.

— Como podemos fazer isso?

— Se houvesse disposições legais para a questão dos UAPs em uma proposta legislativa, se a transparência estivesse na lei, eles seriam forçados a divulgar mais informações.

Durante esse período, Chris e eu trabalhávamos ativamente nos bastidores para ajudar o Congresso a entender a complexidade da situação e a

O PLANO DE GUERRA

identificar um caminho a seguir. Tínhamos estabelecido uma posição na Colina do Capitólio, mas precisávamos encontrar uma forma de manter o embalo e ampliar nossa base de apoio, caso contrário jamais conseguiríamos aprovar uma legislação que obrigasse o Departamento de Defesa e os serviços de inteligência a tomar uma atitude sobre a questão dos UAPs. Chris, que havia trabalhado por mais de uma década no Capitólio, propôs uma solução simples, mas brilhante: convencer um dos comitês de supervisão a requisitar a quebra de sigilo de relatos sobre UAPs em poder do diretor de Inteligência Nacional. A beleza dessa abordagem estava no fato de elevar a importância do debate sobre os UAPs e promover sua legitimidade sem o gasto de dinheiro público e sem a necessidade de apoio dos Comitês de Apropriação. Chris defendeu essa necessidade em artigos de opinião e reuniões com assessores do Senado, e até chegou a redigir uma versão de um relatório de requerimento, que postou na internet para todos verem.

Mas o Congresso estava só começando a se inteirar da realidade em relação aos UAPs. Chris teria que mostrar todas as informações que esse relatório precisaria conter e onde encontrá-las, caso contrário o DoD arranjaria uma forma de se livrar da incumbência.

A essa altura, a pandemia de covid estava no auge. Chris e eu fazíamos nosso trabalho de casa enquanto o restante do país se protegia. Quando Chris começou a pensar em disposições legais para o tema, atentamos para o fato de que, se fôssemos longe demais, era possível que os legisladores — ou mesmo o presidente — fizessem objeções. Precisávamos ser cautelosos. Cada palavra era como um grão de areia em uma pequena balança. Cada germe de ideia era meticulosamente avaliado antes de ser inserido em um parágrafo. Esse termo ou ideia era estritamente necessário? Não sabíamos quantas chances teríamos. O fato de termos conseguido uma oportunidade já era histórico.

Nossa recepção nos corredores do Congresso foi animadora. Os Comitês de Inteligência da Câmara e do Senado, por exemplo, são bipartidários, com representantes de ambos os lados. Em geral, os dois grandes partidos

IMINENTE

americanos vivem às turras, mas, como eu estava prestes a descobrir, nesse tema em particular os políticos concordavam.

Por quê? Se quer saber minha opinião, enquanto ouviam sobre as verdades mais perturbadoras, os membros do comitê foram sendo dominados por um senso cada vez maior de indignação. Durante décadas, o Congresso destinou verbas para o Pentágono. O DoD recebia todo o dinheiro que queria — *e mais um pouco*. Mas, por algum motivo, os líderes parlamentares que por lei tinham direito a receber informações confidenciais quase nunca ouviam falar sobre UAPs. Quando perguntavam sobre o assunto, recebiam a mesma mensagem que Chris Mellon ouviu ao longo dos anos em que esteve no alto escalão dos círculos de inteligência: *Não há evidências de que os UAPs existem de verdade.*

No entanto, conversando comigo, com Mellon e com nossas testemunhas, o Congresso se inflamou.

Felizmente, o senador Marco Rubio, presidente em exercício do Comitê de Inteligência do Senado, teve a coragem de apoiar essa importante proposta, apesar das inevitáveis críticas desinformadas que receberia dos elementos hostis à ideia de transparência.

Em momentos mais descontraídos, os representantes eleitos e seus assessores trocavam histórias de sua vida pessoal ou de pessoas de suas famílias que tiveram contato com UAPs. Se você trata o assunto como algo aceitável para discussão, as pessoas se abrem de uma forma surpreendente. Em uma era marcada pela intransigência, descobrimos que políticos dos dois partidos rivais aceitavam o diálogo sobre o tema e comentavam suas experiências pessoais abertamente conosco.

Kirsten Gillibrand, senadora do estado de Nova York, que serviu em subcomitês nas Forças Armadas, contou a seus assessores como ficou sabendo da questão dos UAPs, e que gostou de ter assistido com os filhos ao programa que Mellon e eu fizemos para o History Channel. Tim Burchett, deputado republicano do Tennessee, também tinha visto. Por coincidência, seu distrito eleitoral era perto de Oak Ridge, onde ficava o estoque de urânio do país, uma antiga "cidade secreta" do Projeto Manhattan e local

O PLANO DE GUERRA

de incontáveis avistamentos de UAPs. Cristão evangélico, Burchett ficava intrigado com a possível ligação dos UAPs com as visões extramundanas de Ezequiel e Elias na Bíblia. Burchett era um homem com uma missão, dedicado por inteiro a seus eleitores e a sua fé; não um político profissional, mas um homem da classe trabalhadora, que tinha uma oficina de reparos de caçambas e trailers. Ele respeitava as pessoas que haviam servido nas Forças Armadas e sempre buscava a verdade.

Toda vez que o Pentágono declarava que "não tem nada disso aqui, pessoal", um piloto ou militar corajoso aparecia publicamente afirmando o contrário. No fim, o Congresso decidiu acreditar nos homens e mulheres de uniforme, e não nos burocratas.

De vez em quando, algum político de Washington me perguntava por que estávamos nos esforçando tanto para trazer esse assunto à tona. O país já não tinha outros problemas para enfrentar?

Minha resposta era: em termos gerais, acredito que segredos duradouros acabam se tornando desastrosos para qualquer país. Segredos são como alimentos perecíveis esquecidos por muito tempo. Em algum momento vão começar a apodrecer e feder, obrigando você a esvaziar e limpar a geladeira toda. Os segredos surgem para impedir que um inimigo descubra algo que deve ser protegido, porém, quanto mais você o esconde, mais credibilidade perde quando a informação vem a público. Segredos guardados por tempo demais impedem o avanço da ciência. E, nesse caso, todos os habitantes do planeta são afetados, portanto, é melhor que toda a humanidade saiba a verdade.

Em certa ocasião, uma pessoa do alto escalão do governo americano — e que conhecia a verdade que vinha sendo escondida havia tantos anos — me falou que eu tinha embarcado em uma missão imprudente.

— Sabia que, falando desse assunto tão abertamente, você está acelerando as chances de uma invasão? — foi o que me disse.

Respondi que isso dava a entender que nossos amigos de fora da cidade tinham más intenções, mas não sabíamos ao certo se isso era verdade.

IMINENTE

E me mantive firme em minha posição: é melhor que toda a humanidade saiba a verdade sobre nossa realidade do que permitir que nossos governos continuem mentindo para nós. Eu perguntei para essa pessoa:

— Se você tivesse câncer, iria querer que seu médico contasse? *Ainda mais* se existisse uma chance de cura? É só o que tenho a dizer.

Toda vez que eu voltava à região de DC, usando terno e com a máscara para me proteger da covid antes de subir para o Capitólio, me sentia animado pelo progresso do plano implementado por Chris e por mim. Estávamos fazendo barulho na imprensa, tanto que Jay estava recebendo pedidos de informações de membros do Conselho de Segurança Nacional da Casa Branca que, por sua vez, passavam parte do que apuravam a Trump, mas não sei até que ponto.

Como o Programa Legacy e o problema com UAPs na prática começaram em 1947, apenas alguns presidentes foram informados pelos envolvidos com a situação, mas não em todos os detalhes. Como Hal mencionou uma vez, e de acordo com algumas pessoas próximas ao Legacy, os presidentes não precisam saber de tudo, já que são apenas ocupantes temporários do cargo.

Pelo que sei, os seguintes presidentes dos Estados Unidos receberam algum tipo de informação a respeito: Truman, Eisenhower, Kennedy, Lyndon Johnson, Carter, Reagan, George H. W. Bush e Trump.

Carter transmitia a imagem de ser um governante de mente aberta e intelectualmente curioso, que revelou sem rodeios para a mídia a existência do programa psíquico Stargate. Nixon era considerado um fio desencapado, então não era tido como alguém de confiança, mas tenho razões para acreditar que ele viu imagens de corpos não humanos.

Eu soube que Gerald Ford não foi informado, provavelmente porque estava ocupado demais juntando os cacos do caso Watergate. No entanto, longe de ser um neófito em UAPs, Ford já tinha lidado com o assunto em sua carreira como parlamentar, quando dos famosos avistamentos em Michigan em 1966. A Biblioteca Presidencial Ford divulgou pelo menos quinze documentos relacionados à célebre apuração dos "gases do pântano" do Projeto Livro Azul, uma explicação que nunca o convenceu.

O PLANO DE GUERRA

Quanto a Reagan, tenho motivos para acreditar que a Iniciativa de Defesa Estratégica (SDI), apelidada de Programa Guerra nas Estrelas, bancada pelo presidente, dizia respeito a UAPs, não apenas a armas nucleares. Os biógrafos de Reagan o descrevem como alguém fascinado pelo tema, e sabemos que pelo menos uma vez ele comentou com Mikhail Gorbachev que os Estados Unidos e a União Soviética deveriam trabalhar juntos no caso de uma invasão alienígena. Em um discurso na ONU, ele disse:

> Não podemos viver em paz junto com todos os outros países? Em nossa obsessão pelos antagonismos do momento, muitas vezes nos esquecemos de tudo o que nos une como humanidade. Talvez seja necessária uma ameaça externa e universal para nos fazer reconhecer esse vínculo comum. De vez em quando, penso na facilidade com que nossas diferenças através do mundo desapareceriam se enfrentássemos uma ameaça de fora deste mundo. Mas eu pergunto: será que uma força alienígena já não está entre nós?

Conseguimos a inserção de disposições legais no segundo projeto de lei extraordinária relativo à pandemia, estipulando que o DoD seria obrigado a emitir um relatório sobre UAPs no verão seguinte. Esse trabalho não exigiria nenhum gasto extra; o departamento já tinha esses dados. O senador Marco Rubio, da Flórida, então presidente do Comitê de Inteligência do Senado, foi o principal apoiador da medida. Se você ler o Relatório do Senado 116-233, vai encontrar muitas coisas saídas diretamente da caneta de Chris Mellon:

> O Comitê permanece preocupado por não haver um processo abrangente e unificado dentro do governo federal para coletar e analisar dados de inteligência sobre fenômenos aéreos não identificados, apesar da potencial ameaça. O Comitê compreende que os dados de inteligência relevantes podem ser sensíveis; ainda assim, o Comitê considera que o

compartilhamento e a coordenação de informações através da Comunidade de Inteligência têm sido inconsistentes. [...]

Portanto, o Comitê instrui o DNI, em colaboração com o Secretário de Defesa e chefes de outras agências que o diretor e secretário considerarem relevantes, a submeter um relatório em 180 dias a partir da data de vigência deste Ato, para os comitês parlamentares de inteligência e serviços armados sobre fenômenos aéreos não identificados (também chamados de "veículo aéreos anônimos"), inclusive objetos aéreos que não foram identificados. [...]

O relatório deve ser submetido em caráter não sigiloso, mas pode incluir anexos confidenciais.

As disposições legais para a questão dos UAPs no texto somavam 422 palavras, algo sem precedentes. Desde os anos 1960 o Congresso não instruía o DoD a tomar alguma medida relacionada a UAPs, quanto mais a emissão de um relatório *não sigiloso* que poderia ser compartilhado com a população dos Estados Unidos e do mundo.

O presidente Trump sancionou o projeto, que se tornou lei no fim de 2020. Eu diria que a maioria dos americanos nunca soube que o projeto incluía cláusulas legislativas sobre UAPs.

Comemorei a aprovação com grande empolgação. Mas também sabia que não podíamos baixar a guarda. Assim que o projeto virou lei, o DoD teria seis meses para produzir um relatório sobre um assunto que praticamente ignorou por 75 anos. Na velocidade com que as coisas se movem no Pentágono, seis meses não são nada.

Mellon e eu estávamos a todo vapor com nossos compromissos públicos. Aparecemos em plataformas de notícias como CNN e Fox News diversas vezes, e então aquele que talvez seja o programa noticioso mais influente da história da televisão americana queria tratar do tema dos UAPs pela primeira vez em décadas de jornalismo investigativo. Ficamos abismados. Era um programa premiado, assistido por *todo mundo*: todos os políticos, funcionários do DoD, agentes de inteligência e suas famílias.

O PLANO DE GUERRA

Quando me dei conta, Mellon, o senador Rubio, o comandante Fravor, a tenente-comandante Dietrich, eu e alguns outros estávamos participando de uma edição do *60 Minutes* que se tornaria histórica.

A matéria foi ao ar em maio de 2021, e se tornou um dos segmentos de maior audiência da história do programa. Segundo me disseram, mais de 20 milhões de pessoas haviam assistido, e esse número só crescia. Era uma grande vitória para a transparência, multiplicando exponencialmente nosso engajamento com o público, e levando a uma mudança no tom da conversa. E aconteceu na hora certa.

O resultado de todo o trabalho árduo e estratégico para conseguir uma admissão pública se materializou no amplamente divulgado "Relatório Preliminar" produzido pelo diretor de Inteligência Nacional (DNI) e entregue em junho de 2001. Era inadequado em diversos sentidos, mas identificava 144 incidentes militares com UAPs de 2004 a junho de 2021. À medida que o clima em torno do tema começava a mudar, o estigma desaparecia aos poucos, e os militares perceberam que podiam e deviam reportar seus incidentes com UAPs. Com isso, o número de relatos cresceu rapidamente. O relatório oficial do governo sobre UAPs se provou tão importante, e despertou tanto interesse, que o Congresso agora queria que fosse feito anualmente, uma forma importantíssima de garantir que a população e os parlamentares conhecessem a amplitude e a seriedade da questão.

Considero essa uma das maiores contribuições de Chris para nossos esforços e para a história. Foi uma ideia dele, que ele fez acontecer, e foi uma iniciativa fundamental em um momento crítico. Digo que foi "uma das" porque tivemos um nível extraordinário de colaboração em nossos esforços desde o dia em que conheci Chris.

Sem Chris e Jay, os planos que implementamos jamais teriam funcionado. E eles são mais do que colaboradores para mim. São amigos.

À maneira típica do Departamento de Defesa, foi fornecido ao Congresso uma versão diluída de acontecimentos recentes, a começar pelo caso do *Nimitz* em 2004; mesmo só isso fez as coisas avançarem *muito*. E estávamos ganhando tração.

IMINENTE

O relatório concluiu que os UAPs provavelmente não eram anomalias meteorológicas e representavam algo... *tangível*. Todos os casos incluídos no relatório se referiam aos dezoito meses anteriores, com o *Nimitz* sendo a única exceção. O documento se baseava principalmente em relatos da Marinha, sob a justificativa de que as informações da Força Aérea ainda não estavam disponíveis e que apenas 10% dos encontros em todo aquele período foram apurados. Segundo essa avaliação, um atordoante número de 1.400 incidentes entre 2019 e 2021 continuavam ignorados. Acredito que isso bastou para emitir o sinal de alerta e obrigar os parlamentares a prestarem atenção.

Setenta e cinco anos depois de Roswell, a Força Aérea continuava escondendo fatos do povo americano. O então secretário da Força Aérea dos Estados Unidos, Frank Kendall, declarou à imprensa que não sabia ao certo se os UAPs mereciam sua atenção. Apesar de não negar que os objetos eram reais, ele afirmou que era preciso haver evidências de que representavam uma ameaça antes que ele e seus colegas resolvessem fazer alguma coisa. Como mencionei, isso para mim é uma falácia. Se você não sabe o que é uma coisa, como pode achar que não é uma ameaça?

As palavras de Jenn, "Vamos para cima!", ressoaram de novo em meu coração. Um ou dois dias depois, fui perguntado a respeito da reação do secretário Kendall ao relatório sobre UAPs. Minha resposta foi nesta linha:

— Sr. secretário, talvez seja o caso de relembrar para quem o senhor trabalha. Não é o senhor quem decide o que é ou não prioridade. É o povo americano.

Pense no quão absurdo é o fato de que quase todos os relatos sobre fenômenos aéreos não identificados tenham vindo da Marinha, e não da Força Aérea.

Irritado, conclamei o público nas redes sociais e na imprensa, soltando a seguinte nota:

O povo americano agora conhece uma pequena parte do que eu e meus colegas de Pentágono sabíamos: que esses UAPs não são uma tecnologia americana secreta, que aparentemente não pertencem a nenhum de nossos aliados ou adversários, e que nossos serviços de inteligência ainda não encontraram uma explicação terrena para esses veículos extraordinários. De 144 incidentes, a Força Tarefa de UAPs só foi capaz de identificar 1. A conversa está apenas começando.

Em julho de 2021, recebi uma ligação de um amigo me contando que a revista *People* tinha me nomeado um dos "100 Motivos para Amar os Estados Unidos". Fiquei na posição 62. Chris e Jay deveriam estar lá comigo, mas gostei disso porque era um sinal de que nosso engajamento público estava dando resultado.

Mesmo antes da divulgação do relatório, Chris e eu estávamos trabalhando com nossos amigos no Capitólio para inserir disposições legais para a questão dos UAPs na *próxima* grande iniciativa do Congresso.

Todo ano, o legislativo aprova o orçamento de defesa dos Estados Unidos, com a chamada Lei de Autorização de Defesa Nacional (NDAA). O governo americano gasta mais com suas Forças Armadas do que qualquer outro país — ultimamente, cerca de 800 bilhões de dólares por ano.

Para os senadores, os deputados e seus assessores que chamávamos de amigos, parecia uma obrigação do DoD abrir o jogo sobre os UAPs. Os senadores republicanos Roy Blunt, do Missouri, Lindsey Graham, da Carolina do Sul, e Marco Rubio, da Flórida; os senadores democratas Kirsten Gillibrand, de Nova York, e Martin Heinrich, do Arizona; e o deputado democrata Ruben Gallego, também do Arizona, trabalharam juntos para elaborar disposições legais incisivas, com um pouco de ajuda minha e de Chris, que conseguiu convencê-los de que *quanto mais melhor* era o lema mais adequado ao instruir o Departamento de Defesa sobre o que fazer.

Por volta dessa época, o Programa Legacy, e todos os poderosos envolvidos, elevou sua reação a um novo patamar e de alguma forma conseguiu barrar a verba liberada para a Força-Tarefa dos UAPs pelo Congresso. Nesse ponto, depois de dezesseis anos investigando UAPs para o governo americano, mais do que qualquer um que eu conheça, Jay decidiu que era

IMINENTE

hora de se aposentar e passar para a iniciativa privada, onde teria mais liberdade para continuar trabalhando. Havíamos conquistado muitos avanços com nosso plano, mas ainda havia um novo capítulo pela frente para nós.

Antes de Jay se aposentar, trabalhamos com o Congresso para elaborar uma nova proposta de lei que criasse um programa permanente para UAPs diretamente financiado pelo legislativo, para que ninguém pudesse bloquear ou desviar as verbas de sua finalidade. Esse novo programa precisaria se reportar ao Congresso em todas as questões relacionadas a UAPs.

Dois dias antes do feriado de Ação de Graças de 2021, o Departamento de Defesa anunciou a criação de um gabinete de investigações de UAPs chamado Grupo de Identificação de Objetos Aéreos e Gerenciamento de Sincronização — AOIMSG, para resumir. (Não, eu não sei como pronunciar essa sigla absurda). O novo grupo ficaria sob os auspícios do OUSD(I). O DoD atraiu bastante atenção da imprensa com essa iniciativa, com manchetes sobre o "novo gabinete de UAPs" do Pentágono aparecendo em sites de todo o mundo.

Imagino que muita gente teria mordido a isca do DoD se Chris Mellon e eu não avisássemos que era uma fraude. Meu antigo setor, o OUSD(I), era exatamente a mesma organização que desidratou e tentou matar o AATIP, e depois a Força-Tarefa dos UAPs. Como postei nas redes sociais, era como dar ao alcoólatra a chave do armário de bebidas.

A estratégia do Pentágono, controlada na prática pelo pessoal que mexe os pauzinhos no Programa Legacy, é risivelmente previsível. Sempre que eles acham que a verdade pode vir à tona, tentam alterar e controlar a narrativa.

O Congresso percebeu que o Departamento de Defesa queria direcionar a investigação para lixo aeroespacial e bugigangas de *fabricação humana* em vez de UAPs, usando o termo "objetos temporariamente não atribuíveis", em vez de "Fenômenos Aéreos Não Identificados". Diante do jogo proposto pelo DoD, alguns dias depois, o Congresso revisou o projeto de lei subsequente, afirmando que o departamento *não* poderia incluir objetos de fabricação humana em suas investigações sobre UAPs. Caso se descobrisse que um UAP era feito pelo homem, o gabinete permanente de UAPs do Congresso exigiria que o caso fosse delegado a outro setor do DoD. Essas disposições legais, caso fossem sancionadas, impediriam o DoD de simplesmente sair recolhendo de tudo na atmosfera, desde balões até sacolas plásticas. Além disso, o Congresso incluiu anomalias espaciais *e* subaquáticas nas disposições legais para a questão dos UAPs, substituindo a expressão "Fenômenos *Aéreos* Não Identificados" para "Fenômenos *Anômalos* Não Identificados", para cobrir todas as bases.

Ficamos furiosos com a tentativa do Departamento de Defesa de se desviar das intenções originais do Congresso. Foi uma tentativa fraquíssima de evitar o inevitável. O DoD achou que os parlamentares desistiriam de incluir as disposições legais meticulosamente elaboradas para os UAPs assim que ficassem sabendo da criação do nada promissor AOIMSG. Os legisladores deveriam estar questionando a necessidade de disposições legais, uma vez que o DoD já tinha um gabinete para UAPs. Em vez disso, tratamos de nos certificar de que o Congresso estava mais motivado do que nunca a promover mudanças.

Mellon, eu e nossos amigos fizemos nossos contatos e criamos mais barulho na internet, inclusive durante o fim de semana prolongado do feriado.

Se aquelas disposições legais fossem sancionadas, o DoD não teria mais como varrer os fenômenos para debaixo do tapete. O Congresso estabeleceria um gabinete permanente para UAPs, que precisaria entregar relatórios para os parlamentares e o povo americano regularmente. Eles teriam que investigar o espaço aeroespacial e as implicações biológicas dos UAPs. E precisariam empregar a chamada "doutrina do 1%" em sua metodologia para todos os casos. Se houver 1% de chance de um encontro ser uma ameaça às Forças Armadas ou ao povo americano, eles precisam investigar. Não vão mais poder ignorar um relato simplesmente porque "não sabem do que se trata".

Os seis parlamentares que citei e seus assessores merecem muito crédito. Eles esperaram pacientemente que Mellon e eu providenciássemos

IMINENTE

as informações e reuníssemos testemunhas para levar aos representantes eleitos que ainda tinham dúvidas. Nós criamos uma espécie de esteira de linha de montagem para que as informações chegassem diretamente ao Congresso, sem diluições. E também fiz questão de não estar presente nessas reuniões e entrevistas, porque queria garantir que os diálogos entre legisladores e testemunhas oculares fossem justos e imparciais. Eu não queria causar uma distração.

Vendo de fora, talvez pareça que foi simples. Mas, na realidade, foi um cabo de guerra o tempo todo. Os inimigos da transparência estavam unidos contra nós. O DoD não queria que essas disposições legais fossem incluídas no projeto de lei do orçamento. Não queriam que o Congresso e o povo americano vissem o que eles estavam fazendo em relação aos UAPs. Queriam fazer o que sempre fizeram — esconder tudo.

Em setembro de 2021, a Câmara dos Representantes aprovou o projeto de lei e enviou ao Senado.

Mellon e eu continuamos nossos esforços para engajar o público e continuar informando os parlamentares eleitos e seus assessores, colocando-os em contato com testemunhas e dados irrefutáveis.

Em novembro de 2021, tive a honra de encontrar meu nome na versão britânica da revista *GQ* como um dos heróis do ano, por meu impacto cultural por ser uma voz pela transparência. Era uma indicação clara de que dois de nossos pilares estratégicos, engajamento internacional e de mídia, estavam rendendo frutos. Mas, para deixar bem claro, eu nunca me senti à vontade com esse tipo de atenção e elogios, pois sei que existem pessoas muito mais merecedoras de crédito do que eu.

O Senado enfim aprovou o projeto de lei em 15 de dezembro de 2021 — com as disposições legais para a questão dos UAP intocadas — e enviou para sanção do presidente Biden.

O ex-senador Harry Reid — nosso aliado e apoiador no AATIP, que me defendeu nos dolorosos meses após meu pedido de demissão, quando o DoD estava tentando apagar e difamar meu trabalho — continuou a ser um grande apoiador durante todo o processo. Ele estava lá para o que fosse preciso, desde nos validar perante os demais parlamentares até garantir nossa credibilidade para os produtores do *60 Minutes*. E fez tudo isso mesmo estando nos últimos dias de uma batalha de três anos contra um câncer no pâncreas. Alguns de seus críticos zombavam de seu apoio ao debate sobre os UAPs, mas na verdade ele era um homem verdadeiramente acima da média.

Todos sabíamos que sua morte estava próxima. O preço que a doença cobrava dele era visível. Comoventemente, o senador Reid afirmou que continuaria lutando contra o câncer até que Biden sancionasse a lei. Em honra a seu apoio de longa data, mantivemos o senador Reid informado da situação até o fim. Landra, sua mulher, e Katie, sua leal assessora, foram como anjos durante esses dias.

Biden sancionou a segunda lei que previa verbas para os UAPs no orçamento de Defesa dois dias depois do Natal de 2021. Foi outro momento histórico, para ser registrado na memória. No dia seguinte, meu velho amigo Harry Reid morreu pacificamente durante o sono. Ele foi fiel a sua palavra. Que descanse em paz.

Em maio de 2022, uma exigência da nova lei ganhou grande visibilidade: o Congresso realizou uma histórica audiência pública sobre UAPs. Só o fato de ter acontecido já era monumental, e deixou claro para muitos civis e parlamentares eleitos a necessidade de levar o assunto adiante, e que o Departamento de Defesa promovia um acobertamento desse tópico. Ao contrário do relatório feito em 180 dias, que tratava de 143 casos não resolvidos, as testemunhas do DoD revelaram que havia mais de quatrocentos relatos registrados no ano anterior. A audiência confirmou que os UAPs realmente existem, e não são um vislumbre ocasional de sistemas tecnológicos secretos ou uma anomalia meteorológica. Foi uma corroboração do fato de que os UAPs *não* são uma tecnologia nossa, e que representam uma ameaça em potencial para a segurança aérea e a segurança nacional. E, quando perguntado se existiam pesquisas de

IMINENTE

outros programas de UAPs, Ronald Moultrie, o chefe de Inteligência do Pentágono, respondeu:

— Fora do AATIP e do Livro Azul, não.

Foi uma vitória silenciosa para mim. Pelo menos agora o Pentágono reconhecia a existência de meu antigo programa, o AATIP, e seus esforços concentrados nos UAPs. Tudo isso sob juramento. E o deputado Mike Gallagher incluiu o memorando Wilson/Davis, já mencionado anteriormente, ao Registro Congressional dos Estados Unidos ao vivo na televisão. Outra declaração que me pegou totalmente de surpresa dizia respeito ao fato de que o Pentágono não sabia das incursões de UAPs nas proximidades de instalações nucleares secretas. O Pentágono admitiu desconhecer seus próprios relatórios sobre casos que incluíam uma ocasião em que mísseis balísticos intercontinentais ficaram inoperantes. Se o Pentágono houvesse feito uma revisão, ainda que superficial, de seus próprios arquivos, saberia que os relatos dessas incursões foram originados lá dentro. Esses são apenas alguns exemplos, e eu aconselho você a assistir à audiência inteira na internet. Desnecessário dizer que foi um momento embaraçoso também para meu antigo gabinete, o OUSD(I).

Em julho de 2022, foi anunciado o Gabinete de Resolução de Anomalias de Todos os Domínios (AARO), a nova divisão permanente de investigação de UAPs, que precisava se reportar ao Congresso. Pelo menos o novo nome era mais fácil de pronunciar.

O segundo semestre de 2022 continuou a provar que nossas táticas estavam rendendo frutos. Uma cômica disputa de poder surgiu entre o Congresso e o Departamento de Defesa em relação aos UAPs. Em vários sentidos, o drama era uma reencenação do verão anterior. Toda vez que o Congresso incluía definições legais de UAPs em projetos de lei, observadores do DoD tentavam derrubá-las em votação.

O Congresso levou adiante a legislação proposta na Lei de Autorização de Defesa Nacional daquele ano — o orçamento que o Congresso provisiona para o Departamento de Defesa para o ano seguinte (no caso, 2023).

O PLANO DE GUERRA

Eu contribuí para a elaboração das disposições legais e trabalhei muito para conquistar o apoio de congressistas, mas sou obrigado a dizer que na verdade essa foi a obra-prima de Chris. Ele aperfeiçoou as disposições já existentes e trabalhou com maestria com seus contatos para obter todo o apoio de que a proposta de lei necessitava.

As disposições legais não deixavam dúvidas sobre a veracidade da questão dos UAPs. Por exemplo, especificavam que o novo gabinete deveria relatar ao Congresso todos os casos envolvendo UAPs de *1 de janeiro de 1945 em diante*. Essa data era uma questão fundamental, por ser o ano que marcou a explosão da bomba atômica e, logo depois, o incidente em Roswell.

O suporte da comunidade de inteligência à nova divisão de UAPs também era detalhado no projeto de lei. Por exemplo, as agências de inteligência criariam um banco de dados no qual os militares poderiam relatar encontros com UAPs. Isso proporcionaria proteção contra represálias para quem apresentasse seus testemunhos, e significava que qualquer pessoa — civil ou militar — que tivesse assinado um acordo de confidencialidade relacionado a UAPs estaria livre para apresentar sua história ao Congresso em caráter confidencial. Os engenheiros que analisaram os materiais coletados em acidentes enfim poderiam falar. Os pilotos e operadores de radar enfim poderiam falar. Os membros de equipes de resgate altamente sigilosos enfim poderiam falar. E seria ilegal demiti-los, puni-los ou interferir em suas carreiras, seus planos de aposentadoria e suas credenciais de segurança. Na verdade, os denunciantes poderiam pedir indenização por eventuais prejuízos morais ou financeiros.

No dia em que esses detalhes chegaram ao noticiário, o piloto naval Ryan Graves — uma testemunha-chave nos avistamentos no USS *Roosevelt* — usou o Twitter para resumir a transformação representada pela intervenção parlamentar: "É um divisor de águas", escreveu ele. "O Senado está afirmando explicitamente [...] que temos evidências suficientes de objetos não fabricados pelo homem para exigir legalmente um estudo a respeito. As oitivas já começaram?"

IMINENTE

Como eu sabia que o trabalho que tínhamos feito valeu a pena? De duas formas.

Em primeiro lugar, o estigma estava morrendo. O público, a mídia, a academia e o Congresso haviam começado a falar abertamente a respeito dos UAPs. A cobertura da grande imprensa sobre o tema estava maior do que nunca. Além disso, diversos acontecimentos deixam isso claro: eu conversei com estudantes da Universidade Harvard que participavam do Projeto Galileu, encarregado de mapear maneiras de estudar formas de vida no universo. Seu interesse e sua empolgação eram contagiosos. Na Universidade de Inteligência Nacional, em Washington DC, conversei com uma plateia formada pela elite dos jovens analistas e generais de duas estrelas que eram o futuro dos serviços de inteligência dos Estados Unidos. Seu engajamento não poderia ser maior. Garry Nolan e Jacques Vallée publicaram em um periódico científico com processo de avaliação por pares, o *Progress in Aerospace Sciences*, seu artigo acadêmico sobre os materiais misteriosos de UAPs encontrados em Iowa. Era a primeira vez que Nolan, um professor de medicina em Stanford, publicava em um periódico sobre ciência aeroespacial, e a primeira vez que a revista publicava um artigo sério sobre UAPs. A repulsa de longa data do mundo acadêmico aos UAPs estava pouco a pouco sendo abandonada.

Nada disso teria sido possível, ou sequer imaginável, sete anos antes. Só estavam acontecendo porque nossos esforços conjuntos e a visibilidade que conseguimos tinha destruído o estigma por tanto tempo associado aos UAPs. O que vai acontecer quando uma nova geração de líderes — militares, engenheiros, pesquisadores, agentes especiais — assumir o sistema? Por quanto tempo a verdade ainda pode continuar escondida?

Comecei a vislumbrar uma era de criatividade e otimismo renovados. Quantos jovens não se inspirariam a entrar no campo da física, da engenharia, da indústria militar e da tecnologia se tivessem a certeza de que a humanidade não é a única forma de vida do universo, e que os humanos podem ampliar as fronteiras da realidade que conhecemos?

O PLANO DE GUERRA

A segunda coisa que me fazia ter certeza de que nossos esforços estavam dando resultado residia no fato de que nosso progresso despertou uma oposição feroz. Ao longo do ano, diversos elementos do governo exigiram encontros cara a cara com parlamentares, para poderem protestar vigorosamente contra o tratamento dado aos denunciantes de UAPs. "Precisamos processar os denunciantes!", era seu argumento. "Precisamos deixar o FBI pegar ex-funcionários que saiam da linha." Eles queriam que o Congresso voltasse atrás nas disposições legais. Claramente, quanto maior o risco, maior o nervosismo entre os acobertadores.

E quanto a Garry Reid, meu opositor de longa data no DoD? Ele foi transferido para a DIA como "conselheiro especial". A investigação da inspetoria-geral sobre casos de assédio sexual e outras acusações contra ele estava concluída. Não comemoro o infortúnio de ninguém, nem mesmo de uma pessoa que provocou sofrimento a minha família. Houve um tempo em que Garry foi um herói de guerra que prestou grandes serviços a seu país. Sou grato por sua atuação e sua liderança nas Forças Armadas, e prefiro me lembrar dele assim. Mas, com sua saída de cena, o processo de expurgo poderia começar. O progresso poderia acontecer.

Logo depois da transferência de Garry, a inspetoria-geral também arquivou a queixa contra mim por ter atuado como um denunciante do Departamento de Defesa. O fato de eu ter mantido minhas credenciais de segurança, segundo eles, era a prova de que o episódio não tinha gerado nenhuma consequência grave. Trata-se de um belo exemplo da lógica tortuosa do DoD, mas resolvi aceitar isso como uma vitória. Quanto às retaliações injustas e o abuso de poder, eles haviam removido Garry Reid do OUSD(I) e talvez considerassem seu dever me redimir. Mais tarde, durante uma conversa pessoal com a IG, eles reconheceram que aquilo que foi feito comigo era absurdamente errado. Mais uma vez, porém, afirmaram que a manutenção de minhas credenciais era uma garantia de que não houve repercussões negativas.

IMINENTE

Por volta dessa época, o Pentágono também fez o impensável: declarou ao mundo que eu, Luis D. Elizondo, existia. Um porta-voz declarou para a mídia:

— O sr. Elizondo oferece aconselhamento técnico sobre diversos assuntos confidenciais para a Força Espacial dos Estados Unidos.

Sobre isso, basta dizer que a Força Espacial continua sendo uma iniciativa fascinante para introduzir tecnologia de ponta para projetos espaciais, e obviamente tem interesse na questão dos UAPs. Eles têm uma equipe incrível, sob uma liderança igualmente incrível.

Quando ouvi isso, uma certa satisfação melancólica reverberou em mim. Finalmente, depois de cinco anos, o Pentágono havia feito um pronunciamento verdadeiro a meu respeito.

Em julho de 2022, o Congresso aprovou por unanimidade uma legislação histórica, a mais relevante até então, envolvendo UAPs na Lei de Autorização de Defesa Nacional para o ano fiscal de 2023.

Em nossos esforços continuados no Senado, nos concentrávamos na NDAA e suas disposições legais para os UAPs, enfrentando a oposição de forças poderosas contra nós. O ano estava voando, e muitos achavam que a parte sobre os UAPs poderia acabar cortada ou diluída.

Em 15 de dezembro de 2022, o Senado aprovou a NDAA com as disposições legais para os UAPs incluídas e enviou para a assinatura presidencial. Estávamos pertíssimo de conseguir uma transformação inimaginável até pouco tempo antes. Mas as forças opositoras eram tão incansáveis quanto nós, e continuamos preocupados até que...

Em 23 de dezembro de 2022, o presidente Biden sancionou uma proposta histórica para a questão dos UAPs, que se tornou lei assim que ele assinou o NDAA.

As disposições legais para os UAPs ocupam quinze páginas e estão disponíveis na internet. Eu recomendo uma leitura atenta, porque vai sanar qualquer dúvida em relação à verdade. Lembre-se de que o Congresso, o Senado e o presidente dos Estados Unidos assinaram essa legislação

O PLANO DE GUERRA

por um motivo. E fico orgulhoso de dizer que foram incluídas proteções para denunciantes, para que possam se libertar legalmente das amarras dos acordos de confidencialidade e depor em segredo para membros selecionados do Congresso em sigilo e sem represálias; houve também o reconhecimento sobre a captura, o resgate e a engenharia reversa de materiais de UAPs e ações para que possam ser remetidos ao Congresso; o reconhecimento dos problemas de saúde causados por UAPs e ações para que possam ser reportados ao Congresso; o reconhecimento à corrida contra outros países na Guerra Fria e ações para que relatos a respeito possam ser submetidos ao Congresso; o estabelecimento do AARO, que deve reportar ao Congresso todas as atividades referentes a UAPs desde 1 de janeiro de 1945, incluindo uma compilação item por item de registros históricos do envolvimento dos serviços de inteligência com Fenômenos Anômalos Não Identificados; qualquer programa ou atividade com acesso restrito que não tivesse sido relatado ao Congresso de forma clara e explícita; iniciativas bem ou malsucedidas para identificar e rastrear Fenômenos Anômalos Não Identificados; e esforços para ofuscar, manipular a opinião pública, esconder das vistas ou fornecer informações errôneas, confidenciais ou não, sobre Fenômenos Anômalos Não Identificados ou atividades relacionadas. E isso não é tudo, nem de longe.

Espero que você leia os detalhes atentamente na internet, ou melhor ainda, mais de uma vez. É um documento histórico e revelador. Se eu pude contribuir para uma transformação real? Se todos os aborrecimentos desnecessários que precisei suportar valeram a pena? A aprovação e sanção dessas disposições legais históricas me deram uma resposta simples e direta: pode apostar que sim!

Fizemos mais progressos do que eu pensava ser possível, mas não imaginei a velocidade com que as coisas continuariam mudando a partir dali.

CAPÍTULO 24
UM NOVO NÍVEL DE TRANSPARÊNCIA

O ano de 2023 foi importantíssimo. Trouxe momentos históricos de sucesso e uma perda que vai continuar me impactando pelo resto de meus dias.

O ano começou com um novo relatório público sobre atividades relacionadas a UAPs emitido pelo Pentágono, descrevendo mais de trezentos acontecimentos *apenas desde 2021*, com dezenas de incidentes envolvendo diversos sistemas de detecção e diversas testemunhas. E isso considerando só os casos não confidenciais.

Enquanto isso, a nova legislação para denunciantes motivou ainda mais testemunhas confiáveis das Forças Armadas e dos serviços de Inteligência a dizerem ao mundo o que sabiam sobre captura, engenharia reversa e exploração de UAPs.

Um desses denunciantes foi meu amigo e colega David Grusch. David era funcionário do Escritório Nacional de Reconhecimento (NRO) e trabalhava para a Agência Nacional de Informação Geoespacial (NGA). Ele era um dos representantes da agência da Força-Tarefa dos UAPs. Além disso, Dave também trabalhou comigo na Força Espacial. Além de revelar ao Congresso e à inspetoria-geral as informações que tinha a respeito do Programa Legacy, também foi a público e fez uma série de entrevistas para revelar ao mundo o que sabia. Entre outras coisas, Dave contou que:

UM NOVO NÍVEL DE TRANSPARÊNCIA

A Força-Tarefa dos UAPs teve acesso negado a um grande programa de resgate em locais de acidentes, que obteve veículos de origem não humana, bem, pode chamar de espaçonaves, se quiser, veículos exóticos de origem não humana que pousaram ou se acidentaram. [...] Existe uma campanha sofisticada de desinformação que tem como alvo a população americana, o que é extremamente antiético e imoral.

Infelizmente, a esse momento incrível se seguiu uma perda imensurável. Logo depois de David ter ido a público, recebi a notícia arrasadora de que meu pai tinha falecido durante o sono. Era Dia dos Pais, e véspera de meu aniversário. Em nossa última conversa, ele me disse que me amava muito e que tinha orgulho de tudo o que eu havia feito para defender o que sabia ser o certo. Meu pai teve uma vida incrível, e me sinto grato por ele ter visto que alguns de meus esforços estavam se concretizando em mudanças reais em nosso governo. Meu consolo está na crença de que ele e minha mãe estão ajudando a me guiar até que eu possa vê-los de novo.

Um mês depois, em julho de 2023, o Congresso promoveu uma nova audiência bipartidária sobre UAPs. Dessa vez, a oitiva teve testemunhas militares de altíssima credibilidade — o comandante Fravor, o tenente Graves e Dave Grusch, que agora testemunhavam *sob juramento* diante do povo americano. Foi um momento de imenso orgulho, ver meus amigos e colegas depondo corajosamente diante do Congresso, da população americana e do mundo inteiro. Eles se sentiam na obrigação de falar a verdade, e por isso eram heróis. O mundo inteiro ouviu esses homens falarem sobre o resgate de tecnologias e corpos não humanos, e veículos anômalos transmeios que violavam nosso espaço aéreo, desafiavam nosso entendimento da física e tornariam inviável uma operação de defesa.

Minha esperança era que essas pessoas que tão corajosamente se apresentaram para testemunhar incentivassem cada vez mais indivíduos, mais testemunhas, mais membros do Departamento de Defesa e dos serviços de Inteligência a fazer a mesma coisa.

IMINENTE

A triste realidade, porém, era que ainda havia gente no Pentágono que não apoiava essas transformações. Foram dadas à imprensa declarações que tentavam pintar David como uma pessoa não confiável, em uma reportagem que usou apenas fontes anônimas para difamar um combatente veterano condecorado com acusações que não vou me dignar a repetir aqui. Na prática, a imprensa e o Pentágono puniram David por fazer exatamente o que eles nos mandavam.

O lado positivo foi que, depois da audiência, o Congresso parecia mais determinado do que nunca a ir até o fim nas apurações da questão dos UAPs e revelar a verdade sobre o programa secreto.

No início do segundo semestre de 2023, o senador Chuck Schumer, de Nova York, líder da maioria, o senador Mike Rounds, da Dakota do Sul, e os senadores Rubio e Gillibrand defenderam o maior avanço legislativo sobre o tema até então, a Lei de Divulgação de UAPs.

Essa legislação histórica é uma prova de que o Congresso sabe que o Programa Legacy detém corpos não humanos e tecnologias avançadas não produzidas na Terra e não fabricadas pelo homem. Isso revela que o Congresso agora conhece a verdade e quer que o povo americano seja informado também.

O projeto de lei propunha que o governo dos Estados Unidos pudesse exercer domínio prioritário sobre evidências biológicas de inteligência não humana e qualquer tipo de tecnologia de origem não humana em poder de qualquer órgão do governo ou empresa parceira do Departamento de Defesa.

Outro aspecto da legislação cria um conselho revisor que se reporta diretamente à Casa Branca para elaborar uma estratégia de divulgação controlada para o povo americano.

As disposições legais desse projeto histórico são resultado direto das informações passadas por denunciantes a parlamentares e seus assessores em confidencialidade e até sob juramento sobre a veracidade da

UM NOVO NÍVEL DE TRANSPARÊNCIA

inteligência não humana e os esforços do Programa Legacy para capturar e fazer engenharia reversa em veículos de fabricação não humana.

O senador Schumer fez a seguinte declaração:

> O povo americano tem direito de saber sobre as tecnologias de origem desconhecida, inteligência não humana e fenômenos inexplicáveis. Estamos não só trabalhando para retirar o sigilo daquilo que o governo já sabia sobre esses fenômenos como também para criar um canal direto para que futuras pesquisas venham a público. É uma honra para mim levar adiante o legado de meu mentor e amigo querido, Harry Reid, e lutar pela transparência que o público há muito exige em relação a esses fenômenos não explicados.

Era um avanço notável.

Durante o segundo semestre de 2023, a liderança do Senado requisitou minha ajuda para esclarecer os fatos enquanto os parlamentares defendiam e aprimoravam as disposições legais da Lei de Divulgação de UAPs. Sem alarde, fiz diversas viagens a DC, onde passei muitas horas a sós em uma SCIF com os governantes de nosso país. Outras pessoas cientes dos fatos também contribuíram. Por entender o quanto as coisas tinham mudado desde 2007, eu não poderia estar mais orgulhoso dos líderes do Senado. Eles estavam assumindo a frente da situação como ninguém tinha feito antes para levar a investigação até o fim e revelar a verdade à população.

Infelizmente, os parlamentares da Câmara, principalmente o deputado Mike Turner, que conta com grande apoio de empresas do complexo militar-industrial envolvidas no Programa Legacy, fizeram um esforço para barrar o projeto e barraram muita coisa que deveria ter sido incluída na lei.

Mesmo assim, os senadores Schumer e Rounds continuaram a lutar para aprovar o projeto de lei e conseguiram conquistas históricas. No fim de dezembro de 2023, Biden sancionou a lei.

IMINENTE

Um dos principais avanços é que a lei retira o financiamento de qualquer iniciativa envolvendo UAPs que não tenha sido aprovada pelos comitês competentes. Na prática, torna ilegal o Programa Legacy ou qualquer outro uso de dinheiro do contribuinte para questões relacionadas a UAPs que não tenham sido aprovadas pelo Congresso, o que se espera que enfim instaure a supervisão parlamentar desses programas.

A nova lei também direciona aos Arquivos Nacionais os documentos do governo sobre "Fenômenos Anômalos Não Identificados, tecnologias de origem desconhecida e inteligência não humana". Qualquer registro relacionado a UAPs ainda não revelado deve vir a público dentro de 25 anos de sua elaboração, a não ser que o presidente determine que seja preciso manter a confidencialidade por motivos de segurança nacional. No entanto, a proposta do Conselho Revisor Presidencial foi barrada, então, como o senador Schumer declarou publicamente:

— É um absurdo a Câmara não colaborar conosco adotando nossa proposta de um Conselho Revisor. Isso significa que a retirada do sigilo dos registros sobre UAPs vai ficar em grande parte a cargo dos órgãos que bloquearam e impediram sua divulgação durante décadas.

Dito isso, esse revés só tornou a liderança do Senado mais comprometida em revelar a verdade. O Congresso já está reunindo as tropas e retomando os planos para tentar de novo. E é isso o que vamos fazer. Tantas vezes quantas forem necessárias, até superarmos o último obstáculo.

Sete anos atrás, se me dissesse que essa lei seria sancionada e que mudaríamos a mentalidade do governo e da opinião pública sobre esse assunto, eu provavelmente diria que você enlouqueceu. Mas aqui estamos nós.

CAPÍTULO 25

NOVOS HORIZONTES

Quando os visitantes chegam à parte remota do mundo onde vivo, gosto de levá-los a um passeio pela Torre do Diabo, a maravilha da natureza que teve um papel tão importante no filme *Contatos imediatos do terceiro grau*. Todas as árvores ao redor do paredão de rocha estão lotadas de amuletos feitos pelos nativos americanos modernos em memória de seus ancestrais. A região como um todo parece profundamente espiritual, e muitas vezes peço a meus convidados que parem para ouvir. O que eles escutam é o som da natureza, da maneira como deveria ser desfrutado.

O céu noturno é incrivelmente vasto no lugar onde moro. Alguns povos indígenas afirmam que as estrelas são o avesso de nossa realidade, as fogueiras no céu que marcam o local dos acampamentos de seus ancestrais.

Não preciso procurar muito para encontrar minhas próprias origens. Sentado ao ar livre com meu pai quando criança, eu o ouvia contar sobre as constelações e as maravilhas do universo. Ele tinha o dom de usar uma linguagem bem simples para explicar conceitos difíceis. Minha mãe me deu o dom da empatia, do amor e da mente aberta. Eles me conduziram até a idade adulta com as habilidades e os talentos de que eu precisava para a vida em que embarcaria.

IMINENTE

Não eram perfeitos, nem de longe, mas talvez tenha sido isso o que os tornou pais ideais. Afinal, o que resta de toda supernova em colapso é uma nova estrela lutando para sobreviver. E o que sobrou do casamento de meus pais fui eu.

Não consigo deixar de pensar que as pessoas que vieram antes de nós estavam mais próximas de uma verdade que hoje tomamos por mistério, mas acho que isso não vai durar muito.

Estamos mais perto do que nunca de uma nova verdade, talvez como os incas quando os conquistadores espanhóis desembarcaram pela primeira vez em suas praias. Mas não vai ser fácil. Ainda existem forças organizadas contra nós, com o apoio de instituições poderosas.

Meus colegas e eu contribuímos para o movimento moderno por transparência, e vamos continuar trabalhando por essa causa todos os dias, mas, agora que os segredos começaram a se desfazer, a grande ameaça para aqueles que querem esconder a verdade é *você*. A opinião pública é uma força *poderosíssima* a ser usada para garantir que tenhamos 100% de transparência. É importante que você faça sua voz ser ouvida. Faça sua parte para o início de uma nova era para a humanidade. Uma nova era em que cada ser humano saiba que provavelmente compartilhamos este planeta e todo o universo com outra forma de vida inteligente, muito mais avançada que a nossa. Uma nova era em que a humanidade se una pelo vínculo profundo de sermos todos humanos.

Os que estão nessa luta precisam de sua ajuda. Precisamos de seu entusiasmo, de seu apoio. Para isso, peço que você tenha conversas francas com seus familiares e amigos. Compartilhe o que aprendeu e leu nestas páginas. Mostre que considera importante falar abertamente e com seriedade sobre esse tópico. Se existem jovens em sua família, mostre que o mundo da ciência e da tecnologia aguarda avidamente pela imaginação, criatividade e intelecto deles. Suas mãos e suas mentes vão criar as embarcações que levarão nossa espécie a uma nova fronteira para resolver muitos dos problemas que temos diante de nós.

NOVOS HORIZONTES

Entre em contato com seus representantes eleitos. Cada vez mais deles estão embarcando conosco, mas não podemos deixar que se acomodem, ou que controlem a narrativa. Você, como cidadão ou cidadã deste planeta, deve ter voz ativa sobre esse assunto, tanto quanto eles. Não os deixe se esquecerem disso.

A luta exige coragem. E tudo começa com o diálogo. Não podemos mais esconder a cabeça na areia e fingir que estamos sozinhos no universo. *Sabemos* que não estamos.

Vamos nos unir como espécie e nos comunicar com esses novos amigos em potencial, ou vamos comprometer nosso destino com políticas imprudentes e uso da violência?

A humanidade nunca esteve nessa posição, e jamais enfrentou o que temos diante de nós. Se tomarmos decisões erradas agora, podemos apagar nossa existência do universo. Se nos unirmos e triunfarmos, vamos prosperar e seguir na direção de um futuro que nenhuma geração de seres humanos sequer pôde imaginar.

Se formos bem-sucedidos, o último capítulo deste livro será o dia em que o início do próximo será escrito por nossos filhos.

Estamos prontos? Essa é uma das perguntas que não tenho como responder. Só você.

AGRADECIMENTOS

Este livro não seria possível sem a amizade, o apoio, a mentoria, a orientação e a assistência de um grande número de pessoas.

Eu gostaria de agradecer primeiro a minha esposa, Jennifer, e a nossas duas filhas, Taylor e Alex — a vida não teria sentido sem vocês. Vocês são a maior realização da minha vida. Nos tempos bons e nos ruins, continuamos juntos e mais fortes do que nunca. Obrigado por seu apoio e amor incondicionais. Sei que não foi uma jornada das mais fáceis quando pedi que embarcassem comigo. Gostaria também de agradecer a meus pais, Luis e Janise, por terem me amado do jeito que sou e por terem me incutido os valores que tenho; sem seu amor e paciência, essa jornada não teria acontecido.

Obrigado a Dan Farah, da Farah Films, que ajudou a fazer este livro acontecer. Também me sinto grato por ter participado do documentário inovador de Dan sobre a divulgação de UAPs, que considero que vai fazer muita gente mudar de ideia a respeito desse assunto. Obrigado também a minha agente literária, Yfat Reiss Gendell, e sua equipe de literatura e mídia na YRG Partners.

Obrigado a meu amigo Joe D'Agnese, por todo seu apoio e ajuda.

Agradeço a Mauro DiPreta, da William Morrow; a sua assistente Allie Johnson e a toda equipe editorial por acreditar nesta história e trabalhar para tornar este livro um sucesso.

Gostaria de reconhecer a colaboração e agradecer a meu amigo Christopher Mellon, que por obra do destino entrou em minha sala no

AGRADECIMENTOS

Pentágono tantos anos atrás. Naquele dia, eu não era capaz de imaginar o caminho que percorreríamos juntos, mas hoje faria tudo de novo. Obrigado pelo aconselhamento, pela força, pela sabedoria e pelos serviços prestados a nossa grande nação e, acima de tudo, por sua amizade. Obrigado a meu amigo e colega Jay Stratton. Sem seu trabalho para o governo americano, a transparência sobre os UAPs jamais seria possível. Seu serviço teve um impacto sem precedentes na maneira como o governo lida com a questão dos UAPs.

Obrigado a meu querido amigo John Robert, que esteve ao meu lado nos bons e maus momentos, de missões de guerra a passeios de barco na baía de Chesapeake, indo comigo todo dia ao trabalho da Eastern Shore até DC, sempre me aconselhando e me dizendo o que eu precisava ouvir, e não necessariamente o que eu queria. Obrigado, irmão, por sua sinceridade, sua amizade e sua participação no AATIP, e por sempre me proteger. Obrigado, James Farabee, por ser meu amigo e estender a mão quando mais precisávamos. Não existem duas pessoas melhores que vocês para ter em minha trincheira.

Gostaria de dizer meu muito obrigado a todos os que deram sua colaboração e seu apoio ao AAWSAP/AATIP, principalmente o dr. Hal Puthoff, dr. Eric Davis, dr. Christopher "Kit" Green, dr. Garry Nolan, Jessica, Bob Bigelow, dr. Colm Kelleher, dr. James Lacatski e Jacques Vallée. Obrigado a todos por sua coragem para promover uma mudança em um sistema estagnado.

Obrigado a meu falecido amigo Harry Reid, o lendário senador, por sua coragem e curiosidade para apoiar o AAWSAP/AATIP e seus esforços pela transparência. Sua amizade, seu apoio e sua mentoria foram fundamentais para mim. Acredito que ele ficaria orgulhoso de tudo o que conseguimos.

Tenho o privilégio de trabalhar com muita gente da imprensa que apoia minha campanha pela verdade e transparência. Meus mais sinceros agradecimentos aos jornalistas Leslie Kean, Ralph Blumenthal e Helene

IMINENTE

Cooper, do *The New York Times*, pela coragem de fazer uma reportagem sobre UAPs em 2017. Obrigado a Christopher Sharp, jornalista investigativo do *Liberation Times*, pela tenacidade de continuar investigando quando as coisas ficaram difíceis. A meu amigo Ross Coulthart, escritor e jornalista investigativo fenomenal, por confiar em mim e me ajudar na luta para levar informação ao mundo. Um agradecimento muito especial a Graham Messick e Bill Withker, do *60 Minutes*, da CBS. A primeira história sobre óvnis da história do programa acabou sendo seu episódio de maior audiência; parabéns por sua coragem de fazer a reportagem! Obrigado a Marik von Rennenkampff, do *The Hill*, ao jornalista investigativo George Knapp por seus apontamentos, ao cineasta Jeremy Corbell pela sinceridade, a James Fox pela tenacidade sempre presente, a Tucker Carlson pela coragem de trazer o assunto à mídia de massa antes de qualquer um, a Sara Carter, que continua lutando pela verdade, e seu marido "Marty", um herói americano que estava disposto a abrir mão de tudo, e quase fez isso, pela nossa liberdade, e à CNN, MSNBC, CBS, Fox News e diversos outros canais de notícia que agora conferem credibilidade ao tema e percebem que realmente se trata de um esforço bipartidário, e que deve continuar sendo. Agradeço a Matt Ford, do *The Good Trouble Show*, Chris Sharp, do *Liberation Times*, Josh Boswell, do *Daily Mail*, e Jonathan Davies. Nunca desistam e nunca parem de fazer perguntas. Um agradecimento especial para o repórter Billy Cox, da minha cidade natal. Gostaria também de agradecer o aconselhamento jurídico de Danny Sheehan, "O Advogado do Povo", a sua esposa Sara, a Todd McMurty e a David Cotter. Um agradecimento especial a Tim McMillan, do *Debrief*, por usar suas habilidades como investigador policial para separar ficção e fato!

Gostaria de agradecer aos muitos denunciantes e militares, inclusive nossos camaradas internacionais, que arriscaram tudo para contar suas histórias e trazer a verdade à tona. Obrigado a meu amigo Dave Grusch pela coragem de trazer sua história a público e sempre me dar apoio. Aos homens e mulheres das Forças Armadas que tão bravamente se

AGRADECIMENTOS

apresentaram para compartilhar suas experiências, como Dave Fravor, Alex Dietrich, Ryan Graves, Jim Slaight, Sean Cahill, Kevin Day e incontáveis outros que permanecem anônimos e escondidos nas sombras.

Obrigado a todos os meus amigos na Grã-Bretanha, entre eles Vinnie Adams, Graeme Rendell, Rob Sheridan, James Gaffney, Callaghan Corkery, David Pearce, Dan Zetterström e muitos outros do UAP Twitter, por levar a discussão para o outro lado do oceano e me dar seu apoio. Obrigado a Mark e Ben Kovic — que por acaso cruzaram comigo e com minha esposa em uma esquina de Tower Hill em 2023 e pararam para dar um oi — por sua ajuda e apoio.

Um agradecimento especial a James Mattis, Jim Clapper, John Podesta, Mark Sanders, Michael Seage, Michael Higgins, Karl Nell, Mike Flaherty, Kirk McConnell, John Estridge, Brenna McKearnan, Chris Miller, Bradly Byers, Yasir Kureshi, oficial Michael Halter, sargento de primeira-classe Randall Nooner, sargento Sharron Dowd, coronel Thomas Matthew (sim, o de *Falcão Negro em perigo*), Scott Sweedler, Matt McCloud e muitos outros no setor de Defesa que tiveram impacto em minha carreira profissional e me orientaram ao longo dos anos.

Agradeço às muitas lideranças destemidas do Congresso e suas equipes de assessoria; por favor, mantenham a pressão que estão fazendo. E obrigado a Yuan Fung por me ajudar a transitar no mundo político.

Obrigado a Tim Gallaudet, Avi Loeb, Projeto Galileu, Fundação SOL e muitos outros na comunidade científica que não têm medo de desafiar o *status quo* e procurar respostas e contar a verdade, custe o que custar.

Um agradecimento de coração a meus amigos internacionais, entre eles Paolo Guizzardi, Roberto Pinotti, Vladimiro Bibolotti, Daniele Mariutto, sua alteza real o rei Mohammed bin Rashid Al Maktoun, sua alteza o príncipe da coroa Hamdan bin Mohammed Al Maktoum. "A verdade nos libertará, *inshallah*."

Às inúmeras pessoas no UFOX (antigo UFO Twitter) que mostraram tanto apoio a mim e a essa discussão, não tenho palavras para agradecer.

Shannon Scott, Rob Heatherly, Matt Ford, Lynda Thomson e tantos outros (vocês sabem quem são), obrigado!

A Tom e Kari DeLonge, da To The Stars Academy, que tiveram a tenacidade e a visão para levar essa discussão à mídia com a pompa que ela merecia, obrigado pela oportunidade e pela experiência. Obrigado a Lisa Clifford e seu marido, Paul; a Steve Justice, a Jim Semivan e a AC.

Um imenso agradecimento a meus amigos do governo no grupo de bate-papo "UAP Sidebar". Cada um de vocês merece um agradecimento individual, e espero que um dia possam sair das sombras e ter o reconhecimento que merecem! Meu coração está com vocês, assim como minha lealdade.

Por percorrerem o caminho primeiro e pavimentarem a estrada para nosso sucesso, obrigado a Lee Speigel, Eugene Lessman, J. Allen Hynek e muitos outros que vieram antes de mim.

Obrigado a meus amigos próximos que sempre me ajudaram; obrigado ao chefe de polícia Sean Bissett, a Tucker Alger e sua incrível esposa, Haley, ao xerife-adjunto Dylan Josephson, John Boender e Tim Gilkison e suas famílias.

Obrigado aos que viram algo em mim durante minha juventude e não desistiram, ao contrário de tantos outros: treinador Jones, sra. Heamstead, sra. Vance, sr. Easton, tenente-coronel Don Christensen e sargento-major Sweeney. A memória de vocês ainda vive.

Obrigado a Sabrina Rob, pela sinceridade. Vai fundo, garota.

Obrigado a Ernie Cline, pela imaginação e por manter vivos os sonhos de nossa juventude.

E, por fim, um agradecimento antecipado a todos aqueles que virão a público no futuro para compartilhar a verdade com o mundo.

Você pode me encontrar em luiselizondo-official.com.

APÊNDICES

D O C U M E N T O S

Histórico das disposições legais para os UAPs na Lei de Autorização de Defesa Nacional de 2023, sancionada pelo presidente Joe Biden em dezembro de 2022: https://bit.ly/3ECL8og

Requerimento do senador Reid para pôr o Programa Avançado de Identificação de Ameaças Aeroespaciais (AATIP) sob a Proteção de Acesso Especial: https://bit.ly/4jULkzs

Disposições legais para a lei extraordinária da covid sancionada pelo presidente Donald Trump: https://bit.ly/4gyXmeU

Memorando Wilson/Davis: https://bit.ly/3WTAsaX

Relatório público do Pentágono sobre UAPs: https://bit.ly/41cFSAt

Destaques entre as disposições legais sobre os UAPs na Lei de Autorização de Defesa Nacional de 2024, sancionada por Biden em 2023: https://bit.ly/40Vbz02

Artigo de Harold "Hal" Puthoff sobre modelos ultraterrestres: https://bit.ly/4ieXZvB

IMINENTE

Troca de e-mails entre Neill Tipton e eu, transferindo minhas responsabilidades relacionadas ao AATIP a Neill em 2017. Anos depois, o Pentágono afirmou que o AATIP estava encerrado e que eu não tivera nenhuma participação no programa. Até maio de 2024, o Pentágono alegava que todos os meus e-mails tinham sido apagados, mas esse foi enfim liberado depois de um apelo bem-sucedido com base na FOIA. Transcrição em português na próxima página.

Elizondo, Luis D CIV (US)

From:	Tipton, Neill T SES OSD OUSD INTEL (US)
Sent:	Tuesday, October 3, 2017 8:19 AM
To:	Elizondo, Luis D CIV (US)
Cc:	█████████████████████
Subject:	RE: DRAFT DepSECDEF letter (UNCLASSIFIED)
Signed By:	neill.t.tipton.civ@mail.mil
Classification:	UNCLASSIFIED

CLASSIFICATION: UNCLASSIFIED

Getting spun back up. Will read and get thoughts back today or tomorrow (at Ft Meade half the day today).

-----Original Message-----
From: Elizondo, Luis D CIV (US)
Sent: Monday, September 25, 2017 11:23 AM
To: Tipton, Neill T SES OSD OUSD INTEL (US) <neill.t.tipton.civ@mail.mil>
Cc: █████████████████████████████
Subject: DRAFT DepSECDEF letter (UNCLASSIFIED)

CLASSIFICATION: UNCLASSIFIED

Greetings Neil,
Per SECDEF's Front Office guidance to you and me, I took the liberty of drafting a memo at the Unclassified level that helps you better assume the new responsibilities for AATIP. At your convenience, please review (it's very short on purpose) and let me know if you want me to put more meet on it.
███████ same with you please...No pride in authorship, just want to make sure we answer the mail for the front office.

Standing by...

V/R
Lue

CLASSIFICATION: UNCLASSIFIED
CLASSIFICATION: UNCLASSIFIED

Classified By:
Derived From:
Declassify On:
===

Thanks Lue. I'm around next week, but then gone week of the 25th on a/l. For specific date/time, just work with Catherine - I'm not allowed to muck around with my calendar... (but I am in the building all day the 20th).

Yep, have a discussion with Stean tomorrow.
Thanks
Neill

-----Original Message-----
From: Elizondo, Luis, D., Mr., OSD OUSDI
Sent: Monday, September 11, 2017 3:41 PM
To: Tipton, Neill, T., Mr., OSD OUSDI
Subject: Update

Greetings Neil,
A couple quick items for you...

1) Front office is aware that you are now part of this endeavor and they are happy with the decision. We will plan on you meeting Brad and Kate next week.

2) How does this Wednesday look for an hour discussion?

3) Lastly, Stean Maas is a friend of the program. I believe you may be speaking with him tomorrow. He is a good man. Just thought you should know...

APÊNDICES

De: Tipton, Neil T SES OSD OUSD INTEL (US)
Enviado em: Terça-feira, 3 de outubro de 2017 8:19
Para: Elizondo, Luis D CIV (US)
CC: ███████████████████████████████
Assunto: RE: RASCUNHO carta ao DepSECDEF (NÃO CONFIDENCIAL)
Assinado por: neil.t.tipton.civ@mail.mil
Classificação: NÃO CONFIDENCIAL

CLASSIFICAÇÃO: NÃO CONFIDENCIAL

Voltando à ativa. Lerei e responderei hoje ou amanhã (hoje estou em Fort Meade durante metade do dia).

---- Mensagem Original ----
De: Elizondo, Luis D CIV (US)
Enviado em: Segunda-feira, 25 de setembro de 2017 11:23
Para: Tipton, Neil T SES OSD OUSD INTEL (US) < neil.t.tipton.civ@mail.mil>
CC: ████████████████████████████
Assunto: RASCUNHO carta ao DepSECDEF (NÃO CONFIDENCIAL)

CLASSIFICAÇÃO: NÃO CONFIDENCIAL

Saudações, Neil,
Seguindo as orientações do Gabinete do SECDEF para você e para mim, tomei a liberdade de redigir um memorando de nível Não confidencial que o ajudará a assumir as novas responsabilidades do AATIP. Por favor, quando lhe for conveniente, revise (é bem curto de propósito) e me avise se quiser que eu o complete.
███████, o mesmo vale para você, por favor... Não tenho orgulho da autoria, apenas quero ter certeza de que responderemos às correspondências do escritório principal.
No aguardo…

V/R
Lue

CLASSIFICAÇÃO: NÃO CONFIDENCIAL
CLASSIFICAÇÃO: NÃO CONFIDENCIAL

Classificado por:
Derivado de:
Desclassificar em:
=================================

Obrigado, Lue. Estarei por aqui na próxima semana, mas estarei ausente na semana do dia 25 em a/l. Para uma data/hora específica, fale com a Catherine - não tenho permissão para mexer em meu calendário... (mas estarei no prédio o dia todo no dia 20).

Sim, conversarei com Stean amanhã.
Obrigado.
Neill

IMINENTE

---- Mensagem Original ----
De: Elizondo, Luis, D., Mr., LSD OUSID
Enviado em: Segunda-feira, 11 de setembro de 2017 15:41
Para: Tipton, Neil, T., Mr., OSD OUSDI
Assunto: Atualização

Saudações, Neil,
Alguns itens rápidos para você...

1) O Gabinete está ciente de que você agora faz parte desse empreendimento e está feliz com a decisão. Planejaremos seu encontro com Brad e Kate na próxima semana.

2) Você tem disponibilidade nesta quarta-feira para uma reunião de 1 hora?

3) Por fim, Sean Maas é um amigo do programa. Acredito que você poderá falar com ele amanhã. Ele é um bom homem. Achei que você deveria saber...

APÊNDICES

> Troca de e-mails entre Neill e eu, indicando o conhecimento e a aprovação da equipe administrativa do secretário de Defesa para a transferência de minha autoridade no AATIP para Neill. Transcrição em português na próxima página.

Elizondo, Luis, D., Mr., OSD OUSDI

From:	Tipton, Neill, T., Mr., OSD OUSDI
Sent:	Friday, August 25, 2017 11:17 AM
To:	Elizondo, Luis, D., Mr., OSD OUSDI
Subject:	RE: Program Meeting

Classification: UNCLASSIFIED
==

Thanks Lue. All good - although, at some point I need to know what this actually "is"....
Thanks
Neill

-----Original Message-----
From: Elizondo, Luis, D., Mr., OSD OUSDI
Sent: Friday, August 25, 2017 10:35 AM
To: Tipton, Neill, T., Mr., OSD OUSDI
Subject: RE: Program Meeting

Classification: UNCLASSIFIED
==

Neil, as discussed, thanks for your time with this. As the principal SES in your Directorate, I think you are certainly the appropriate representative to help take our effort to a new level.

I think by now you probably already know I have been managing another "nuanced" effort within the Department for some time. In fact, even when I worked for you years ago your probably guessed I was also working another effort for the Department given some of our discussion and raw video.

I can't overstate how important I believe this portfolio is with respect to our collective National Security. So you are aware, I have already laid the foundations with SECDEF's front office (and they support it) to transfer the portfolio under you given your new focus on Special Projects for the Department and USD(I). The front office will also brief up the new USD(I) once he arrives but id hesitant to brief anyone else at this point so please keep this at our level for now. Initially, I was going to approach John Pede but when he handed over the reigns to you, I figured you would be the perfect fit.

In the coming weeks, I ask you to attend a few meetings with me at the front office in order that you can meet the rest of the players within the building. Later, I will also introduce you to some of our partners in industry and other agencies who are helping lead the charge. Ultimately, I will need your help analyzing and exploiting material (this was the area Mark Sanders was particularly helpful with). I have a facility I need to show you that you will be able to use.

As always, I sincerely appreciate your help with this and look forward to working with/for you once again. I can't think of a better guy to be involved with this.

Best,
Lue

P.S. let me know when you want to go kill some fish! I have access to an awesome 35 Trojan that is a serious fishing machine in the Bay! I'll buy the bait!

IMINENTE

De: Tipton, Neil, T., Mr., OSD OUSDI
Enviado em: Sexta-feira, 25 de agosto de 2017 11:17
Para: Elizondo, Luis, D., Mr., OSD OUSDI
Assunto: RE: Reunião sobre o programa

Classificação: NÃO CONFIDENCIAL
==============================

Obrigado, Lue. Tudo bem - embora, em algum momento, eu precise saber
o que isso realmente "é"...
Obrigado
Neil

----- Mensagem Original ----
De: Elizondo, Luis, D., Mr., OSD OUSDI
Enviado em: Sexta-feira, 25 de agosto de 2017 10:35
Para: Tipton, Neil, T., Mr., OSD OUSDI
Assunto: RE: Reunião sobre o programa

Classificação: NÃO CONFIDENCIAL
==============================

Neil, conforme conversamos, obrigado pelo seu tempo. Como principal SES em sua Diretoria,
acredito com certeza que você é o representante apropriado para ajudar a levar nosso esforço a
um novo patamar.

Acho que, a esta altura, você já deve saber que há algum tempo venho gerenciando outro
projeto "diferenciado" do Departamento. Você provavelmente também adivinhou, devido a
algumas de nossas conversas e vídeos não editados, que mesmo enquanto eu trabalhava para
você há alguns anos, eu trabalhava simultaneamente em outra iniciativa do Departamento.

Não tenho palavras para descrever o quanto acredito que esse portfólio é importante para
nossa Segurança Nacional coletiva. Para que você saiba, já estabeleci as bases com o gabinete
do SECDEF (e eles apoiam) para transferir o portfólio para você, dado o seu novo foco em
Projetos Especiais para o Departamento e o USD(I). O departamento também informará o novo
USD(I) assim que ele chegar, mas estou hesitante em informar qualquer outra pessoa neste
momento, portanto, mantenha isso entre nós por enquanto. Inicialmente, eu ia abordar John
Pede, mas quando ele passou o comando para você, imaginei que você seria a pessoa ideal.

Nas próximas semanas, peço que participe de uma nova reunião comigo no gabinete para
que possa conhecer o restante do time. Mais tarde, também o apresentarei a alguns de nossos
parceiros no setor de defesa e a outras agências que estão ajudando a liderar o processo. Por
fim, precisarei de sua ajuda para analisar e explorar o material (Mark Sanders foi particularmente
útil com isso). Há uma instalação que preciso lhe mostrar e que você poderá usar.

Como sempre, agradeço sinceramente sua ajuda com isso e espero trabalhar com/para você
mais uma vez. Não consigo pensar em uma pessoa melhor para se envolver nessa iniciativa.

Atenciosamente,
Lue

P.S.: avise-me quando quiser ir pescar! Tenho acesso a uma Trojan 35 incrível que é uma máquina
de pesca na baía! Eu compro a isca!

APÊNDICES

> E-mails trocados entre mim e outra pessoa do AATIP, marcando uma reunião com Neill para discutir a transferência de minhas responsabilidades no programa. Transcrição em português na próxima página.

-----Original Message-----
From: Tipton, Neill, T., Mr., OSD OUSDI
Sent: Wednesday, August 23, 2017 8:05 AM
To: Elizondo, Luis, D., Mr., OSD OUSDI; ███████████████████████████
Cc: Arter, Harry, E., Mr., OSD OUSDI
Subject: RE: Program Meeting

Classification: UNCLASSIFIED//FOUO
===

Thanks Lue.

Added Harry (TCSP CoS) to help with scheduling.
Thanks
Neill

-----Original Message-----
From: Elizondo, Luis, D., Mr., OSD OUSDI
Sent: Tuesday, August 22, 2017 3:17 PM
To: ███████████████████████████████
Cc: Tipton, Neill, T., Mr., OSD OUSDI
Subject: Program Meeting

Classification: UNCLASSIFIED//FOUO
===

Greetings ████████,
I briefly spoke to Mr. Neil Tipton (CC'd above) about our collective efforts and the interest expressed by the front office. Upon your return, I recommend we meet with Mr. Tipton briefly in person. He is amicable for a discussion and is aware of Mark Sander's previous portfolio. Mr. Tipton is now the Acting Director, Defense Intelligence for Technical Collection and Special Programs.

Neil, as soon as ████████ returns from leave, we will schedule a quick meeting as promised. ████████ ████████
████████

Very Best/Very Respectfully,
Lue
===
Classification: UNCLASSIFIED//FOUO

===
Classification: UNCLASSIFIED//FOUO

===
Classification: UNCLASSIFIED

===
Classification: UNCLASSIFIED

IMINENTE

----- Mensagem Original ----
De: Tipton, Neil, T., Mr., OSD OUSDI
Enviado em: quarta-feira, 23 de agosto de 2017 08:05
Para: Elizondo, Luis, D., Mr., OSD OUSDI; ██████████████████████████
CC: Arter, Harry, E., Mr., OSD OUSDI
Assunto: RE: Reunião sobre o programa

Classificação: NÃO CONFIDENCIAL/FOUO
============================

Obrigado, Lue.

Incluí Harry (TCSP CoS) para ajudar com o agendamento.
Obrigado.
Neill

----- Mensagem Original ----
De: Elizondo, Luis, D., Mr., OSD OUSDI
Enviado em: terça-feira, 22 de agosto de 2017 15:17
Para: ██████████████████████████
CC: Tipton, Neil, T., Mr., OSD OUSDI
Assunto: RE: Reunião sobre o programa

Classificação: NÃO CONFIDENCIAL/FOUO
===================================

Saudações ████████,
Conversei brevemente com o Sr. Neil Tipton (copiado acima) sobre nossos esforços coletivos e
sobre o interesse expresso pelo gabinete. Após seu retorno, recomendo que nos encontremos
pessoalmente com o Sr. Tipton. Ele está disposto a conversar e conhece o portfólio anterior
de Mark Sander. O Sr. Tipton é agora o diretor interino de Inteligência de Defesa para Coleta
Técnica e Programas Especiais.

Neil, assim que ████████ voltar da licença, marcaremos uma reunião rápida, conforme
prometido. ████████ ████████ ████████

Com os melhores cumprimentos,
Lue
===================================
Classificação: NÃO CONFIDENCIAL/FOUO
===================================
Classificação: NÃO CONFIDENCIAL/FOUO
===================================
Classificação: NÃO CONFIDENCIAL

APÊNDICES

> Minha carta oficial de demissão para o secretário de Defesa, enfatizando a necessidade urgente de tratar das questões relacionadas aos UAPs que envolvem a segurança nacional dos Estados Unidos e nossas armas e tecnologias nucleares. Transcrição em português na próxima página.

OFFICE OF THE UNDER SECRETARY OF DEFENSE
5000 DEFENSE PENTAGON
WASHINGTON, DC 20301-5000

INTELLIGENCE

MEMORANDUM FOR: RECORD

SUBJECT: Letter of Resignation & Differed Retirement

Mr. Secretary;

It has been my sincere honor and pleasure to have served with some of America's finest men and women in both peace time and in war. For over 22 years, I have been blessed to learn from, and work with world-class leadership, you certainly being among the very best.

With that in mind, bureaucratic challenges and inflexible mindsets continue to plague the Department at all levels. This is particularly true regarding the controversial topic of anomalous aerospace threats. Despite overwhelming evidence at both the unclassified and classified levels, certain individuals in the Department remain staunchly opposed to further research on what could be a tactical threat to our pilots, sailors, and soldiers, and perhaps even an existential threat to our national security. In many instances, there seems to be a direct correlation the phenomena exhibits with respect to our nuclear and military capabilities. The Department must take serious the many accounts by the Navy and other Services of unusual aerial systems interfering with military weapon platforms and displaying beyond next generation capabilities. Underestimating or ignoring these potential threats is not in the best interest of the Department no matter the level of political contention. There remains a vital need to ascertain capability and intent of these phenomena for the benefit of the armed forces and the nation.

For this reason, effective 4 October 2017, I humbly submit my resignation in hopes it will encourage you to ask the hard questions: "who else knows?", what are their capabilities?", and "why aren't we spending more time and effort on the issue?". As I transition to a new chapter of my life, please know it has been an honor and privilege of a lifetime to serve with you. Rest assure, no matter where the path of life may lead me, I will always have the best interest of the Department and the American people as my guiding principle.

Luis D. Elizondo
Director
National Programs Special Management Staff
OUSD(I)

IMINENTE

MEMORANDO PARA: REGISTRO
ASSUNTO: Carta de demissão e aposentadoria diferida

Sr. secretário,

Foi sinceramente uma honra e um prazer ter servido ao lado de alguns dos melhores homens e mulheres do país em tempos de paz e de guerra. Por mais de 22 anos, fui abençoado com a possibilidade de aprender e de trabalhar com líderes de altíssimo calibre, entre os quais o senhor foi sem dúvida um dos melhores.

Mesmo assim, os desafios burocráticos e as mentalidades inflexíveis continuam a vitimar o Departamento em todos os níveis. Isso é particularmente verdadeiro em relação ao controverso tópico das ameaças aeroespaciais anômalas. O Departamento continua rigidamente contrário a dar prosseguimento a pesquisas sobre algo que pode se revelar uma ameaça tática a nossos pilotos, marinheiros e soldados, e talvez até uma ameaça existencial a nossa segurança nacional. Em muitos casos, parece haver uma correlação direta desses fenômenos com nosso poderio nuclear e militar. O Departamento deve levar a sério os diversos relatos da Marinha e de outros Serviços sobre sistemas aéreos incomuns que interferem em plataformas de armas militares e demonstram capacidade superior à da nova geração de nossas tecnologias de ponta. Subestimar ou ignorar essas potenciais ameaças não é do interesse do Departamento, seja qual for o nível de resistência política. Permanece sendo uma necessidade fundamental determinar o poderio e o intento desses fenômenos, para o benefício das Forças Armadas e do país.

Por esta razão, com validade imediata a partir de 4 de outubro de 2017, humildemente submeto meu pedido de demissão, na esperança de incentivá-lo a fazer as difíceis perguntas: "Quem mais sabe?"; "Qual é o poderio deles?"; e "Por que não estamos dedicando mais tempo e esforço a esse assunto?". Enquanto faço a transição para um novo capítulo de minha vida, saiba que foi uma honra e um privilégio servir com o senhor. Tenha a certeza de que, não importa onde o caminho de minha vida me leve, sempre terei os melhores interesses do Departamento e do povo americano como minha principal diretriz.

Luis D. Elizondo
Diretor
Equipe de Gerenciamento Especial
de Programas Nacionais
OUSD(I)

APÊNDICES

> Carta oficial do ex-líder da maioria do Senado e apoiador do AATIP, Harry Reid. A carta desmente a posterior alegação do Pentágono de que nunca fiz parte do programa. Transcrição em português na próxima página.

HARRY REID

Senate Majority Leader, 2007-2015
Senate Democratic Leader, 2005-2017

United States Senate, 1987-2017
United States House of Representatives, 1983-1987

April 26, 2021

To whom it may concern:

As the United States Senate Majority Leader, I worked with Republican Senator Ted Stevens of Alaska and Democratic Senator Dan Inouye of Hawaii to secure $22 million of funding for what would become known as the Advanced Aerospace Threat Identification Program (AATIP), an unclassified but unpublicized investigatory effort dedicated to studying Unidentified Aerial Phenomena.

As one of the original sponsors of AATIP, I can state as a matter of record Lue Elizondo's involvement and leadership role in this program. Mr. Elizondo is a former intelligence officer who has spent his career working tirelessly in the shadows on sensitive national security matters, including investigating UAPs as the head of AATIP. He performed these duties admirably.

Sincerely,

HARRY REID

IMINENTE

26 de abril de 2021

A quem possa interessar:

Como líder da maioria do Senado dos Estados Unidos, trabalhei com Ted Stevens, senador republicano do Alaska, e com Dan Onouye, senador democrata do Havaí, para assegurar 22 milhões de dólares em fundos para o que viria a ser conhecido como Programa Avançado de Identificação de Ameaças Aeroespaciais (AATIP), um esforço investigativo não confidencial, mas não divulgado, dedicado a estudar Fenômenos Aéreos Não Identificados.

Como um dos patrocinadores originais do AATIP, posso afirmar, para fins de registro, o envolvimento e a liderança de Lue Elizondo nesse programa. O sr. Elizondo é ex-oficial de inteligência e passou sua carreira trabalhando incansavelmente nas sombras, em casos sensíveis de segurança nacional, incluindo investigações sobre UAPs enquanto chefe do AATIP. Ele desempenhou essas funções de forma admirável.

Atenciosamente,
HARRY REID

APÊNDICES

Declarações feitas por autoridades do governo americano atual e anteriores sobre UAPs:

"Existe muita coisa que não temos como saber desses UAPs e isso é um grande problema. Demos alguns passos importantes nos últimos anos para melhorar a transparência e reduzir estigmas, porém, ainda há muito a fazer."
— Senador Marco Rubio

"Compreender os UAPs é fundamental para nossa segurança nacional e para a manutenção da transparência em todos os níveis. Retirar o sigilo de registros anteriores relacionados a UAPs é parte dessa missão, e estou orgulhosa de apoiar essa importante emenda."
— Senadora Kirsten Gillibrand

"O povo americano merece transparência em todas as questões relacionadas a UAPs. Nosso esforço bipartidário vai proteger e organizar melhor os materiais em posse do governo referentes a UAPs e promover a divulgação dessa informação."
— Senador Todd Young

"Sempre houve a dúvida sobre existir ou não algo que simplesmente não entendemos e que pode ser extraterrestre."
— Avril Haines, diretora de Inteligência Nacional

"Existem filmagens e registros de objetos nos céus que não sabemos exatamente o que são. Não podemos explicar como se movimentam, sua trajetória. [...] Eles não seguem um padrão facilmente explicável. Então acho que as pessoas levam a sério a tentativa de investigar e descobrir o que é isso."
— Presidente Barack Obama

"Quando eu era presidente, fizemos todo o esforço para descobrir tudo sobre Roswell. [...] Existem muitos mistérios por aí. [...] Precisamos ter humildade. Existem muitas coisas que não conhecemos."
— Presidente Bill Clinton

IMINENTE

"Eu vi alguns vídeos [...] e eles são alarmantes. [...] Acho que seria presunçoso e arrogante de nossa parte acreditar que não existe nenhuma outra forma de vida em nenhuma outra parte do universo. [...] Acho que alguns dos fenômenos que vamos ver continuam inexplicados e podem de fato ser algum tipo de fenômeno que é resultado de algo que ainda não entendemos e que pode envolver algum tipo de atividade que alguns afirmem constituir uma forma diferente de vida."

— John Brennan, ex-diretor da CIA

"Existe uma inteligência não humana vivendo conosco neste planeta. [...] Não estamos sozinhos, e nunca estivemos."

— Jim Semivan, ex-agente sênior da CIA

"Se os UAPs de fato representam uma potencial ameaça para nossa segurança, então as ferramentas, os sistemas, os processos e as fontes que usamos para observar e estudar ou analisar esses fenômenos devem ser confidenciais em níveis apropriados."

— Scott Bray, secretário-geral assistente
para inteligência e segurança da OTAN

"Não teríamos como fabricar isso. [...] Veículos de fora deste mundo não fabricados na Terra."

— Eric Davis, ex-membro do AATIP,
atual funcionário da Aerospace Corporation

"Depois de analisar isso, cheguei à conclusão de que havia relatórios [...] e materiais que o governo e o setor privado tinham em seu poder. É importantíssimo que essa informação sobre a descoberta de materiais físicos ou naves resgatadas venha a público."

— Senador Harry Reid

APÊNDICES

"Há muito mais avistamentos do que divulgamos. Alguns tiveram seu sigilo retirado. Quando falamos de avistamentos, nos referimos a objetos que foram vistos por pilotos da Marinha ou da Força Aérea ou que foram capturados em imagens de satélite realizando ações difíceis de explicar […]. Houve avistamentos no mundo inteiro […]. E existem bem mais do que os que abrimos ao público. Então, acho que seria saudável que o máximo possível dessa informação fosse aberto, para que o povo americano pudesse ver algumas coisas com que estamos lidando."

— John Ratcliffe, ex-diretor de Inteligência Nacional

Ti. Muliquo nicus hostiu crei sentinu quius, Catem ac fat, unum orumenihil vissenit; Casdam mante nocurni hiciissoltum pati, sissa vitatiorae habemqui conloctum, Catiem facessi licaed conferribus veni patium me fur, Caturi pos, vit venihi, neni praeque consus in iam Palare parit prox noccis inatuium.

Ferestr issenatus. Sum omnimius nonsilla reberor edeesic itellabende publiistride conloculium nihicae aceps, Cuppl. Nosterendit forte culicio et ina popotio hossili, nes tus. Oltus? Bi praciondam potia compopore novericeror quam publinticia? quam at. Quem, scerrave, ne mis. Mulicta neque tatemorur publicae ma, Cat, C. Do, tam, C. Vero, que nostraeque cultoru deribustam factum us a inum opotiam avocape stereor udeestor avolina tiquon temeritil hore ad dem cupplicae pon acia consuliis, mei sedi publiu consultum Pala es addum tam in ad atilica stantem hocchum norum sic tus nihicam et, si fint L. Ure iam musa publicae aucerbem ips, que consiliae pos, num mus sidente auterem iae pares horditu ssilnestimei scesse res consus Cupio consis; horuntra? Rum anum con sed prac vistiae actum in Etrum tericae catiorte, qui pra, patiusce o unum quitus elin vignontere cononsum inverebus audam in veris bonsul us auciena, diendes fec viliam publia menti intessed stat, si popos C. et L. Ximolic mus, quam nontebulut obus, quium. Sp. Ipti sentum con sentifectum di prorumus, dii facto idestientrum te conum omnemur atuspiorte hoctumuro virterio ubliam interfe ceremultus nihicaus rente murnici actanti ceritra cienihi natisquam sulicie ntemus mandelici publibus, Cat, cons consili cibulia cerac fordit, me foridit, cerbi cericon duciam dicuperfer locutem quon rece iam

Este livro foi impresso pela Vozes, em 2025, para a HarperCollins Brasil.
O papel do miolo é avena 70g/m², e o da capa é cartão 250g/m².